高等学校"十三五"规划重点立项教材

泛函分析引论

Introduction to Functional Analysis

杨有龙　编著

西安电子科技大学出版社

内 容 简 介

本书主要内容可分为三部分：第一部分为空间理论的建立，包含第一章"度量空间"和第二章"线性赋范空间与内积空间"；第二部分为两个空间之间线性映射的研究，包含第三章"线性算子"和第四章"线性算子的谱分析"；第三部分为应用举例，即第五章"泛函分析应用选讲"。第二部分以第一部分为基础，第三部分的内容可选择讲解或者供学生自学，也可适当插入到前面的相关内容中阅读学习．

本书可作为数学与统计等专业高年级本科生的教材，也可作为理工科低年级研究生的教材，同时还可作为工程技术人员、高年级研究生和相关任课教师的参考书．

图书在版编目(CIP)数据

泛函分析引论/杨有龙编著. —西安：西安电子科技大学出版社，2018.8(2020.7 重印)
ISBN 978 - 7 - 5606 - 4949 - 8

Ⅰ. ① 泛… Ⅱ. ① 杨… Ⅲ. ① 泛函分析—研究

Ⅳ. ① O177

中国版本图书馆 CIP 数据核字(2018)第 126608 号

策划编辑　刘小莉
责任编辑　张倩
出版发行　西安电子科技大学出版社(西安市太白南路 2 号)
电　　话　(029)88242885　88201467　　邮　　编　710071
网　　址　www.xduph.com　　　　电子邮箱　xdupfxb001@163.com
经　　销　新华书店
印刷单位　陕西天意印务有限责任公司
版　　次　2018 年 8 月第 1 版　2020 年 7 月第 2 次印刷
开　　本　787 毫米×1092 毫米　1/16　印张 11.75
字　　数　274 千字
印　　数　1001～2000 册
定　　价　30.00 元
ISBN 978 - 7 - 5606 - 4949 - 8/O

XDUP 5251001 - 2

＊＊＊如有印装问题可调换＊＊＊

作者简介

　　杨有龙教授现为西安电子科技大学数学与统计学院教授、博士生导师，中国数学会理事、陕西省数学会常务理事．1990 年在陕西师范大学数学系获理学学士学位，1993 年在陕西师范大学数学系获理学硕士学位，2003 年在西北工业大学获博士学位，2006 年在西安电子科技大学博士后流动站出站，2007 年作为访问学者在美国罗切斯特大学（University of Rochester）访学一年．现主要从事图形模型与数据分析等理论与应用研究工作，发表科研论文 50 余篇，2005 年获陕西高等学校科学技术奖一等奖，2006 年获陕西省科学技术二等奖，2008 年获陕西高等学校科学技术奖二等奖．已结题完成国家自然科学基金和陕西省自然科学基金各一项，现主持一项国家自然科学基金．杨有龙教授 2014 年获国家教学成果二等奖，2016 年主持的"高等数学"获国家精品资源共享课称号、主持的"数学建模"获陕西省精品资源共享课称号；开设了本科生课程"泛函分析"、"高等数学"，研究生课程"应用泛函分析"、"概率图模型及应用"以及"现代数据分析"等，授课力求深入浅出、循序渐进、形象生动，强调数学思维的教育和培养．

前言

QIANYAN

　　随着社会对创新人才的大量需求以及信息技术的广泛应用，数学教育在大学教育中的作用显得尤为重要，它不仅是学习专业课程的工具以及从事高水平科学研究的必备基础，更重要的是它能培养和训练学生逻辑推理的理性思维，这种数学理性思维方法的培养对学生创新能力的提高、分析能力的加强、创新意识的启迪都至关重要．如果对一个非空集合赋予适当的结构，使之能引入微积分中的极限和连续的概念，这样的结构就称为拓扑，具有拓扑结构的空间称为拓扑空间．泛函分析就是研究拓扑空间到拓扑空间之间满足各种拓扑和代数条件的映射的学科．

　　泛函分析综合运用分析、几何和代数的观点与方法研究无穷维向量空间上的算子和极限理论，在二十世纪四五十年代就已经成为一门理论完备、内容丰富的数学分支．泛函分析也强有力地推动着其他学科的发展，例如它在微分方程、概率论、函数论、连续介质力学、量子物理、计算数学、控制论、最优化理论等学科中都有重要的应用．泛函分析的观点和方法已经渗入到不少工程技术性的学科之中，并起着重要的作用．"泛函分析"是一门重要的数学基础课，更是进一步从事高水平科学研究所必需的知识储备．

　　本书第一章和第二章顺序建立了三个空间的概念讨论了相关的知识，这三个空间即度量空间、线性赋范空间与内积空间．第三章为线性算子，涉及线性算子的主要结论和重要定理．第四章为线性算子的谱分析，涉及伴随算子、正规算子、酉算子、投影算子以及紧算子、自伴算子的性质与谱分析．第五章为泛函分析应用选讲，涉及 Banach 不动点定理、Hahn-Banach 延拓定理的应用、凸集分离定理以及最佳逼近定理等内容．

　　本书几经修改整理，既有本人多年来为本科生、研究生讲解"泛函分析"课程的经验总结与提升，也有对国内外大量的同类讲义、教材和论文的参考与学习．在本书的编写过程中，得到了西安电子科技大学数学与统计学院领导和相关授课教师的热情支持，他们对本书的编写提出了许多宝贵的建议和修改意见。本书也吸纳了作者授课班级的学生提出的建议和修改意见．本书的出版得到了西安电子科技大学出版社社领导及责任编辑张倩、策划编辑刘小莉等同志的大力支持，作者在此一并表示感谢．由于水平学识有限，书中难免存在不妥之处，恳请读者批评指正．作者的工作邮箱：ylyang@mail. xidian. edu. cn；个人主页：http://web. xidian. edu. cn/ylyang/；QQ 号码：502786866．

本书的出版得到西安电子科技大学本科和研究生教材立项资助．

杨有龙

2018 年 2 月

目录
MULU

第一章　度量空间 ……………………………………………………………… 1

1.1　度量空间的定义与举例 ……………………………………………… 1

1.2　度量空间的拓扑性质 ………………………………………………… 4

1.3　度量空间中的极限与连续 …………………………………………… 7

1.4　度量空间的可分性 …………………………………………………… 11

1.5　度量空间的完备性 …………………………………………………… 14

1.6　度量空间中的紧集 …………………………………………………… 19

1.7　度量空间中的全有界集 ……………………………………………… 22

1.8　度量空间中的开覆盖 ………………………………………………… 25

本章小结 …………………………………………………………………… 27

习题1 ……………………………………………………………………… 27

第二章　线性赋范空间与内积空间 ……………………………………… 30

2.1　线性赋范空间的定义及性质 ………………………………………… 30

2.2　线性赋范空间的子集与商空间 ……………………………………… 33

2.3　线性赋范空间的同构与范数等价 …………………………………… 36

2.4　线性赋范空间的维数与紧性 ………………………………………… 40

2.5　内积空间的定义 ……………………………………………………… 42

2.6　内积空间与线性赋范空间的关系 …………………………………… 45

2.7　内积空间中的正交分解 ……………………………………………… 48

2.8　内积空间中的正交系 ………………………………………………… 51

2.9　傅立叶级数及其收敛性 ……………………………………………… 54

2.10　Hilbert 空间的同构 ………………………………………………… 58

本章小结 …………………………………………………………………… 59

习题2 ……………………………………………………………………… 60

第三章　线性算子 …………………………………………………………… 63

3.1　线性算子的定义及基本性质 ………………………………………… 63

3.2　线性算子的零空间 …………………………………………………… 66

3.3　线性有界算子空间 …………………………………………………… 68

3.4　对偶空间与 Riesz 表示定理 ………………………………………… 72

3.5　算子乘法与逆算子 …………………………………………………… 75

3.6　Baire 纲定理 …………………………………………………………… 77

3.7　开映射定理与逆算子定理 …………………………………………… 79

3.8　线性泛函的延拓定理 ···································· 83

3.9　闭图像定理 ··· 89

3.10　一致有界定理 ······································ 92

3.11　点列的弱极限 ······································ 96

3.12　算子列的极限 ······································ 100

本章小结 ··· 102

习题 3 ·· 102

第四章　线性算子的谱分析 ································ 106

4.1　算子谱的概念 ······································ 106

4.2　算子谱的基本性质及谱结构 ······························ 108

4.3　谱映射定理及谱半径 ·································· 112

4.4　伴随算子及其谱分析 ·································· 115

4.5　自伴算子的谱分析 ···································· 118

4.6　正规算子与酉算子的谱分析 ······························ 121

4.7　投影算子的谱分析 ···································· 124

4.8　紧算子的概念与性质 ·································· 126

4.9　紧算子的谱分析 ····································· 129

4.10　自伴紧算子的谱分析 ·································· 131

本章小结 ··· 134

习题 4 ·· 134

第五章　泛函分析应用选讲 ·································· 138

5.1　Banach 不动点定理 ·································· 138

5.2　Banach 不动点定理的应用 ······························ 140

5.3　Hahn-Banach 延拓定理的应用 ···························· 144

5.4　线性流形 ··· 147

5.5　凸集与最佳逼近 ····································· 149

5.6　超平面与闵可夫斯基泛函 ································ 153

5.7　分离性定理 ······································· 155

本章小结 ··· 157

习题 5 ·· 157

附录　基础知识 ··· 160

附录 A　集合与实数上的点集 ································ 160

附录 B　实数的完备性与函数的一致连续性 ························· 162

附录 C　可测集与可测函数 ································· 164

附录 D　勒贝格积分 ····································· 168

参考文献 ··· 172

符号表 ·· 174

名词索引 ··· 176

第一章 度量空间

度量空间也称为"距离空间". 提到"距离", 人们常常说: 最大的距离是没有网络; 距离产生美; 两点之间直线距离最短. 在实数集 $\mathbb{R}$ 中, 我们使用 $|x_n - x|$ 来表示点 x_n 和点 x 之间的距离, 那么究竟什么是"距离"呢? 或者说"距离"的本质是什么?

事实上, 微积分研究的对象是"函数", 它的起点是"连续函数". "连续函数"的概念始于"极限"理论, "极限"理论立足于"距离", 可见如何刻画"距离"尤为重要. 本章通过在非空集合中引入"距离", 定义两个元素之间的"远"和"近", 给出度量空间的基本拓扑属性, 进而研讨度量空间的可分性、完备性以及紧性.

1.1 度量空间的定义与举例

定义 1.1.1 **度量空间(Metric Spaces)**

设 X 为一非空集合. 若存在二元映射 $d: X \times X \to \mathbb{R}$, 使得 $\forall x, y, z \in X$, 满足以下三个条件:

(1) **非负性(Positivity)**: $d(x, y) \geqslant 0$, 且 $d(x, y) = 0$ 当且仅当 $x = y$;

(2) **对称性(Symmetry)**: $d(x, y) = d(y, x)$;

(3) **三角不等式(Triangle Inequality)**: $d(x, y) \leqslant d(x, z) + d(z, y)$,

则称 d 为 X 上的一个距离函数, 称 (X, d) 为距离空间或度量空间, 称 $d(x, y)$ 为 x 和 y 两点间的距离. □

在不产生误解时, (X, d) 可简记为 X. 下面我们来看一些具体的例子.

例 1.1.1 **(欧氏空间 $\mathbb{R}^n$)** 设 $\mathbb{R}^n = \{(x_1, x_2, \cdots, x_n) \mid x_i \in \mathbb{R}, 1 \leqslant i \leqslant n\}$, 定义

$$d(x, y) = \sqrt{\sum_{i=1}^{n} (x_i - y_i)^2}.$$

其中 $x = (x_1, x_2, \cdots, x_n) \in \mathbb{R}^n$, $y = (y_1, y_2, \cdots, y_n) \in \mathbb{R}^n$. 试验证 d 是一个距离函数.

在证明之前, 先引入两个重要的不等式.

引理 1.1.1 **(许瓦兹(Schwarz)不等式)** 任给 $2n$ 个实数 $a_1, a_2, \cdots, a_n, b_1, b_2, \cdots, b_n$, 则有

$$\sum_{i=1}^{n} a_i b_i \leqslant \left(\sum_{i=1}^{n} a_i^2\right)^{\frac{1}{2}} \left(\sum_{i=1}^{n} b_i^2\right)^{\frac{1}{2}}.$$

证明 任取实数 λ, 则由

$$0 \leqslant \sum_{i=1}^{n} (a_i + \lambda b_i)^2 = \lambda^2 \sum_{i=1}^{n} b_i^2 + 2\lambda \sum_{i=1}^{n} a_i b_i + \sum_{i=1}^{n} a_i^2$$

知右端二次三项式的判别式不大于零, 即

$$\Delta = \left(2 \sum_{i=1}^{n} a_i b_i\right)^2 - 4 \sum_{i=1}^{n} b_i^2 \cdot \sum_{i=1}^{n} a_i^2 \leqslant 0.$$

于是，可得 Schwarz 不等式成立. □

进一步有 Hölder 不等式

$$\sum_{i=1}^{n} |a_i b_i| \leqslant \left(\sum_{i=1}^{n} |a_i|^p\right)^{\frac{1}{p}} \left(\sum_{i=1}^{n} |b_i|^q\right)^{\frac{1}{q}},$$

$$\int_a^b |f(x)g(x)| \mathrm{d}x \leqslant \left(\int_a^b |f(x)|^p \mathrm{d}x\right)^{\frac{1}{p}} \left(\int_a^b |g(x)|^q \mathrm{d}x\right)^{\frac{1}{q}},$$

其中 $p, q > 1$ 且 $\frac{1}{p} + \frac{1}{q} = 1$，称这样的两个实数 p, q 为一对共轭数.

引理 1.1.2 （闵可夫斯基(Minkowski)不等式）任给 $2n$ 个实数 $a_1, a_2, \cdots, a_n, b_1, b_2, \cdots, b_n$，有

$$\left[\sum_{i=1}^{n} (a_i + b_i)^2\right]^{\frac{1}{2}} \leqslant \left(\sum_{i=1}^{n} a_i^2\right)^{\frac{1}{2}} + \left(\sum_{i=1}^{n} b_i^2\right)^{\frac{1}{2}}.$$

证明 由 Schwarz 不等式得

$$\sum_{i=1}^{n} (a_i + b_i)^2 = \sum_{i=1}^{n} a_i^2 + 2\sum_{i=1}^{n} a_i b_i + \sum_{i=1}^{n} b_i^2$$

$$\leqslant \sum_{i=1}^{n} a_i^2 + 2\left(\sum_{i=1}^{n} a_i^2\right)^{\frac{1}{2}} \cdot \left(\sum_{i=1}^{n} b_i^2\right)^{\frac{1}{2}} + \sum_{i=1}^{n} b_i^2 = \left[\left(\sum_{i=1}^{n} a_i^2\right)^{\frac{1}{2}} + \left(\sum_{i=1}^{n} b_i^2\right)^{\frac{1}{2}}\right]^2,$$

这就证明了 Minkowski 不等式成立. □

进一步可有 Minkowski 不等式的一般形式，其中 $k \geqslant 1$，

$$\left(\sum_{i=1}^{n} |a_i + b_i|^k\right)^{\frac{1}{k}} \leqslant \left(\sum_{i=1}^{n} |a_i|^k\right)^{\frac{1}{k}} + \left(\sum_{i=1}^{n} |b_i|^k\right)^{\frac{1}{k}}.$$

闵可夫斯基(Minkowski)不等式的积分形式：设 $f(x)$、$g(x)$ 是可测集 E 上的可测函数，且 $k \geqslant 1$，则

$$\left(\int_E |f(x) + g(x)|^k \mathrm{d}x\right)^{\frac{1}{k}} \leqslant \left(\int_E |f(x)|^k \mathrm{d}x\right)^{\frac{1}{k}} + \left(\int_E |g(x)|^k \mathrm{d}x\right)^{\frac{1}{k}}.$$

例 1.1.1 的证明 度量的非负性和对称性显然成立，下面仅验证三角不等式也成立. 对于任意的 $z = (z_1, z_2, \cdots, z_n) \in \mathbb{R}^n$，由闵可夫斯基不等式有

$$\left[\sum_{i=1}^{n} (x_i - y_i)^2\right]^{\frac{1}{2}} = \left[\sum_{i=1}^{n} (x_i - z_i + z_i - y_i)^2\right]^{\frac{1}{2}} \leqslant \left[\sum_{i=1}^{n} (x_i - z_i)^2\right]^{\frac{1}{2}} + \left[\sum_{i=1}^{n} (z_i - y_i)^2\right]^{\frac{1}{2}},$$

即 $d(x, y) \leqslant d(x, z) + d(z, y)$，从而得证 d 是一个距离函数. □

通常称例 1.1.1 中的 d 为欧氏距离或标准欧氏距离，称 $(\mathbb{R}^n, d)$ 为 n 维欧氏空间. 今后若不作特殊申明，凡提到度量空间 $\mathbb{R}^n$ 时，距离均指标准欧氏距离 d. 在 $\mathbb{R}^n$ 中还可以定义其他的距离，例如对于 $\mathbb{R}^n$ 中的任意元素 $x = (x_1, x_2, \cdots, x_n)$，$y = (y_1, y_2, \cdots, y_n)$ 定义

$$d_1(x, y) = \max |x_k - y_k|; \quad d_2(x, y) = \sum_{k=1}^{n} |x_k - y_k|.$$

可以验证距离 d_1、d_2 均满足定义 1.1.1 条件(1)、(2)和(3). 在 $\mathbb{R}^2$ 中上述三种距离 d，d_1 和 d_2 如图 1.1.1 所示，d 表示平面上两点的直线距离；d_1 表示距离 d 在 X 轴、Y 轴上投影距离的最大者；d_2 表示距离 d 在 X 轴与 Y 轴上投影距离之和.

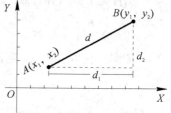

图 1.1.1　二维欧式空间上的
三种度量比较

由此知道，在一个非空集合 X 上，定义距离的方法可以不止一种. 但必须注意，由于定义的距离不同，即使基本集合 X 相同，也应视其为不同的度量空间. 下面的例子说明任何一个非空集合上均可定义距离，使其成为度量空间.

例 1.1.2 (**离散度量空间**)设 X 为非空集合，$\forall x, y \in X$，定义距离

$$d_0(x, y) = \begin{cases} 0, & x = y, \\ 1, & x \neq y. \end{cases}$$

验证 (X, d_0) 为度量空间.

证明 容易验证，d_0 满足距离的三个条件，故 (X, d_0) 为度量空间. 我们称 d_0 为离散距离，(X, d_0) 为**离散度量空间**. □

例 1.1.3 (**连续函数空间** $C[a, b]$)设 $C[a, b] = \{f: [a, b] \to \mathbb{R} \mid f \text{ 连续}\}$，$\forall f, g \in C[a, b]$，定义

$$d(f, g) = \max_{t \in [a, b]} |f(t) - g(t)|,$$

验证 $(C[a, b], d)$ 为度量空间.

证明 显然 d 满足度量空间的非负性和对称性，下面验证定义 1.1.1 中的条件(3)也成立.

由于 $\forall f(t), g(t), h(t) \in C[a, b]$ 及 $\forall t \in [a, b]$ 均有

$$\begin{aligned} d(f, g) = \max_{t \in [a, b]} |f(t) - g(t)| &\leqslant \max_{t \in [a, b]} \{|f(t) - h(t)| + |h(t) - g(t)|\} \\ &\leqslant \max_{t \in [a, b]} |f(t) - h(t)| + \max_{t \in [a, b]} |h(t) - g(t)| \\ &= d(f, h) + d(h, g), \end{aligned}$$

即 $d(f, g) \leqslant d(f, h) + d(h, g)$，故 $(C[a, b], d)$ 为一度量空间. 我们称 $(C[a, b], d)$ 为**连续函数空间**，简记为 $C[a, b]$. □

在 $C[a, b]$ 中，我们还可以定义如下的距离：

$$d_1(f, g) = \int_a^b |f(x) - g(x)| \mathrm{d}x.$$

可以验证 d_1 均满足定义 1.1.1 中的条件(1)、(2)和(3)，所以 $(C[a, b], d_1)$ 也为一度量空间.

例 1.1.4 (**有界数列空间** l^∞)记 $l^\infty = \{x = (x_1, x_2, \cdots, x_n, \cdots) = (x_i) \mid \sup_{i \geqslant 1} \{|x_i|\} < \infty\}$. 对于 $x = (x_i), y = (y_i) \in l^\infty$，定义

$$d(x, y) = \sup_{i \geqslant 1} |x_i - y_i|,$$

验证 (l^∞, d) 为一度量空间.

证明 容易验证 d 是一个距离函数，(l^∞, d) 为一度量空间. 我们称 (l^∞, d) 为**有界数列空间**，简记为 l^∞. □

例 1.1.5 (**p 次幂可和的数列空间** l^p)记 $l^p = \{x = (x_1, x_2, \cdots, x_n, \cdots) = (x_i) \mid \sum_{i=1}^\infty |x_i|^p < \infty\}$，其中 $1 \leqslant p < +\infty$. 对于 $\forall x = (x_i), y = (y_i) \in l^p$，定义

$$d_p(x, y) = \left(\sum_{i=1}^\infty |x_i - y_i|^p\right)^{\frac{1}{p}},$$

验证 (l^p, d_p) 为一度量空间.

证明 由闵可夫斯基不等式的和式形式及 l^p 的定义知其右端有界，即距离 $d_p(x, y)$ 是有意义的. 容易证明 d_p 是一个距离函数，(l^p, d_p) 为一度量空间. 我们称 (l^p, d_p) 为 p 次幂可和的数列空间，简记为 l^p. □

例 1.1.6 （p 次幂可积的函数空间 $L^p[a, b]$） 记 $L^p[a, b] = \left\{ f(t) \,\middle|\, \int_{[a, b]} |f(t)|^p \mathrm{d}t < +\infty \right\}$，其中 $1 \leqslant p < +\infty$，$\int_{[a, b]} |f(t)|^p \mathrm{d}t$ 表示 $|f(t)|^p$ 在 $[a, b]$ 上的勒贝格积分，即 L 积分. $L^p[a, b]$ 中，几乎处处相等的函数视为同一函数. 对于 $f, g \in L^p[a, b]$，定义距离

$$d(f, g) = \left(\int_{[a, b]} |f(t) - g(t)|^p \mathrm{d}t \right)^{\frac{1}{p}},$$

验证 $(L^p[a, b], d)$ 为度量空间.

证明 由于 $L^p[a, b]$ 对线性运算是封闭的，即若 $f, g \in L^p[a, b]$，α 是一常数，则

$$\alpha f \in L^p[a, b], \quad f + g \in L^p[a, b],$$

所以 $L^p[a, b]$ 是线性空间.

由闵可夫斯基不等式的积分形式知

$$d(f, g) = \left(\int_{[a, b]} |f(t) - g(t)|^p \mathrm{d}t \right)^{\frac{1}{p}} \leqslant \left(\int_{[a, b]} |f(x)|^p \mathrm{d}x \right)^{\frac{1}{p}} + \left(\int_{[a, b]} |g(x)|^p \mathrm{d}x \right)^{\frac{1}{p}} \leqslant +\infty,$$

所以定义 $d(f, g)$ 有意义. 显然，$(L^p[a, b], d)$ 作为度量空间的非负性和对称性成立，下面验证三角不等式也成立. 对于任意的 $f(x), g(x), h(x) \in L^p[a, b]$，有

$$d(f, g) = \left(\int_{[a, b]} |f(t) - g(t)|^p \mathrm{d}t \right)^{\frac{1}{p}} = \left(\int_{[a, b]} |f(t) - h(x) + h(x) - g(t)|^p \mathrm{d}t \right)^{\frac{1}{p}}$$

$$\leqslant \left(\int_{[a, b]} |f(x) - h(x)|^p \mathrm{d}x \right)^{\frac{1}{p}} + \left(\int_{[a, b]} |h(x) - g(x)|^p \mathrm{d}x \right)^{\frac{1}{p}} = d(f, z) + d(z, g).$$

故 $(L^p[a, b], d)$ 为度量空间. 我们称 $(L^p[a, b], d)$ 为 p 次幂可积的函数空间，简记为 $L^p[a, b]$. □

上述例子涉及常用的六个度量空间，分别为 n 维欧氏空间 $(\mathbb{R}^n, d)$、离散度量空间 (X, d_0)、连续函数空间 $C[a, b]$、有界数列空间 l^∞、p 次幂可和的数列空间 l^p 以及 p 次幂可积的函数空间 $(L^p[a, b], d)$.

1.2　度量空间的拓扑性质

定义 1.2.1　邻域（Neighborhood）

设 (X, d) 是度量空间，$x_0 \in X$，$\delta > 0$，称集合 $O(x_0, \delta) = \{x \,|\, d(x, x_0) < \delta, x \in X\}$ 为以 x_0 为中心、δ 为半径的**开球**，也称 $O(x_0, \delta)$ 为 x_0 的一个 δ **邻域**，如果不特别强调半径，用 $O(x_0)$ 表示 x_0 的**邻域**；称 $\overline{O}(x_0, \delta) = \{x \,|\, d(x, x_0) \leqslant \delta, x \in X\}$ 为以 x_0 为中心、δ 为半径的**闭球**. □

定义 1.2.2　内点、开集与闭集（Interior Point, Open Set, Closed Set）

设 (X, d) 是一度量空间，$x_0 \in G \subset X$，若存在 x_0 的 δ 邻域 $O(x_0, \delta) \subset G$，则称点 x_0 为 G 的**内点**，称 G 的全体内点所构成的集合为 G 的内部，表示为 $\mathrm{int}G$. 如果 G 中的每个点均是它的内点，即 $\mathrm{int}G = G$，则称 G 为**开集**，并规定空集 ϕ 为开集. 对于 $F \subset X$，若 F 的补集

$F^C = X \backslash F$ 是开集，则称 F 为**闭集**. □

实数域中的任何开球是开集，闭球是闭集，那么对于度量空间其结论如何？下面的例子说明开球依然是开集，闭球依然是闭集，其证明思路如图 1.2.1 与图 1.2.2 所示.

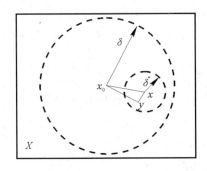 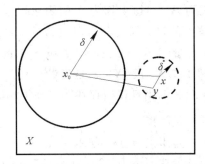

图 1.2.1 例 1.2.1 证明思路示意图   图 1.2.2 例 1.2.2 证明思路示意图

例 1.2.1 度量空间 (X, d) 的开球 $O(x_0, \delta)$ 是开集.

证明 $\forall x \in O(x_0, \delta)$，显然 $d(x, x_0) < \delta$，取 $\delta^* = \frac{1}{2}(\delta - d(x, x_0))$，即 $2\delta^* + d(x, x_0) = \delta$，则对任何 $y \in O(x, \delta^*)$，都有 $d(x, y) < \delta^*$，从而

$$d(y, x_0) \leqslant d(y, x) + d(x, x_0) < \delta^* + d(x, x_0) < \delta,$$

即 $O(x, \delta^*) \subset O(x_0, \delta)$，所以 $O(x_0, \delta)$ 是开集. □

例 1.2.2 度量空间 (X, d) 的闭球 $\overline{O}(x_0, \delta)$ 是闭集.

证明 $\forall x \in (\overline{O}(x_0, \delta))^C$，显然 $d(x, x_0) > \delta$，取 $\delta^* = \frac{1}{2}(d(x, x_0) - \delta)$，即 $2\delta^* + \delta = d(x, x_0)$，则 $\forall y \in O(x, \delta^*)$，有

$$d(y, x_0) \geqslant d(x, x_0) - d(y, x) = 2\delta^* + \delta - d(y, x) > \delta.$$

可见，$y \in (\overline{O}(x_0, \delta))^C$，即 $O(x, \delta^*) \subset (\overline{O}(x_0, \delta))^C$，从而 $(\overline{O}(x_0, \delta))^C$ 为开集，故 $\overline{O}(x_0, \delta)$ 为闭集. □

例 1.2.3 设 (X, d_0) 是离散度量空间，A 是 X 的任意非空子集，证明 A 既是开集又是闭集.

证明 $\forall x_0 \in A$，取 $\delta = \frac{1}{2}$，则

$$O\left(x_0, \frac{1}{2}\right) = \left\{ x \mid d_0(x, x_0) < \frac{1}{2}, x \in X \right\} = \{x_0\} \subset A,$$

故 x_0 是 A 的内点，从而 A 是开集. 由于 $X - A$ 是 X 的子集，故它是开集，从而 A 是闭集. □

下面是一些与实数域相类似的开集、闭集的性质，仿照相应的证明可证得.

定理 1.2.1 （开集的性质）度量空间 X 中的开集具有以下性质：

(1) 空集 ϕ 和全空间 X 都是开集.

(2) 任意多个开集的并集是开集.

(3) 有限个开集的交集是开集. □

定理 1.2.2 （闭集的性质）度量空间 X 中的闭集具有以下性质：

(1) 空集 ϕ 和全空间 X 都是闭集.

(2) 任意多个闭集的交集是闭集.

(3) 有限个闭集的并集是闭集. □

定义 1.2.3 聚点与闭包（Accumulation Point and Closure）

设 (X, d) 是一度量空间，$A \subset X$，$x_0 \in X$，如果在 x_0 的任意 δ 邻域 $O(x_0, \delta)$ 内含有 A 中异于 x_0 的点，则称 x_0 是 A 的一个**聚点**或极限点. A 的全体聚点所构成的集合称为 A 的**导集**，记为 A'. $A \cup A'$ 称为 A 的**闭包**，记为 $\overline{A}$ 或者 cl A. □

由聚点的定义知，x_0 可以在 A 中，也可以不在 A 中. x_0 是 A 的一个聚点的一个等价定义是：x_0 的任意一个去心 δ 邻域与 A 的交非空.

定理 1.2.3 设 (X, d) 是度量空间，$x_0 \in X$，$A \subset X$，那么下面的命题成立：

(1) $x_0 \in A'$ 当且仅当存在元素互不相同的点列 $\{x_n\} \subset A$，使得 $\lim\limits_{n \to \infty} x_n = x_0$.

(2) $\overline{A}$ 是闭集.

(3) A 是闭集当且仅当 $A = \overline{A}$.

(4) 若存在闭集 $F \subset X$，使得 $A \subset F$，则 $A \subset \overline{A} \subset F$.

证明 （1）一方面，依据聚点的定义知，在 x_0 的任意 $\delta = \dfrac{1}{n}$ 邻域 $O(x_0, \delta)$ 内含有 A 中异于 x_0 的点 x_n，显然 $\{x_n\} \subset A$ 且 $\lim\limits_{n \to \infty} x_n = x_0$. 另一方面，若存在 $\{x_n\} \subset A$，使得 $\lim\limits_{n \to \infty} x_n = x_0$，则依据极限和聚点的定义知 $x_0 \in A'$.

（2）若 $x_0 \in \overline{A}^C$，则 x_0 一定是其内点，否则应存在 x_0 的任意 $\delta_n = \dfrac{1}{n}$ 邻域 $O(x_0, \delta_n)$ 与 $\overline{A}$ 交非空，即存在 $x_n \in O(x_0, \delta_n) \bigcap \overline{A}$，其中 $n = 1, 2, \cdots$. 可见，x_n 是开集 $O(x_0, \delta_n)$ 的内点，即存在 $O(x_n, \delta_n^*) \subset O(x_0, \delta_n)$，所以 $O(x_n, \delta_n^*) \bigcap \overline{A} \subset O(x_0, \delta_n)$. 又由于 $x_n \in \overline{A} = A \cup A'$，根据聚点的定义，不失一般性可设 $x_n \in A$（如果 $x_n \in A' \backslash A$，则可根据聚点的定义在 $O(x_n, \dfrac{\delta_n^*}{2}) \bigcap A$ 内选取一点代替 x_n），显然有 $\lim\limits_{n \to \infty} x_n = x_0$，因此与 $x_0 \in \overline{A}^C$ 产生矛盾，故 x_0 是 $\overline{A}^C$ 的内点，从而知 $\overline{A}$ 是闭集.

（3）当 A 是闭集时，$\forall x_0 \in A'$，存在 $\{x_n\} \subset A$ 使得 $\lim\limits_{n \to \infty} x_n = x_0$，则 $x_0 \in A$. 否则，若 $x_0 \in A^C$，即 x_0 是 A^C 的内点，则存在 $O(x_0, \delta) \subset A^C$，这与 $\lim\limits_{n \to \infty} x_n = x_0$ 相矛盾，故 $A' \subset A$，即 $A = \overline{A}$. 反之，当 $A = \overline{A}$ 时，由上述（2）的证明知 A 是闭集.

（4）由 $A \subset F$ 知 $A' \subset F'$，所以 $\overline{A} = A \cup A' \subset F \cup F' = \overline{F}$，因此 $A \subset \overline{A} \subset F$. □

推论 1.2.1 设 (X, d) 是度量空间，$A \subset X$，则

(1) A 是闭集当且仅当 $A' \subset A$.

(2) 如果 $A' = \phi$，那么 A 为闭集.

(3) $\overline{A} = \bigcap\limits_{A \subset F, F = \overline{F}} F$.

证明 由定理 1.2.3 易证（1）、（2）成立. 下面仅证明（3）成立.

设 $B = \bigcap\limits_{A \subset F, F = \overline{F}} F$，依据定理 1.2.2 和定理 1.2.3 知，$B$ 是闭集且 $\overline{A} \subset B$. 记 $F_0 = \overline{A}$，则 $A \subset F_0$，$F_0 = \overline{F_0}$，所以 $B \subset F_0 = \overline{A}$. 故命题成立. □

从定理 1.2.3 及推论 1.2.1 可知，集合 A 的闭包是包含 A 的最小闭集，也是比 A 大的所有闭集的交.

定义 1.2.4 拓扑空间（Topological Space）

设 X 是一个非空集合，如果 τ 是 X 的一个子集族，且满足如下条件：

(1) 空集 ϕ 和 X 都属于 τ；

(2) τ 中任意多个集合的并集都仍然属于 τ；

(3) τ 中任意两个集合的交集也仍然属于 τ，

则称子集族 τ 为 X 的拓扑；(X,τ) 为一个拓扑空间，在不引起混乱的情形下简记为 X. τ 内的集合称为拓扑空间的开集，X 中的元素称为点. □

对于度量空间 (X,d) 而言，若记 X 中由度量定义的开集组成的集合为 τ，那么容易验证 (X,τ) 为一个拓扑空间，称 (X,τ) 为由距离 d 诱导的拓扑.

定义 1.2.5 拓扑空间中的邻域和闭集（Neighborhood and Closed Set of Topological Space）

设 (X,τ) 是一个拓扑空间，点 $x\in X$，U 为 X 的子集，若存在 $G\in\tau$，使得 $x\in G\subset U$，则称 U 为 x 的邻域. 设 F 为 X 的子集，如果存在 $G\in\tau$，使得 $G=F^c=X-F$，则称 F 为拓扑空间 X 的闭集. □

设 U 是拓扑空间 X 的一个子集，若 $\forall x\in U$，U 是 x 的一个邻域，则由定义 1.2.5 知，存在开集 $G_x\in\tau$，使得 $x\in G_x\subset U$. 于是有 $U=\bigcup_{x\in U}G_x\in\tau$，因此 U 是开集当且仅当 U 是它的每一点的邻域.

定义 1.2.6 离散拓扑空间（Discrete Topological Space）

设 X 是一个非空集合，τ 由 X 的所有子集构成. 容易验证，τ 是 X 的一个拓扑，称之为 X 的离散拓扑，并且称拓扑空间 (X,τ) 为离散拓扑空间. 在离散拓扑空间 (X,τ) 中，X 的每一个子集既是开集，又是闭集. □

显然，**离散度量空间**诱导的拓扑为离散拓扑空间.

定理 1.2.4 拓扑空间 X 中的闭集具有以下性质：

(1) 空集 ϕ 和全空间 X 都是闭集.

(2) 任意多个闭集的交集是闭集.

(3) 有限个闭集的并集是闭集.

定义 1.2.7 Hausdorff 空间（Hausdorff Space）

设 (X,τ) 是一个拓扑空间，如果 X 中任意两个不同的点都有不相交的邻域，则称 X 为 Hausdorff 空间. □

例 1.2.4 试证明度量空间 (X,d) 诱导的拓扑空间是 Hausdorff 空间.

证明 设 $x_0,y_0\in X$ 且 $x_0\neq y_0$，于是有 $\delta=d(x_0,y_0)>0$. 令

$$U_0=O\left(x_0,\frac{\delta}{3}\right)=\left\{x\mid d_0(x,x_0)<\frac{\delta}{3},x\in X\right\},V_0=O\left(y_0,\frac{\delta}{3}\right)=\left\{x\mid d_0(x,y_0)<\frac{\delta}{3},x\in X\right\},$$

显然 U_0,V_0 分别是 x_0,y_0 的邻域，且 $U_0\bigcap V_0=\phi$. □

1.3 度量空间中的极限与连续

极限理论是微积分的基础，也是微积分学大厦的基石. 在微积分中，利用极限思想给出了连续函数、导数、定积分、级数的敛散性、多元函数的偏导数、广义积分的敛散性、重积分和曲线积分与曲面积分等概念. 可见，极限思想是高等数学的重要思想方法. 同样的，在度量空间中也可定义极限，而且微积分中的数列极限可看成度量空间中点列极限的

特例.

定义 1.3.1　点列的极限(Limit of Sequence)

设(X, d)是度量空间，$x \in X$，$\{x_n\}$是X中的点列，若$\lim\limits_{n \to \infty} d(x_n, x) = 0$，则称点列$\{x_n\}$收敛于$x$，即点列$\{x_n\}$**收敛(convergence)**，且称$x$为点列$\{x_n\}$的**极限**. 记作

$$\lim_{n \to \infty} x_n = x \text{ 或 } x_n \xrightarrow{d} x \text{ 或 } x_n \to x, n \to \infty.$$

$\{x_n\}$收敛于x用"$\varepsilon - N$"语言描述是：$\forall \varepsilon > 0$，$\exists N \in \mathbb{N}$，当$n > N$时，恒有$d(x_n, x) < \varepsilon$成立. 若点列$\{x_n\}$不收敛，则称其**发散(Divergence)**. □

例 1.3.1　设X是实数集，数列$x_n = \dfrac{1}{n}$，$n = 1, 2, \cdots$. 若在X上定义欧氏距离

$$d(x, y) = |x - y|, \ x, y \in X,$$

易验证数列$\{x_n\}$在度量空间(X, d)中收敛于0. 若在X上定义离散距离

$$d_0(x, y) = \begin{cases} 0, & x = y, \\ 1, & x \neq y, \end{cases}$$

试验证数列$\{x_n\}$在度量空间(X, d_0)中是发散的.

证明　因为对任意给定的$x_0 \in X$，只要$\dfrac{1}{n} \neq x_0$，就有$d_0\left(\dfrac{1}{n}, x_0\right) = 1$，所以

$$\lim_{n \to \infty} d_0\left(\frac{1}{n}, x_0\right) = 1 \neq 0,$$

可见数列$\{x_n\}$不收敛于x_0. 虽然(X, d)与(X, d_0)有共同的基本集合X，但由于定义的距离不同，故它们是两个不同的度量空间. 同一点列$\{x_n\}$在度量空间(X, d)中收敛，却在度量空间(X, d_0)中发散. □

定义 1.3.2　子空间与集合的直径(Subspace, Diameter of a Set)

设(X, d)为度量空间，$A \subset$，若将距离限制在$A \times A$上，显然A也是一个度量空间，称其为X的**子空间**. 若$x \in X$，$A \subset X$，则点x到A的**距离**定义为

$$d(x, A) = \inf_{y \in A}\{d(x, y)\}.$$

集合A的直径(Diameter)定义为

$$\text{dia}A = \sup_{x, y \in A}\{d(x, y)\}.$$

若$\text{dia}A$有限，则称A为**有界集**；若$\text{dia}A = +\infty$，则称A为**无界集**. □

在离散度量空间$(\mathbb{R}, d_0)$中点$x_0 \notin A$，$A \subset \mathbb{R}$，那么$d(x_0, A)$和$\text{dia}A$分别是多少？显然有(1) 当A是单点集时，有$d(x_0, A) = 1$及$\text{dia}A = 0$；(2) 当A不是单点集时，有$d(x_0, A) = 1$及$\text{dia}A = 1$.

定理 1.3.1　**(极限的性质)**设(X, d)是度量空间，$\{x_n\}$是X中的一个点列，则有

(1) 若点列$\{x_n\}$收敛，则其极限唯一.

(2) 若点列$x_n \to x_0$，$n \to \infty$，则$\{x_n\}$的任何子列$x_{n_k} \to x_0$，$k \to \infty$.

(3) 若将收敛点列$\{x_n\}$看做是X的子集，则它是有界的.

证明　(1)设$x_n \to x$，$n \to \infty$且$x_n \to y$，$n \to \infty$，由定义知：$\forall \varepsilon > 0$，$\exists N \in \mathbb{N}$，当$n > N$时，有

$$d(x_n, x) < \frac{\varepsilon}{2}, \ d(x_n, y) < \frac{\varepsilon}{2},$$

故当 $n>N$ 时，我们有

$$d(x,y)\leqslant d(x_n,x)+d(x_n,y)<\frac{\varepsilon}{2}+\frac{\varepsilon}{2}=\varepsilon.$$

由 ε 的任意性知，$d(x,y)=0$，从而有 $x=y$.

(2) 设 $\lim\limits_{n\to\infty}x_n=x$，$\{x_{n_k}\}_{k=1}^{\infty}$ 是 $\{x_n\}_{n=1}^{\infty}$ 的子列. 由 $\lim\limits_{n\to\infty}x_n=x$ 知，$\forall\varepsilon>0$，$\exists N\in\mathbb{N}$，当 $n>N$ 时，有 $d(x_n,x)<\varepsilon$. 当 $k>N$ 时，由于 $\{x_{n_k}\}_{k=1}^{\infty}$ 是 $\{x_n\}_{n=1}^{\infty}$ 的子列，所以 $n_k\geqslant k$，即有 $n_k\geqslant N$. 因此有 $d(x_{n_k},x)<\varepsilon$，即 $\lim\limits_{k\to\infty}x_{n_k}=x$.

(3) 设 $x_n\to x_0$，$n\to\infty$，由定义知：对 $\varepsilon_0=1$，$\exists N\in\mathbb{N}$，当 $n>N$ 时，$d(x_n,x_0)<\varepsilon_0=1$. 取 $M=\max\{d(x_1,x_0),d(x_2,x_0),\cdots,d(x_N,x_0),1\}+1$，则 $\forall n\in\mathbb{N}$，$d(x_n,x_0)<M$. 于是有，$\forall n,m\in N$，$d(x_n,x_m)\leqslant d(x_n,x_0)+d(x_m,x_0)<2M$，即 $\{x_n\}$ 作为点集有界. □

例 1.3.2 设 $d(x,y)$ 是 X 上的一个距离，证明 $d_1(x,y)=\dfrac{d(x,y)}{1+d(x,y)}$ 也是 X 上的距离.

证明 显然非负性和对称性成立，下面仅证三角不等式. 由于 $d(x,y)$ 是 X 上的距离，所以 $\forall x,y,z\in X$，有 $d(x,y)\leqslant d(x,z)+d(z,y)$. 又知函数 $f(t)=\dfrac{t}{1+t}$（$f'(t)=\dfrac{1}{(1+t)^2}>0$）为单调递增函数，于是有

$$d_1(x,y)=\frac{d(x,y)}{1+d(x,y)}\leqslant\frac{d(x,z)+d(z,y)}{1+d(x,z)+d(z,y)}=\frac{d(x,z)}{1+d(x,z)+d(z,y)}+\frac{d(z,y)}{1+d(x,z)+d(z,y)}$$

$$\leqslant\frac{d(x,z)}{1+d(x,z)}+\frac{d(z,y)}{1+d(z,y)}=d_1(x,z)+d_1(z,y),$$

因此 $d_1(x,y)$ 也是 X 上的距离. □

定义 1.3.3 连续与一致连续(Continuous and Uniformly Continuous)

设 (X,d)，(Y,ρ) 是两个度量空间，f 是这两个度量空间之间的一个映射 $f:X\to Y$.

(1) 关于 $x_0\in X$，如果 $\forall\varepsilon>0$，$\exists\delta>0$，当 $x\in X$ 且 $d(x,x_0)<\delta$ 时，有 $\rho(f(x),f(x_0))<\varepsilon$，则称 f 在点 x_0 处**连续**. 若 f 在 X 的每一点处都连续，则称映射 f 在 X 上连续.

(2) 如果 $\forall\varepsilon>0$，$\exists\delta>0$，$\forall x,y\in X$，当 $d(x,y)<\delta$ 时，有 $\rho(f(x),f(y))<\varepsilon$，则称 f 在 X 上**一致连续**. □

显然，由一致连续可以推出连续. 对于函数而言，我们知道闭区间上的连续函数一致连续. 可见，定义在闭区间上的函数，连续与一致连续没有任何区别.

函数 $f(x)=\dfrac{1}{x}$ 在区间 $(0,1]$ 上连续而不一致连续，其直观解释是：假设有一段"管子"套在函数的图像曲线上，对于任给的"管子直径"，不存在确定的"管子长度"，使得这样的"管子"在图像曲线上可以任意滑动；但是，在某定点 x_0 处，对于任给的"管子直径"，存在确定的"管子长度"，使得这样的"管子"在图像曲线 x_0 处可以左右任意滑动.

定理 1.3.2 (连续的等价条件) 设 (X,d)，(Y,ρ) 是两个度量空间，$f:X\to Y$，$x_0\in X$，则下列各命题等价.

(1) 映射 f 在 x_0 点连续.

(2) 对于 $f(x_0)$ 的任一邻域 $O(f(x_0),\varepsilon)$，都存在 x_0 的一个邻域 $O(x_0,\delta)$，使得

$$f[O(x_0,\delta)]\subset O(f(x_0),\varepsilon).$$

（3）对于 X 中的任意点列 $\{x_n\} \subset X$，若 $\lim\limits_{n \to \infty} x_n = x_0$，则有
$$\lim\limits_{n \to \infty} f(x_n) = f(x_0).$$

证明　（1）$\Rightarrow$（2）. 由 f 在 x_0 处连续的定义知，任给 $\varepsilon > 0$，存在 $\delta > 0$，当 $d(x, x_0) < \delta$ 时，有 $\rho(f(x), f(x_0)) < \varepsilon$. 注意 $d(x, x_0) < \delta$ 即 $x \in O(x_0, \delta)$，而 $\rho(f(x), f(x_0)) < \varepsilon$ 即 $f(x) \in O(f(x_0), \varepsilon)$，所以有 $f[O(x_0, \delta)] \subset O(f(x_0), \varepsilon)$.

（2）$\Rightarrow$（3）. 由（2）知，$\forall \varepsilon > 0$，$\exists \delta > 0$，使得 $f[O(x_0, \delta)] \subset O(f(x_0), \varepsilon)$. 根据假设 $x_n \to x_0$ 得，对于此 $\delta > 0$，存在 N，当 $n > N$ 时，$x_n \in O(x_0, \delta)$，即 $f(x_n) \in O(f(x_0), \varepsilon)$. 于是有 $\rho(f(x_n), f(x_0)) < \varepsilon$，因此 $f(x_n) \to f(x_0)$.

（3）$\Rightarrow$（1）. 反证法. 假设 f 在 x_0 处不连续，则必存在某个正数 ε_0，使得对于每一个 $\delta_n = \dfrac{1}{n}$，其中 $n = 1, 2, \cdots$，有 x_n 满足 $d(x_n, x_0) < \dfrac{1}{n}$，但 $\rho(f(x_n), f(x_0)) \geqslant \varepsilon_0$. 显然，这与 $f(x_n) \to f(x_0)$ 相矛盾. $\square$

定理 1.3.3　（**连续的充要条件**）设 (X, d)，(Y, ρ) 是两个度量空间，那么映射 $f : X \to Y$ 是连续映射的充要条件是，对 Y 中的任一开集 G，其原像 $f^{-1}(G) = \{x \mid x \in X, f(x) \in G\}$ 是开集.

证明　必要性. 不妨设 $f^{-1}(G)$ 非空，任取 $x_0 \in f^{-1}(G)$，因 G 是开集，故存在 $\varepsilon > 0$，使 $O(f(x_0), \varepsilon) \subset G$. 由于 f 连续，故对 $\varepsilon > 0$，有 $\delta > 0$，使得 $f(O(x_0, \delta)) \subset O(f(x_0), \varepsilon) \subset G$，即 $O(x_0, \delta) \subset f^{-1}(G)$. 这说明 x_0 是 $f^{-1}(G)$ 的内点，故 $f^{-1}(G)$ 是开集.

充分性. 任取 $x_0 \in X$，对任意 $\varepsilon > 0$，取开集 $G = O(f(x_0), \varepsilon)$，则 $x_0 \in f^{-1}(G)$. 由于假设 $f^{-1}(G)$ 是开集，因而存在 $\delta > 0$，使 $O(x_0, \delta) \subset f^{-1}(G)$，故 $f[O(x_0, \delta)] \subset G = O(f(x_0), \varepsilon)$，即 f 在 x_0 连续. $\square$

定理 1.3.3 的证明思路如图 1.3.1 所示. 由定理 1.3.3 知，在连续映射下，开集的原像是开集，那么开集的像一定是开集吗？不一定. 例如，$f(x) = \sin x : \mathbb{R} \to \mathbb{R}$ 是连续映射，f 将 $(0, 2\pi)$ 映射为 $[-1, 1]$. 事实上，我们还可证明连续的充要条件是闭集的原像是闭集.

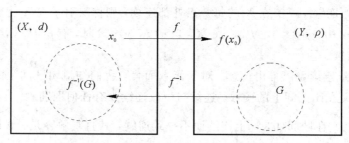

图 1.3.1　连续映射的充要条件的证明示意图

例 1.3.3　设 (X, d) 是度量空间，$z_0 \in X$，证明 $f(x) = d(x, z_0) : X \to \mathbb{R}$ 是度量空间 X 上的连续映射.

证明　任取 $x_0 \in X$，$\forall x \in X$ 而言，由 $d(x, z_0) \leqslant d(x, x_0) + d(x_0, z_0)$ 可得
$$|d(x, z_0) - d(x_0, z_0)| \leqslant d(x, x_0).$$

$\forall \varepsilon > 0$，$\exists \delta = \dfrac{\varepsilon}{2}$，当 $d(x, x_0) < \delta = \dfrac{\varepsilon}{2}$ 时，有
$$|f(x) - f(x_0)| = |d(x, z_0) - d(x_0, z_0)| \leqslant d(x, x_0) < \delta = \frac{\varepsilon}{2} < \varepsilon,$$

因此 $d(x, z_0)$ 是 X 上的连续映射. □

设 A 是度量空间 X 的子空间, 类似于例 1.3.3 可证明映射 $f(x) = d(x, A) = \inf\limits_{y \in A}\{d(x, y)\}$ 也是连续映射.

1.4 度量空间的可分性

在实数空间 $\mathbb{R}$ 中, 有理数处处稠密, 且全体有理数是可列的, 我们称此性质为实数空间 $\mathbb{R}$ 的可分性. 同时, 实数空间 $\mathbb{R}$ 还具有完备性, 即 $\mathbb{R}$ 中任何基本列必收敛于某实数. 现在, 我们将这些概念推广到一般度量空间.

定义 1.4.1 稠密(Dense)

设 X 是度量空间, $A, B \subset X$, 如果 B 中任意点 $x \in B$ 的任何邻域 $O(x, \delta)$ 内都含有 A 的点, 则称 A 在 B 中**稠密**. 若 $A \subset B$, 通常称 A 是 B 的**稠密子集**. □

A 在 B 中稠密并不意味着 $A \subset B$. 例如, 有理数在无理数中稠密, 有理数也在实数中稠密; 无理数在有理数中稠密, 无理数也在实数中稠密. 这说明任何两个不相等的实数之间必有无限多个有理数也有无限多个无理数.

定理 1.4.1 设 (X, d) 是度量空间, $A, B \subset X$, 下列命题等价:

(1) A 在 B 中稠密.

(2) $\forall x \in B$, $\exists \{x_n\} \subset A$, 使得 $\lim\limits_{n \to \infty} d(x_n, x) = 0$.

(3) $B \subset \overline{A}$.

(4) 任取 $\delta > 0$, 有 $B \subset \bigcup\limits_{x \in A} O(x, \delta)$.

证明 按照稠密、闭包及聚点等相关定义易得. □

定理 1.4.2 (稠密集的传递性) 设 X 是度量空间, $A, B, C \subset X$, 若 A 在 B 中稠密, B 在 C 中稠密, 则 A 在 C 中稠密.

证明 由定理 1.4.1 知 $B \subset \overline{A}$, $C \subset \overline{B}$, 而 $\overline{B}$ 是包含 B 的最小闭集, 所以 $B \subset \overline{B} \subset \overline{A}$. 于是有 $C \subset \overline{A}$, 即 A 在 C 中稠密. □

设 $P[a, b]$ 表示闭区间 $[a, b]$ 上的多项式函数集, $B[a, b]$ 表示有界可测函数集, $L^p[a, b]$ 表示 p 次幂可积的函数空间, 显然有

$$P[a, b] \subset C[a, b] \subset B[a, b] \subset L^p[a, b].$$

由附录中的 Weierstrass 逼近定理 B.12 知, 多项式函数集 $P[a, b]$ 在连续函数空间 $C[a, b]$ 中稠密.

性质 1.4.1 设 $1 \leqslant p < +\infty$, 将 $C[a, b]$ 与 $B[a, b]$ 看成空间 $L^p[a, b]$ 的子空间, 则有

(1) $C[a, b]$ 在 $B[a, b]$ 中稠密.

(2) $B[a, b]$ 在 $L^p[a, b]$ 中稠密.

(3) $C[a, b]$ 在 $L^p[a, b]$ 中稠密.

证明 (1)、(2) 的证明留作练习题. 根据稠密集的传递性定理 1.4.2, 由 (1)、(2) 可知 $C[a, b]$ 在 $L^p[a, b]$ 中稠密. □

定义 1.4.2 可分的度量空间(Separable Metric Space)

设 X 是度量空间, $A \subset X$, 如果 A 存在可列的稠密子集, 则称 A 是**可分点集**或**可析点**

集. 当度量空间 X 本身是可分点集时,称 X 是可分的度量空间. □

X 是可分的度量空间是指在 X 中存在一个稠密的可列子集,即存在点列 $\{x_n\} \subset X$,且 $\{x_n\}$ 在 X 中稠密.

例 1.4.1 验证欧氏空间 $\mathbb{R}^n$ 是可分的.

证明 设 $\mathbb{Q}^n = \{(r_1, r_2, \cdots, r_n) \mid r_i \in \mathbb{Q}, i=1, 2, \cdots, n\}$ 为 $\mathbb{R}^n$ 中的有理数向量集,显然 $\mathbb{Q}^n$ 是可列集,下证 $\mathbb{Q}^n$ 在 $\mathbb{R}^n$ 中稠密.

对于 $\mathbb{R}^n$ 中任意一点 $x = (x_1, x_2, \cdots, x_n)$,寻找 $\mathbb{Q}^n$ 中的点列 $\{r_k\}$,使得 $r_k \to x$,其中 $r_k = (r_1^k, r_2^k, \cdots, r_n^k)$. 由于有理数在实数中稠密,所以对于每一个实数 x_i,$i=1, 2, \cdots, n$,存在有理数列 $r_i^k \to x_i$,$k \to \infty$. 于是得到 $\mathbb{Q}^n$ 中的点列 $\{r_k\}$,其中

$$r_k = (r_1^k, r_2^k, \cdots, r_n^k), \ k=1, 2, \cdots.$$

现证 $r_k \to x$,$k \to \infty$. $\forall \varepsilon > 0$,由 $r_i^k \to x_i$,$k \to \infty$ 知,$\exists K_i \in \mathbb{N}^+$,当 $k > K_i$ 时,有

$$|r_i^k - x_i| < \frac{\varepsilon}{\sqrt{n}}, \ i=1, 2, \cdots, n.$$

取 $K = \max\{K_1, K_2, \cdots, K_n\}$,当 $k > K$ 时,对于 $i=1, 2, \cdots, n$,都有 $|r_i^k - x_i| < \frac{\varepsilon}{\sqrt{n}}$,因此有

$$d(r_k, x) = \sqrt{\sum_i^n |r_i^k - x_i|^2} < \sqrt{\frac{n\varepsilon^2}{n}} = \varepsilon,$$

即 $r_k \to x$,$k \to \infty$,从而知 $\mathbb{Q}^n$ 在 $\mathbb{R}^n$ 中稠密. □

设 $x_k = (x_{k1}, x_{k2}, \cdots, x_{kn}) \in \mathbb{R}^n$,$x_0 = (x_{01}, x_{02}, \cdots, x_{0n}) \in \mathbb{R}^n$,由例 1.4.1 的证明过程可知,$\lim\limits_{k \to \infty} x_k = x_0$ 等价于 $\lim\limits_{k \to \infty} x_{ki} = x_{0i}$,$i=1, 2, \cdots, n$.

例 1.4.2 验证连续函数空间 $C[a, b]$ 是可分的.

证明 记 $P_0[a, b]$ 表示闭区间 $[a, b]$ 上的有理数系数多项式函数集. 由于 n 次有理数系数多项式的全体 A_n 与 $n+1$ 个有理数的笛卡尔积对等,所以 A_n 可列,而集合 $P_0[a, b]$ 与 $\bigcup\limits_{n=0}^{\infty} A_n$ 对等,于是知 $P_0[a, b]$ 是可列集.

由于有理数在实数中稠密,所以 $P_0[a, b]$ 在多项式函数集 $P[a, b]$ 中也稠密. 由附录中 Weierstrass 逼近定理 B.12 知,多项式函数集 $P[a, b]$ 在连续函数空间 $C[a, b]$ 中稠密. 根据稠密集的传递性定理 1.4.2 知 $P_0[a, b]$ 在 $C[a, b]$ 中稠密. □

例 1.4.3 验证 p 次幂可积的函数空间 $L^p[a, b]$ 是可分的.

证明 由于 $P_0[a, b]$ 在 $C[a, b]$ 中稠密,又知 $C[a, b]$ 在 $L^p[a, b]$ 中稠密,可知可数集 $P_0[a, b]$ 在 $L^p[a, b]$ 中稠密. □

例 1.4.4 验证 p 次幂可和的数列空间 l^p 是可分的.

证明 取 $E_0 = \{(r_1, r_2, \cdots, r_n, 0, \cdots, 0, \cdots) \mid r_i \in \mathbb{Q}, n \in \mathbb{N}\}$,显然 E_0 等价于 $\bigcup\limits_{n=1}^{\infty} \mathbb{Q}^n$,可知 E_0 可数. 下面证 E_0 在 l^p 中稠密.

$\forall x = (x_1, x_2, \cdots, x_n, \cdots) \in l^p$,有 $\sum\limits_{i=1}^{\infty} |x_i|^p < +\infty$,因此 $\forall \varepsilon > 0$,$\exists N \in \mathbb{N}$,当 $n > N$ 时,

$$\sum_{n=N+1}^{\infty} |x_i|^p < \frac{\varepsilon^p}{2}.$$

又因 $\mathbb{Q}$ 在 $\mathbb{R}$ 中稠密, 对每个 x_i, $1 \leqslant i \leqslant N$, 存在 $r_i \in \mathbb{Q}$, 使得

$$| x_i - r_i |^p < \frac{\varepsilon^p}{2N}, \ i = 1, \ 2, \ 3, \ \cdots, \ N.$$

于是得

$$\sum_{i=1}^{N} | x_i - r_i |^p < \frac{\varepsilon^p}{2}.$$

令 $x_0 = (r_1, \ r_2, \ \cdots, \ r_N, \ 0, \ \cdots, \ 0, \ \cdots) \in E_0$, 则

$$d(x_0, \ x) = \left(\sum_{i=1}^{N} | x_i - r_i |^p + \sum_{i=N+1}^{\infty} | x_i |^p \right)^{\frac{1}{p}} < \left(\frac{\varepsilon^p}{2} + \frac{\varepsilon^p}{2} \right)^{\frac{1}{p}} = \varepsilon,$$

因此 E_0 在 l^p 中稠密. □

例 1.4.5　设 $X = [0, 1]$, 证明离散度量空间 (X, d_0) 是不可分的.

证明　假设 (X, d_0) 是可分的, 则必有可列子集 $\{x_n\} \subset X$ 在 X 中稠密. 又知 X 不是可列集, 所以存在 $x^* \in X$, $x^* \notin \{x_n\}$. 取 $\delta = \dfrac{1}{2}$, 则有

$$O(x^*, \ \delta) = \left\{ x \mid d_0(x, x^*) < \frac{1}{2} \right\} = \{x^*\},$$

即 $O(x^*, \ \delta)$ 中不含 $\{x_n\}$ 中的点, 这与 $\{x_n\}$ 在 X 中稠密相矛盾, 故 (X, d_0) 不可分. □

由例 1.4.5 的证明可得: 离散度量空间 (X, d_0) 可分的充要条件为 X 是可列集.

下面说明集合 $A = \{x = (x_1, \ x_2, \ \cdots, \ x_n, \ \cdots) \mid x_n \in \{0, 1\}\}$ 不可列. 我们知道十进制小数转化为二进制数的方法为: 乘 2 取整, 即乘以 2 取整, 顺序排列. 例如, 将十进制小数 $(0.625)_{10}$ 转化为二进制小数 $(0.101)_2$ 的过程如下:

$$0.625 \times 2 = 1.25, \ \text{取} \ 1;$$
$$0.25 \times 2 = 0.50, \ \text{取} \ 0;$$
$$0.5 \times 2 = 1.00, \ \text{取} \ 1.$$

二进制小数也可转化为十进制小数, 小数点后第一位为 1 则加上 0.5 (即 1/2), 第二位为 1 则加上 0.25 (1/4), 第三位为 1 则加上 0.125 (1/8), 以此类推, 即 $(0.x_1 x_2 \cdots x_n)_2 = \left(\sum\limits_{i=1}^{n} \dfrac{1}{2^i} x_i \right)_{10}$. 例如,

$$(0.101)_2 = \left(\frac{1}{2} \times 1 + \frac{1}{4} \times 0 + \frac{1}{8} \times 1 \right)_{10} = (0.625)_{10}.$$

因此 $[0, 1]$ 与子集 $A = \{x = (x_1, \ x_2, \ \cdots, \ x_n, \ \cdots) \mid x_n \in \{0, 1\}\}$ 对等, 由 $[0, 1]$ 不可数知 A 不可列.

例 1.4.6　验证有界数列空间 l^{∞} 是不可分的.

证明　考虑有界数列空间 $l^{\infty} = \{x = (x_1, \ x_2, \ \cdots, \ x_n, \ \cdots) = (x_i) \mid x \ \text{为有界数列}\}$ 中的子集

$$A = \{x = (x_1, \ x_2, \ \cdots, \ x_n, \ \cdots) \mid x_n = 0 \ \text{或} \ 1\},$$

则当 $x, \ y \in A$, $x \neq y$ 时, 有 $d(x, y) = 1$. 因为 $[0, 1]$ 中每一个实数可用二进制表示, 所以 A 与 $[0, 1]$ 一一对应, 故 A 不可列.

假设 l^{∞} 可分, 即存在一个可列稠密子集 A_0, 以 A_0 中每一点为中心, 以 $\dfrac{1}{3}$ 为半径作开球, 所有这样的开球覆盖 l^{∞}, 也覆盖 A. 因为 A_0 可列, 而 A 不可列, 所以必有某开球内含

有 A 的不同点. 不妨设 x 与 y 是这样的点, 且此开球中心为 x_0, 于是有

$$1 = d(x, y) \leqslant d(x, x_0) + d(x_0, y) < \frac{1}{3} + \frac{1}{3} = \frac{2}{3},$$

产生矛盾, 因此 l^∞ 不可分. $\square$

定理 1.4.3 设 X 是可分的度量空间, Y 是 X 的子空间, 则 Y 是可分的子空间.

证明 由 X 的可分性知, 存在 X 的稠密子集 $\{x_1, x_2, \cdots, x_n, \cdots\}$. 依据定理 1.4.1, 取 $\delta_j = \frac{1}{j}$, 其中 $j = 1, 2, \cdots$, 使得 $X = \bigcup\limits_{i=1}^{\infty} O(x_i, \delta_j)$. 于是有

$$Y \subset X = \bigcup_{i=1}^{\infty} O(x_i, \delta_j).$$

若 $Y \bigcap O(x_i, \delta_j) \neq \phi$, 则取定一点 $y_{ij} \in Y \bigcap O(x_i, \delta_j)$, 令 A 是这样的 y_{ij} 组成的集合, 显然 $A \subset Y$ 至多可列.

$\forall y \in Y, \delta > 0$, 存在 $j \geqslant 1$, 使得 $2\delta_j < \delta$. 由于 $\{x_1, x_2, \cdots, x_n, \cdots\}$ 在 X 中稠密, 所以存在 $i \geqslant 1$, 使得 $x_i \in O(y, \delta_j)$. 于是有 $y \in O(x_i, \delta_j)$, 即 $y \in O(x_i, \delta_j) \bigcap Y$. 由于 $y_{ij} \in Y \bigcap O(x_i, \delta_j)$, 所以

$$d(y, y_{ij}) \leqslant d(y, x_i) + d(x_i, y_{ij}) \leqslant 2\delta_j < \delta,$$

即存在 $y_{ij} \in A$, 使得 $y_{ij} \in O(y, \delta)$. 因此, Y 是可分的子空间. $\square$

推论 1.4.1 设 X 是度量空间, $Y \subset X$ 是不可列子空间, 且存在 $\delta > 0$, $\forall x, y \in Y$, 满足 $d(x, y) \geqslant \delta$, 则 X 不是可分空间.

证明 由定理 1.4.3 知, 只需证明 Y 不可分. 假设 Y 的可列子集 $A = \{x_1, x_2, \cdots, x_n, \cdots\}$ 在 Y 中稠密, 依据定理 1.4.1 知, $Y \subset \bigcup\limits_{i=1}^{\infty} O(x_i, \frac{\delta}{2})$. 由于在 Y 中 $\bigcup\limits_{i=1}^{\infty} O(x_i, \frac{\delta}{2}) = \{x_1, x_2, \cdots, x_n, \cdots\}$, 这与 Y 不可列相矛盾, 故假设不成立, 所以 Y 不可分. $\square$

1.5　度量空间的完备性

实数空间 $\mathbb{R}$ 中任何基本列 (Cauchy 列) 必收敛, 即基本列和收敛列在 $\mathbb{R}$ 中是等价的, 现在将这些概念推广到一般的度量空间.

定义 1.5.1　基本列 (Fundamental Sequence)

设 $\{x_n\}$ 是度量空间 X 中的一个点列, 若对任意 $\varepsilon > 0$, 存在 $N \in \mathbb{N}$, 当 $m, n > N$ 时, 有 $d(x_m, x_n) < \varepsilon$, 则称 $\{x_n\}$ 是 X 中的一个**基本列** (或 Cauchy 列).

定理 1.5.1　(基本列的性质) 设 (X, d) 是度量空间, 则

(1) 如果点列 $\{x_n\}$ 收敛, 则 $\{x_n\}$ 是基本列.

(2) 如果点列 $\{x_n\}$ 是基本列, 则 $\{x_n\}$ 有界.

(3) 若基本列 $\{x_n\}$ 含有收敛子列 $\{x_{n_k}\}$, 即 $\lim\limits_{k \to \infty} x_{n_k} = x_0$, 则 $\lim\limits_{n \to \infty} x_n = x_0$.

证明 (1) 设 $\{x_n\} \subset X$, $x \in X$, 且 $x_n \to x$, 则 $\forall \varepsilon > 0$, $\exists N \in \mathbb{N}$, 当 $n > N$ 时, $d(x_n, x) < \frac{\varepsilon}{2}$, 从而当 $n, m > N$ 时, 有

$$d(x_n, x_m) \leqslant d(x_n, x) + d(x, x_m) < \frac{\varepsilon}{2} + \frac{\varepsilon}{2} = \varepsilon,$$

即得 $\{x_n\}$ 是基本列.

（2）设 $\{x_n\}$ 为一基本列，对于 $\varepsilon=1$，存在 $N\in\mathbb{N}$，当 $n>N$ 时，有 $d(x_{N+1},x_n)<\varepsilon=1$. 记 $M=\max\{d(x_1,x_{N+1}),d(x_2,x_{N+1}),\cdots,d(x_N,x_{N+1}),1\}+1$，那么对任意的 m,n，均有

$$d(x_n,x_m)\leqslant d(x_n,x_{N+1})+d(x_m,x_{N+1})<M+M=2M,$$

即 $\{x_n\}$ 有界.

（3）设 $\{x_n\}$ 为一基本列，且 $\{x_{n_k}\}$ 是 $\{x_n\}$ 的收敛子列，$x_{n_k}\to x$，$k\to\infty$. 于是，$\forall\varepsilon>0$，$\exists N_1\in\mathbb{N}$，当 $m,n>N_1$ 时，$d(x_n,x_m)<\dfrac{\varepsilon}{2}$；$\forall\varepsilon>0$，$\exists N_2\in\mathbb{N}$，当 $k>N_2$ 时，$d(x_{n_k},x)<\dfrac{\varepsilon}{2}$. 取 $N=\max\{N_1,N_2\}$，则当 $n>N$，$k>N$ 时，$n_k\geqslant k>N$，从而有

$$d(x_n,x)\leqslant d(x_n,x_{n_k})+d(x_{n_k},x)<\frac{\varepsilon}{2}+\frac{\varepsilon}{2}=\varepsilon,$$

故 $x_n\to x$，$n\to\infty$. $\square$

定理 1.5.1 表明收敛列一定是 Cauchy 列. 下面的例子说明存在 Cauchy 列不是收敛列的情况.

例 1.5.1 设 $X=(0,1)$，$\forall x,y\in X$，定义 $d(x,y)=|x-y|$，证明度量空间 (X,d) 的点列 $\{x_n\}=\left\{\dfrac{1}{n+1}\right\}$ 是 X 的基本列，却不是 X 的收敛列.

证明 对于任意的 $\varepsilon>0$，存在 $N\in\mathbb{N}$，使得 $N>\dfrac{1}{\varepsilon}$，那么对于 $m=N+a$ 及 $n=N+b$，其中 $a,b\in\mathbb{N}$，有

$$d(x_n,x_m)=|x_n-x_m|=\left|\frac{1}{N+b+1}-\frac{1}{N+a+1}\right|=\left|\frac{a-b}{(N+a+1)(N+b+1)}\right|$$
$$<\frac{\max\{a,b\}}{(N+a+1)(N+b+1)}<\frac{a+b}{Na+Nb}=\frac{1}{N}<\varepsilon,$$

即得 $\{x_n\}$ 是基本列. 显然，$\lim\limits_{n\to\infty}\dfrac{1}{n+1}=0\notin X$，故 $\{x_n\}$ 不是 X 的收敛列. $\square$

如果一个度量空间中的所有基本列都收敛，那么在此空间中收敛列与基本列等价. 哪一类度量空间具有此良好性质呢？下面定义的完备的度量空间就具有此性质.

定义 1.5.2 完备的度量空间 (Complete Metric Space)

设 (X,d) 是度量空间，$M\subseteq X$，若 M 中的任何基本列都收敛，且收敛点属于 M，则称 M 是度量空间 X 的完备集 (Complete Set). 若 X 是完备集，则称 X 是**完备的度量空间**. $\square$

例 1.5.2 证明 n 维欧氏空间 $\mathbb{R}^n$ 是完备的度量空间.

证明 设 $x_k=(x_{k1},x_{k2},\cdots,x_{kn})\in\mathbb{R}^n$，$x_0=(x_{01},x_{02},\cdots,x_{0n})\in\mathbb{R}^n$，由例 1.4.1 的证明过程可知 $\lim\limits_{k\to\infty}x_k=x_0$ 等价于 $\lim\limits_{k\to\infty}x_{ki}=x_{0i}$，$i=1,2,\cdots,n$，即 $\mathbb{R}^n$ 中的点列收敛对应于点的各坐标收敛. 加之，$\mathbb{R}$ 是完备的空间，故 $\mathbb{R}^n$ 是完备的度量空间. $\square$

例 1.5.3 证明连续函数空间 $C[a,b]$ 是完备的度量空间. 其中，距离的定义是
$$d(f,g)=\max_{t\in[a,b]}|f(t)-g(t)|.$$

证明 设 $\{x_n\}$ 是 $C[a,b]$ 中的基本列，于是 $\forall\varepsilon>0$，存在 $N\in\mathbb{N}$，当 $m,n>N$ 时，$d(x_m,x_n)<\varepsilon$，即

$$\max_{t\in[a,b]}|x_m(t)-x_n(t)|<\varepsilon.$$

故 $\forall t \in [a, b]$, $|x_m(t) - x_n(t)| < \varepsilon$. 由一致收敛的 Cauchy 准则定理 B.11 知, 存在连续函数 $x(t)$, 使 $\{x_n(t)\}$ 在 $[a, b]$ 上一致收敛于 $x(t)$, 即 $d(x_n, x) \to 0$, $n \to \infty$, 且由定理 B.9 知 $x \in C[a, b]$. 因此, $C[a, b]$ 完备. $\square$

例 1.5.4 设 $X = C[0, 1]$, $f(t)$, $g(t) \in X$, 定义 $d_1(f, g) = \int_0^1 |f(t) - g(t)| \, \mathrm{d}t$, 证明 (X, d_1) 不是完备的度量空间.

证明 设

$$f_n(t) = \begin{cases} 0, & 0 \leqslant t < \dfrac{1}{2}, \\ n\left(t - \dfrac{1}{2}\right), & \dfrac{1}{2} \leqslant t < \dfrac{1}{2} + \dfrac{1}{n}, \\ 1, & \dfrac{1}{2} + \dfrac{1}{n} \leqslant t \leqslant 1, \end{cases}$$

显然 $f_n(t) \in C[0, 1]$, $n = 1, 2, 3, \cdots$, 其图像如图 1.5.1 所示. 因为 $d_1(f_m, f_n)$ 是图 1.5.1(c) 中的三角形面积, 所以 $\forall \varepsilon > 0$, 存在 $N \in \mathbb{N}$ 以及 $N > \dfrac{1}{\varepsilon}$, 当 $m, n > N$ 时, 有

$$d_1(f_m, f_n) = \frac{1}{2}\left|\frac{1}{n} - \frac{1}{m}\right| < \frac{1}{2}\left(\frac{1}{n} + \frac{1}{m}\right) < \frac{1}{2}\left(\frac{1}{N} + \frac{1}{N}\right) < \varepsilon.$$

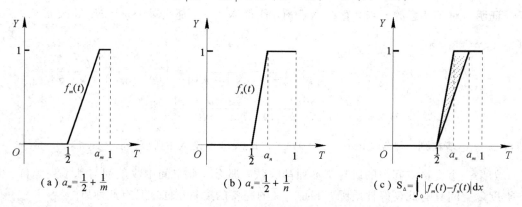

(a) $a_m = \dfrac{1}{2} + \dfrac{1}{m}$ (b) $a_n = \dfrac{1}{2} + \dfrac{1}{n}$ (c) $S_\triangle = \int_0^1 |f_m(t) - f_n(t)| \, \mathrm{d}x$

图 1.5.1 $f_m(t)$ 与 $f_n(t)$ 图像及有关积分示意图

于是, $\{f_n\}$ 是 X 的基本列. 下面证明 $\{f_n\}$ 在 X 中不收敛. 若存在 $f(t) \in X$, 使得

$$d_1(f_n, f) \to 0, \quad n \to \infty,$$

由于

$$d_1(f_n, f) = \int_0^1 |f_n(t) - f(t)| \, \mathrm{d}t = \int_0^{\frac{1}{2}} |f(t)| \, \mathrm{d}t + \int_{\frac{1}{2}}^{\frac{1}{2} + \frac{1}{n}} |f_n(t) - f(t)| \, \mathrm{d}t + \int_{\frac{1}{2} + \frac{1}{n}}^1 |1 - f(t)| \, \mathrm{d}t,$$

显然上式右边的三个积分均非负, 因此, 当 $d_1(f_n, f) \to 0$ 时, 每个积分均趋于零. 由此推得

$$f(t) = \begin{cases} 0, & t \in \left[0, \dfrac{1}{2}\right], \\ 1, & t \in \left(\dfrac{1}{2}, 1\right]. \end{cases}$$

可见, $f(t)$ 不连续, 故 $\{f_n\}$ 在 X 中不收敛, 即 $C[0, 1]$ 在距离 d_1 下不完备. $\square$

在度量空间中也有类似于表示实数完备性的区间套定理，就是下述的闭球套定理.

定理 1.5.2 （闭球套定理）设 (X, d) 是完备的度量空间，$B_n = \bar{O}(x_n, \delta_n)$ 是一套闭球，即

$$B_1 \supset B_2 \supset \cdots \supset B_n \supset \cdots.$$

如果球的半径 $\delta_n \to 0$，$n \to \infty$，那么存在唯一的点 $x \in \bigcap\limits_{n=1}^{\infty} B_n$.

证明 （1）球心组成的点列 $\{x_n\}$ 为 X 的基本列. 当 $m > n$ 时，有 $x_m \in B_m \subset B_n (= \bar{O}(x_n, \delta_n))$，可得 $d(x_m, x_n) \leqslant \delta_n$. $\forall \varepsilon > 0$，选取 N，使得当 $n > N$ 时，有 $\delta_n < \varepsilon$. 于是，当 $m, n > N$ 时，有

$$d(x_m, x_n) \leqslant \delta_n < \varepsilon,$$

所以 $\{x_n\}$ 为 X 的基本列.

（2）x 的存在性. 由于 (X, d) 是完备的度量空间，所以存在点 $x \in X$，使得 $\lim\limits_{n \to \infty} x_n = x$. 令 $d(x_m, x_n) \leqslant \delta_n$ 中的 $m \to \infty$，可得 $d(x, x_n) \leqslant \delta_n$，即知 $x \in B_n$，$n = 1, 2, 3, \cdots$，因此 $x \in \bigcap\limits_{n=1}^{\infty} B_n$.

（3）x 的唯一性. 设还存在 $y \in X$，满足 $y \in \bigcap\limits_{n=1}^{\infty} B_n$，那么对于任意的 $n \in \mathbb{N}$，有 $x, y \in B_n$，从而有

$$d(x, y) \leqslant d(x, x_n) + d(x_n, y) \leqslant 2\delta_n \to 0, \quad n \to \infty.$$

于是有 $x = y$. $\square$

完备的度量空间的另一种刻画：设 (X, d) 是一度量空间，那么 X 是完备的当且仅当对于 X 中的任何一套闭球：$B_1 \supset B_2 \supset \cdots \supset B_n \supset \cdots$，其中 $B_n = \bar{O}(x_n, \delta_n)$，当半径 $\delta_n \to 0$，$n \to \infty$ 时，必存在唯一的点 $x \in \bigcap\limits_{n=1}^{\infty} B_n$.

定理 1.5.3 设 (X, d) 是完备的度量空间，则 $M \subset X$ 是完备集当且仅当 M 是闭集. $\square$

定理 1.5.3 的证明留作练习题.

例 1.5.5 设 $x, y \in \mathbb{R}$，定义距离 $\rho(x, y) = |\arctan x - \arctan y|$，试证 $(\mathbb{R}, \rho)$ 不是完备的度量空间.

证明 取点列 $\{x_n\} \subset \mathbb{R}$，其中 $x_n = n$，在欧氏空间 $(\mathbb{R}, d)$ 中有 $\lim\limits_{n \to \infty} \arctan x_n = \frac{\pi}{2}$，即 $\forall \varepsilon > 0$，$\exists N$，当 $m, n > N$ 时，有 $|\arctan m - \frac{\pi}{2}| < \frac{\varepsilon}{2}$，$|\arctan n - \frac{\pi}{2}| < \frac{\varepsilon}{2}$. 于是有

$$\rho(x_n, x_m) = |\arctan x_n - \arctan x_m| \leqslant \left|\arctan x_n - \frac{\pi}{2}\right| + \left|\arctan x_m - \frac{\pi}{2}\right| < \varepsilon,$$

可见点列 $\{x_n\}$ 是基本列. 显然不存在一点 $x \in \mathbb{R}$，使得

$$\rho(x_n, x) = |\arctan x_n - \arctan x| \to 0, \quad n \to \infty,$$

所以点列 $\{x_n\}$ 在 $\mathbb{R}$ 中没有极限. 因此，$(\mathbb{R}, \rho)$ 不是完备的度量空间. $\square$

由于有理数系数多项式函数集 $P_0[a, b]$ 是可列的，且 $P_0[a, b]$ 在 $P[a, b]$、$C[a, b]$、$B[a, b]$ 和 $L^p[a, b]$ 中稠密，可知闭区间 $[a, b]$ 上多项式函数集 $P[a, b]$、连续函数集 $C[a, b]$、有界可测函数集 $B[a, b]$、p 次幂可积函数集 $L^p[a, b]$ 均是可分的. 前面的例子说明 n 维欧氏空间 $\mathbb{R}^n$ 及 p 次幂可和的数列空间 l^p 是可分空间，而有界数列空间 l^∞ 和不可

数集 X 对应的离散度量空间 (X, d_0) 是不可分的.

n 维欧氏空间 $\mathbb{R}^n$ 是完备的度量空间,但是按照欧氏距离 $X=(0, 1)$ 却不是完备的;连续函数空间 $C[a, b]$ 是完备的度量空间,但是在积分定义的距离 $d_1(f, g) = \int_0^1 |f(t) - g(t)|\, \mathrm{d}t$ 下,$C[0, 1]$ 却不是完备的. 由于离散度量空间中的任何一个基本列均是由同一个元素无限重复组成的点列,所以它是完备的. 我们还可以证明 p 次幂可和的数列空间 l^p 是完备的度量空间,p 次幂可积的函数空间 $L^p[a, b]$,$p \geqslant 1$ 是完备的度量空间,以及有界数列空间的完备性. 通常所涉及的常用空间的可分性与完备性如表 1.5.1 所示.

表 1.5.1 常用空间的可分性与完备性

度量空间		距离	可分性	完备性
n 维欧氏空间 $(\mathbb{R}^n, d)$		$d(x, y) = \sqrt{\sum_{i=1}^{n} (x_i - y_i)^2}$	$\checkmark$	$\checkmark$
离散度量空间 (X, d_0)	X 可数	$d_0(x, y) = \begin{cases} 0, & x=y \\ 1, & x \neq y \end{cases}$	$\checkmark$	$\checkmark$
	X 不可数		$\times$	$\checkmark$
连续函数空间 $C[a, b]$		$d(f, g) = \max_{t \in [a, b]} |f(t) - g(t)|$	$\checkmark$	$\checkmark$
		$d_1(f, g) = \int_a^b |f(x) - g(x)|\, \mathrm{d}x$	$\checkmark$	$\times$
有界数列空间 l^∞		$d(x, y) = \sup_{i \geqslant 1} |x_i - y_i|$	$\times$	$\checkmark$
p 次幂可和的数列空间 l^p		$d_p(x, y) = \left(\sum_{i=1}^{\infty} |x_i - y_i|^p \right)^{\frac{1}{p}}$	$\checkmark$	$\checkmark$
p 次幂可积的函数空间 $(L^p[a, b], d)$		$d(f, g) = \left(\int_{[a, b]} |f(t) - g(t)|^p \mathrm{d}t \right)^{\frac{1}{p}}$	$\checkmark$	$\checkmark$

大家知道 $\lim_{n \to \infty}(1 + \frac{1}{n})^n = \mathrm{e}$,可见有理数空间 $\mathbb{Q}$ 是不完备的,但添加一些点以后得到的实数空间 $\mathbb{R}$ 完备,而完备的实数空间具有许多重要性质. 对于一般的度量空间也是一样,完备性在许多方面起着重要作用,那么是否对于任一不完备的度量空间都可以添加一些点使之成为完备的度量空间呢?下面的定理 1.5.4 给出了肯定的回答.

定义 1.5.3 同构映射(Isometric Mapping)与同构空间(Isometric Spaces)

设 (X, d),(Y, ρ) 是度量空间,如果存在一一映射 $T: X \to Y$,使得 $\forall x_1, x_2 \in X$,有 $d(x_1, x_2) = \rho(Tx_1, Tx_2)$,则称 T 是 X 到 Y 上的**同构映射**,X 与 Y 是**同构空间**或**等距同构空间**,记为 $X \cong Y$. $\square$

从距离的角度来看,两个同构的度量空间是同一空间的两个不同模型. 因此,可把等距同构的 (X, d) 和 (Y, ρ) 不加区别地看成同一空间. 设 (X, d) 是一度量空间,$(\hat{X}, \rho)$ 是一完备的度量空间,如果 $\hat{X}$ 中含有与 X 等距同构且在 $\hat{X}$ 中稠密的子空间 (Y, ρ),则称 $\hat{X}$ 是 X 的一个完备化空间,如图 1.5.2 所示.

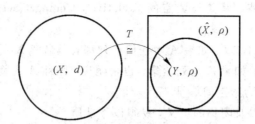

图 1.5.2 度量空间的完备化示意图

定理 1.5.4 （**完备化定理（Completeness Theorem）**）对于每一个度量空间 (X, d)，必存在一个完备化的度量空间 $(\hat{X}, \rho)$，并且在等距同构意义下 $\hat{X}$ 是唯一确定的. □

定理的证明见参考文献[4].

1.6 度量空间中的紧集

在地球 $G \subset \mathbb{R}^3$ 上是否存在这样的位置 $\{p_n\}_{n=1}^{\infty}$，使得位置 p_n 上放个数字 n，满足任何两个数字之间的欧氏距离大于或等于 1？首先，任意选个位置放数字 1，在满足 $d(p_1, p_2) \geqslant 1$ 的条件下，也很容易找到放数字 2 的位置，在满足 $d(p_1, p_3) \geqslant 1$，$d(p_2, p_3) \geqslant 1$ 的条件下，也很容易找到放数字 3 的位置 p_3，依此类推，可以这样一直做下去吗？本节将给出答案.

在微积分中，闭区间上的连续函数具有最大值、最小值、一致连续等，这些性质的成立基于一个重要的事实：有界数列必有收敛子列. 这便是 $\mathbb{R}$ 中的有界集具有的列紧性，有界闭集所表现的紧性. 但这一事实在度量空间中却未必成立. 下面通过举例引入列紧集和紧集的概念.

例 1.6.1 设 $X = L^2[-\pi, \pi] = \{f \mid (L) \int_{-\pi}^{\pi} |f(x)|^2 \mathrm{d}x < \infty\}$，对于 $f, g \in X$，定义

$$d(f, g) = \left(\int_{-\pi}^{\pi} |f(x) - g(x)|^2 \mathrm{d}x\right)^{\frac{1}{2}},$$

令 $\{f_n(x)\} = \{\sin nx\}$，证明 $\{f_n(x)\}$ 是有界的发散点列.

证明 由于

$$d(f_n, 0) = \left(\int_{-\pi}^{\pi} |f_n(x) - 0|^2 \mathrm{d}x\right)^{\frac{1}{2}} = \left[\int_{-\pi}^{\pi} (\sin nx)^2 \mathrm{d}x\right]^{\frac{1}{2}}$$

$$= \left[\int_{-\pi}^{\pi} \left(\frac{1 - \cos 2nx}{2}\right) \mathrm{d}x\right]^{\frac{1}{2}} = \left[\int_{-\pi}^{\pi} \left(\frac{1}{2}\right) \mathrm{d}x - \int_{-\pi}^{\pi} \left(\frac{\cos 2nx}{2}\right) \mathrm{d}x\right]^{\frac{1}{2}} = \sqrt{\pi},$$

所以 $\{f_n(x)\}$ 为有界点列. 对于任意的 $n, m \in N$，有

$$d(f_n, f_m) = \left(\int_{-\pi}^{\pi} |\sin nx - \sin mx|^2 \mathrm{d}x\right)^{\frac{1}{2}} = \left[\int_{-\pi}^{\pi} \left(2\cos\frac{m+n}{2}x \cdot \sin\frac{n-m}{2}x\right)^2 \mathrm{d}x\right]^{\frac{1}{2}}$$

$$= \left[\int_{-\pi}^{\pi} 4\left(\frac{1 + \cos(n+m)x}{2} \cdot \frac{1 - \cos(n-m)x}{2}\right) \mathrm{d}x\right]^{\frac{1}{2}}$$

$$= \left[\int_{-\pi}^{\pi} (1 + \cos(n+m)x) \cdot (1 - \cos(n-m)x) \mathrm{d}x\right]^{\frac{1}{2}} = \sqrt{2\pi},$$

因此 $\{f_n(x)\}$ 不是基本列，当然也不是收敛列，而是有界的发散点列. □

定义 1.6.1 列紧集、紧集与紧空间（Relatively Compact Set，Compact Set，Compact Space）

设 X 是度量空间，$A \subset X$. 如果 A 中任何点列都有收敛于 X 的子列，则称 A 为**列紧集**（或致密集或相对紧集）；如果 A 是列紧集，也是闭集，则称 A 为**紧集**；如果 X 本身是列紧集（必是闭集），则称 X 为**紧空间**. □

根据紧集、列紧集以及闭集的定义，易得以下性质.

性质 1.6.1 设 (X,d) 是度量空间，$A \subset X$，则 A 是紧集当且仅当 $\forall \{x_n\} \subset A$，存在子列 $\{x_{n_k}\}$ 收敛且 $\lim\limits_{k \to \infty} x_{n_k} = x_0 \in A$. □

定理 1.6.1 设 (X,d) 是度量空间，$A \subset X$，下列各命题成立：

(1) 任何有限集必是紧集.

(2) 列紧集的子集是列紧集.

(3) 任意多个列紧集的交是列紧集；有限多个列紧集的并是列紧集.

(4) 列紧集必是有界集，反之不真.

(5) A 是 X 的列紧集当且仅当它的闭包 $\overline{A}$ 是紧集.

证明 （1）、（2）、（3）易证，下面仅证（4）和（5）.

（4）假设列紧集 A 无界. 取 $x_1 \in A$ 固定不变，则存在 $x_2 \in A$，使得 $d(x_1, x_2) \geqslant 1$. 对于 x_1, x_2，必存在 $x_3 \in A$，使得 $d(x_1, x_3) \geqslant 1$、$d(x_2, x_3) \geqslant 1$. 由于 A 是无界集，可依此类推得到 X 的点列 $\{x_n\}$ 满足：只要 $i \neq j$，就有 $d(x_i, x_j) \geqslant 1$. 显然，点列 $\{x_n\}$ 无收敛子列，A 不是列紧集，从而产生矛盾，故 A 是有界集.

反过来，A 是有界集，A 未必列紧. 反例：空间 $X = L^2[-\pi, \pi]$ 上的闭球 $\overline{B} = \overline{O}(0, \sqrt{\pi})$ 有界，而不是列紧集（见例 1.6.1）.

（5）设 $A \subset X$ 是列紧集，$\{x_n\} \subset \overline{A}$，所以 $\forall n \in \mathbb{N}$，$x_n \in A$ 或 $x_n \in A'$. 于是存在 $y_n \in A$，使得

$$d(x_n, y_n) < \frac{1}{n}, \ n = 1, 2, 3, \cdots.$$

由于 A 是列紧集，所以点列 $\{y_n\}$ 有收敛子列 $\{y_{n_k}\}$. 不妨设 $\lim\limits_{k \to \infty} y_{n_k} = y_0$，显然 $y_0 \in \overline{A}$. 于是有

$$d(x_{n_k}, y_0) \leqslant d(x_{n_k}, y_{n_k}) + d(y_{n_k}, y_0) \leqslant \frac{1}{n_k} + d(y_{n_k}, y_0) \to 0, \ k \to \infty.$$

因此点列 $\{x_n\}$ 有收敛子列 $\{x_{n_k}\}$，即 $\overline{A}$ 是紧集.

当 $\overline{A}$ 是紧集时，$\overline{A}$ 自然是列紧集，由（2）知列紧集的子集是列紧集，于是 A 是列紧集. □

$\mathbb{R}$ 中的开区间 $(0,1)$ 是列紧集，却不是紧集. 由于 $\mathbb{R}$ 中的有界数列必有收敛子列，所以 $(0,1)$ 中的数列必有收敛子列，但 $(0,1)$ 不是闭集，故开区间 $(0,1)$ 是列紧集而不是紧集.

推论 1.6.1 设 X 为紧空间，$A \subset X$，则

(1) 紧空间是有界空间.

(2) 紧空间是完备的度量空间.

(3) A 是紧集当且仅当 A 是闭集.

证明 （1）若 X 为紧空间，那么 X 本身为列紧集，而列紧集有界，故 X 为有界空间.

（2）若 X 为紧空间，即它的任何点列有收敛子列，从而知 X 中的基本列有收敛子列. 根据定理 1.5.1 的基本列的性质，可得 X 中的基本列收敛，因此 X 为完备的度量空间.

（3）充分性的证明：由于 X 是列紧集，所以 A 是列紧集. 又知 A 是闭子集，因此 A 是紧集. 必要性易证. □

显然，n 维欧氏空间 $\mathbb{R}^n$ 无界，所以 $\mathbb{R}^n$ 不是紧空间. 但我们知道 $\mathbb{R}^n$ 是完备的度量空间，于是知完备的度量空间不一定是紧空间，但紧空间一定是完备的度量空间. 下述定理 1.6.2 刻画了 n 维欧氏空间 $\mathbb{R}^n$ 中的列紧集与紧集的特性.

定理 1.6.2 设 A 是 n 维欧氏空间 $\mathbb{R}^n$ 的一个子集，那么

（1）A 是列紧集当且仅当 A 是有界集.

（2）A 是紧集当且仅当 A 是有界闭集.

证明 （1）的必要性显然成立，充分性留作练习题. （2）由（1）易得. □

由于 $\mathbb{R}$ 中的非空紧集 A 是有界闭集，故定义在 A 上的连续函数具有最大与最小值，这一事实在度量空间中依然成立. 首先说明连续映射将紧集映射为紧集.

引理 1.6.1 设 f 是从度量空间 (X, d) 到 (Y, ρ) 上的连续映射，A 是 X 中的紧集，那么 $f(A)$ 是 Y 中的紧集.

证明 设 $E = f(A)$，$\forall \{y_n\} \subset E$，$\exists \{x_n\} \subset A$，使得 $y_n = f(x_n)$，$n = 1, 2, \cdots$. 由于 A 是紧集，所以点列 $\{x_n\}$ 存在收敛子列 $\{x_{n_k}\}$，且 $x_{n_k} \to x_0 \in A$. 又知 f 是 X 上的连续映射，于是有

$$\lim_{k \to \infty} y_{n_k} = \lim_{k \to \infty} f(x_{n_k}) = f(x_0) \in E,$$

即 $\{y_n\}$ 有收敛于 E 的子列 $\{y_{n_k}\}$，因此 E 为 Y 中的列紧集.

假设上述点列 $\{y_n\}$ 收敛于 y_0，由 $\lim\limits_{k \to \infty} y_{n_k} = \lim\limits_{k \to \infty} f(x_{n_k}) = f(x_0) \in E$ 可得 $y_0 = f(x_0) \in E$，所以 E 是闭集. □

定理 1.6.3 （最值定理）设 A 是度量空间 X 中的紧集，f 是定义在 X 上的实值连续映射（这里的映射也称为泛函），即 $f: X \to \mathbb{R}$，那么 f 在 A 上能取得最大值与最小值.

证明 设 $E = f(A)$，由上述引理知 E 是 $\mathbb{R}$ 中的紧集，所以 E 是 $\mathbb{R}$ 中的有界集. 于是，上、下确界必然存在，设

$$M = \sup\{f(x) \mid x \in A\}, \quad m = \inf\{f(x) \mid x \in A\}.$$

下证 M 是 f 在 A 上取得的最大值，同理可证 m 是 f 在 A 上取得的最小值. 由确界性的定义知，$\forall n$，$\exists x_n \in A$，使得

$$f(x_n) > M - \frac{1}{n},$$

即可得

$$M - \frac{1}{n} < f(x_n) \leqslant M < M + \frac{1}{n}.$$

再由 A 为紧集知存在 $\{x_{n_k}\} \subset \{x_n\}$，使得 $x_{n_k} \to x^* \in A$，$k \to \infty$. 于是有

$$M - \frac{1}{n_k} < f(x_{n_k}) \leqslant M < M + \frac{1}{n_k}.$$

令 $k \to \infty$，有 $f(x^*) = M$，因此 M 是 f 在 A 上取得的最大值. □

例 1.6.2 设 (X, d_0) 为离散度量空间，$A \subset X$，证明 A 是紧集当且仅当 A 是有限

点集.

证明 充分性. 设 A 是有限点集，则 A 必为闭集，且 A 中任何点列必含有相同点组成的子列，故为紧集.

必要性. 反证法. 假设 A 为无限点集，则必有可列子集 $A' \subset A$，且 A' 中元素各不相同. 不妨设为 $A' = \{x_1, x_2, \cdots, x_n, \cdots\} = \{x_n\}$，当 $m \neq n$ 时，根据离散度量空间中距离的定义知 $d_0(x_m, x_n) = 1$，从而 $\{x_n\}$ 无收敛子列，这与 A 的紧性矛盾，故 A 必为有限集. □

在离散度量空间中，A 是紧集当且仅当 A 是有限点集. 在 n 维欧氏空间 $\mathbb{R}^n$ 中，A 是紧集当且仅当 A 是有界闭集. 在紧空间中，A 是紧集当且仅当 A 是闭集.

回到本节开始提到的问题中，可将地球 G 看成 $\mathbb{R}^3$ 中的有界闭集，即为紧集. 假设满足条件的位置 $\{p_n\}_{n=1}^{\infty}$ 存在，即 $i \neq j$，则 $d(p_i, p_j) \geq 1$. 显然，这样的点列没有收敛子列，这与 G 的紧性相矛盾，因此满足条件的位置 $\{p_n\}_{n=1}^{\infty}$ 不存在.

1.7 度量空间中的全有界集

刻画列紧性的重要概念之一是全有界性. 在完备的度量空间中，列紧集和全有界集二者等价；在一般度量空间中，列紧集必是全有界集.

定义 1.7.1 ε 网(ε - net)

设 X 是度量空间，$A, B \subset X$. 给定 $\varepsilon > 0$，如果对于 B 中任何点 x，必存在 A 中点 x'，使得 $d(x, x') < \varepsilon$，则称 A 是 B 的一个 ε 网，即 $B \subset \bigcup_{x \in A} O(x, \varepsilon)$. □

例如，全体整数集是全体有理数的 0.6 网；平面上坐标为整数的点集是 $\mathbb{R}^2$ 的 0.8 网. 若 A 在 B 中稠密，根据稠密的性质知，$\forall \varepsilon > 0$，有 $B \subset \bigcup_{x \in A} O(x, \varepsilon)$，显然 A 是 B 的一个 ε 网. 反过来，若 A 是 B 的一个 ε 网(见图 1.7.1)，则 A 在 B 中未必稠密. 显然，全体整数集在有理数集中不稠密.

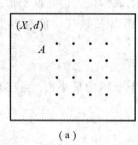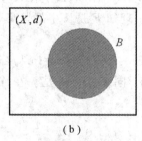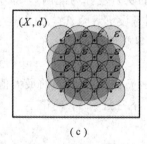

(a)　　　　　　　　(b)　　　　　　　　(c)

图 1.7.1　A 是 B 的一个 ε 网示意图，其中 16 个黑点表示 A，圆盘表示 B

定义 1.7.2 全有界集(Totally Bounded Set)

设 X 是度量空间，$A \subset X$，如果对于任给的 $\varepsilon > 0$，A 总存在**有限的 ε 网**，则称 A 是 X 中的**全有界集**. □

根据定义可知，A 是 X 中的全有界集等价于 $\forall \varepsilon > 0$，$\exists \{x_1, x_2, \cdots, x_n\} \subset X$，使得 $A \subset \bigcup_{i=1}^{n} O(x_i, \varepsilon)$. 其中，$O(x_i, \varepsilon)$ 表示以 x_i 中心，以 ε 为半径的开邻域.

引理 1.7.1 A 是度量空间 X 的全有界集当且仅当 $\forall \varepsilon > 0$，$\exists \{x_1, x_2, \cdots, x_n\} \subset A$，

使得 $A \subset \bigcup\limits_{i=1}^{n} O(x_i, \varepsilon)$. $\square$

引理 1.7.1 的证明留作练习题. 在 $\mathbb{R}^n$ 中, 不难证明全有界集与有界集等价, 那么在一般度量空间中这样的结论成立吗? 还是只在完备的度量空间中才成立? 下面给出有界集和全有界集的关系.

定理 1.7.1 (**全有界集的特性**) 设 X 是度量空间, $A \subset X$, 若 A 是全有界集, 则

(1) A 是有界集.

(2) A 是可分集.

证明 (1) 设 A 是全有界集, 取 $\varepsilon = 1$, 由定义知, $\exists n \in \mathbb{N}$ 及 $\{x_1, x_2, \cdots, x_n\} \subset X$, 使得

$$A \subset \bigcup\limits_{i=1}^{n} O(x_i, 1).$$

现令 $M = 1 + \max\limits_{2 \leqslant i \leqslant n}\{d(x_1, x_i)\}$, 则易知 $A \subset O(x_1, M)$. 可见, A 是有界集.

(2) 设 A 是全有界集, 下证 A 有可列的稠密子集.

由引理 1.7.1 知, 对于 $\varepsilon_n = \dfrac{1}{n}$, $n = 1, 2, \cdots$, 存在 $B_n = \{x_1^{(n)}, x_2^{(n)}, \cdots, x_{k_n}^{(n)}\} \subset A$, 使得 $A \subset \bigcup\limits_{i=1}^{k_n} O(x_i^{(n)}, \dfrac{1}{n})$. 下面证明 $\bigcup\limits_{n=1}^{\infty} B_n$ 是 A 的稠密子集.

$\forall x \in A$, $\delta > 0$, 存在 $n_0 \in \mathbb{N}$, 使得 $\dfrac{1}{n_0} < \delta$. 由于 B_{n_0} 是 A 的 $\dfrac{1}{n_0}$ 网, 故 $\exists x_{n_0} \in B_{n_0} \subset \bigcup\limits_{i=1}^{\infty} B_n$, 使 $d(x, x_{n_0}) < \dfrac{1}{n_0} < \delta$, 从而 $x_{n_0} \in O(x, \delta)$, 即 $\bigcup\limits_{i=1}^{\infty} B_n$ 在 A 中稠密. 显然, $\bigcup\limits_{i=1}^{\infty} B_n$ 是可列集, 故 A 可分. $\square$

由上述定理知, 全有界集一定是有界集, 但有界集却不一定是全有界集. 例如, 全体实数对应的离散度量空间 $(\mathbb{R}, d_0)$ 中的子集 $\mathbb{N} = \{1, 2, 3, \cdots\}$ 是有界集, 但对于 $\varepsilon = \dfrac{1}{2}$, $\mathbb{N}$ 并不存在有限的 ε 网, 所以 $\mathbb{N}$ 不是全有界集. 可见, 离散度量空间 $(\mathbb{R}, d_0)$ 中的子集 A 是全有界集当且仅当 A 是有限集.

定理 1.7.2 (**全有界的充要条件**) 设 X 是度量空间, $A \subset X$, 则 A 是全有界集当且仅当 A 中的任何点列必有基本子列.

证明 充分性. 假设 A 不是全有界集, 即存在 $\varepsilon_0 > 0$, 使得 A 没有有限的 ε_0 网. 取 $x_1 \in A$, 再取 $x_2 \in A$, 使 $d(x_1, x_2) \geqslant \varepsilon_0$ (这样的 x_2 必存在, 否则 $\{x_1\}$ 为 A 的 ε_0 网). 再取 $x_3 \in A$, 使 $d(x_1, x_3) \geqslant \varepsilon_0$、$d(x_2, x_3) \geqslant \varepsilon_0$ (这样的 x_3 必存在, 否则 $\{x_1, x_2\}$ 为 A 的 ε_0 网). 依此类推, 可得 $\{x_n\} \subset A$, $\{x_n\}$ 没有基本子列, 这与 $\{x_n\}$ 有基本子列矛盾, 故 A 是全有界集.

必要性. 设 $\{x_n\}$ 是 A 的任一点列, 取 $\varepsilon_k = \dfrac{1}{k}$, $k = 1, 2, \cdots$, 因为 A 是全有界集, 故 A 存在有限的 ε_k 网, 记为 B_k.

以有限集 B_1 的各点为中心, 以 ε_1 为半径作开球, 那么这有限个开球覆盖了 A, 从而覆盖了 $\{x_n\}$, 于是至少有一个开球 (记为 S_1) 中含有 $\{x_n\}$ 的一个子列 $\{x_k^{(1)}\} \subset S_1$.

同样, 以有限集 B_2 的各点为中心, 以 ε_2 为半径作开球, 那么这有限个开球覆盖了 $\{x_k^{(1)}\}$, 于是至少有一个开球 (记为 S_2) 中含有 $\{x_k^{(1)}\}$ 的一个子列 $\{x_k^{(2)}\} \subset S_2$. 依次可得一系列点列:

$$\{x_k^{(1)}\}: x_1^{(1)}, x_2^{(1)}, x_3^{(1)}, \cdots, x_k^{(1)}, \cdots;$$
$$\{x_k^{(2)}\}: x_1^{(2)}, x_2^{(2)}, x_3^{(2)}, \cdots, x_k^{(2)}, \cdots;$$
$$\cdots$$
$$\{x_k^{(i)}\}: x_1^{(i)}, x_2^{(i)}, x_3^{(i)}, \cdots, x_k^{(i)}, \cdots,$$

且每一个点列是前一个点列的子列，取对角线元素作为 $\{x_n\}$ 的子列，即

$$\{x_k^{(k)}\} = \{x_1^{(1)}, x_2^{(2)}, x_3^{(3)}, \cdots, x_k^{(k)}, \cdots\}$$

是 $\{x_n\}$ 的子列．下证 $\{x_k^{(k)}\}$ 是基本列．

$\forall \varepsilon > 0$，取 K，使得 $\varepsilon_K = \dfrac{1}{K} < \dfrac{\varepsilon}{2}$，那么当 $k, p > K$ 时，不妨设 $p > k$，则有 $x_p^{(p)} \in S_k$．记开球 S_k 的中心为 x_k^*，那么有

$$d(x_p^{(p)}, x_k^{(k)}) \leqslant d(x_p^{(p)}, x_k^*) + d(x_k^*, x_k^{(k)}) \leqslant \varepsilon_k + \varepsilon_k = 2\varepsilon_k < \varepsilon,$$

故 $\{x_k^{(k)}\}$ 是 $\{x_n\}$ 的基本子列．□

定理 1.7.3（**Hausdorff 定理**）设 X 是度量空间，$A \subset X$，那么下列结论成立．

(1) 若 A 是列紧集，则 A 是全有界集．

(2) 若 X 是完备的度量空间，则 A 是列紧集当且仅当 A 是全有界集．

证明 (1) 因为列紧集中的任何点列都有收敛子列，故它必是基本子列．由定理 1.7.2 知 A 是全有界集．

(2) 必要性．由 (1) 知，度量空间中的列紧集一定是全有界集．

充分性．$\forall \{x_n\} \subset A$，因为 A 是全有界集，所以 $\{x_n\}$ 含有基本子列 $\{x_{n_k}\}$．又知 X 是完备的度量空间，于是有 $\{x_{n_k}\}$ 在 X 中收敛．可见，A 的任何点列都有收敛 X 的子列，即 A 是列紧集．□

对于一般度量空间：列紧集是全有界集，全有界集却不一定是列紧集；全有界集是有界集，有界集却不一定是全有界集．

例如：X 表示 $[0,1]$ 上的有理数全体，在欧氏距离的定义下，由于 $\lim\limits_{n \to \infty} \dfrac{1}{3}\left(1 + \dfrac{1}{n}\right)^n = \dfrac{e}{3}$，所以点列 $x_n = \dfrac{1}{3}\left(1 + \dfrac{1}{n}\right)^n$ 是 X 中的基本列却不收敛，点列 $\{x_n\}$ 也不含有收敛子列，即 X 不是完备的度量空间，也不是列紧集．由于 $\forall \varepsilon > 0$，存在正整数 n，使得 $\dfrac{1}{n} < \varepsilon$，那么 $\left\{0, \dfrac{1}{n}, \dfrac{2}{n}, \cdots, \dfrac{n-1}{n}, 1\right\}$ 是 X 的 ε 网，所以 X 是全有界的．

综上所述，紧集、列紧集、全有界集及有界集、可分集有如下的关系：

$$紧集 \Rightarrow 列紧集 \Rightarrow 全有界集 \Rightarrow 有界集 + 可分集$$
$$紧集 \underset{闭}{\Leftarrow} 列紧集 \underset{完备}{\Leftarrow} 全有界集$$

定理 1.7.4 设 X 是度量空间，A 是 X 的紧子集，则 A 的任何子集均是有界集，也是可分集．

证明 依据定理 1.6.1 知，A 的任何子集均是列紧集，列紧集也是有界集．根据定理 1.7.1 知，列紧集是可分集，因此紧集 A 的任何子集均是有界集，也是可分集．□

根据上述定理，在紧空间 X 中，它的任何子集均是列紧集、全有界集、有界集、可分集；它的任何闭子集都是紧集．例如，闭区间 $[a,b]$ 按照欧氏距离形成的度量空间是紧空

间，若 $A \subset [a, b]$，则 A 是列紧集、全有界集、有界集、可分集.

1.8 度量空间中的开覆盖

定义 1.8.1 开覆盖(Open Cover)

设 X 是度量空间，Λ 为一指标集，$A \subset X$，$\forall \lambda \in \Lambda$，$G_\lambda$ 是 X 的开子集，如果 $A \subset \bigcup_{\lambda \in \Lambda} G_\lambda$，则称 $\{G_\lambda | \lambda \in \Lambda\}$ 是 A 的**开覆盖**. □

引理 1.8.1 设 X 是度量空间，A 是 X 的紧子集，$\{G_\lambda | \lambda \in \Lambda\}$ 是 A 的一个开覆盖，则 $\exists \varepsilon > 0$，使得 $\forall x \in A$，存在 $G_x \in \{G_\lambda\}$ 满足 $O(x, \varepsilon) \subset G_x$.

证明 假设结论不成立，即满足条件的 ε 不存在. 于是 $\forall n \in \mathbb{N}^+$，存在某个 $x_n \in A$，使得任意开集 G_λ 均不能覆盖 $O(x_n, \frac{1}{n})$，即 $O(x_n, \frac{1}{n}) \not\subset G_\lambda$. 由性质 1.6.1 知，紧集 A 中点列 $\{x_n\}_{n=1}^\infty$ 存在收敛子列，不妨设此子列为 $\{x_{n_k}\}_{k=1}^\infty$ 且收敛到 $x_0 \in A$.

因为 $\{G_\lambda | \lambda \in \Lambda\}$ 是 A 的一个开覆盖，所以存在开集 G_λ 和某个 $\delta > 0$，使得 $O(x_0, \delta) \subset G_\lambda$. 由 $\lim_{k \to \infty} x_{n_k} = x_0$ 知，存在 $N \in \mathbb{N}$，当 $k > N$ 时，有 $O(x_{n_k}, \frac{\delta}{2}) \subset G_\lambda$. 这与 $x_{n_k} \in \{x_n\}_{n=1}^\infty$ 及任意开集 G_λ 均不能覆盖 $O(x_n, \frac{1}{n})$ 相矛盾，故假设不成立，即存在 $\varepsilon > 0$，$\forall x \in A$，$\exists G_x \in \{G_\lambda\}$，使得 $O(x, \varepsilon) \subset G_x$. □

定理 1.8.1 设 X 是度量空间，$A \subset X$，A 是紧集当且仅当 A 的任意开覆盖存在有限开覆盖.

证明 (1) 充分性. 首先证明是闭集，$\forall x_0 \in A^c$，由于
$$A \subset \bigcup_{x \in A} O(x, \frac{1}{2} d(x, x_0)),$$
所以存在 $k = 1, 2, \cdots, m$，使得 $x_k \in A$，以及
$$\bigcup_{k=1}^m O(x_k, \frac{1}{2} d(x_k, x_0)).$$
令 $\delta = \min_{1 \leq k \leq m} \{\frac{1}{2} d(x_k, x_0)\}$，显然 $\delta > 0$，且有 $\forall x \in O(x_0, \delta)$ 有
$$d(x, x_k) \geq d(x_k, x_0) - d(x_0, x) > \delta, k = 1, 2, \cdots, m.$$
因此，$O(x_0, \delta) \cap A = \phi$，即补集 A^c 是开集，可得 A 是闭集.

其次证 A 是列紧集. 假设存在 A 的点列 $\{x_n\}$ 不含有收敛子列. 记
$$T_n = \{x_1, x_2, \cdots, x_{n-1}, x_{n+1}, x_{n+2}, \cdots\},$$
由于 T_n 不含有聚点，所以 T_n 是闭集. 因为
$$A \subset X = X \backslash \phi = X \backslash \bigcap_{n=1}^\infty T_n = \bigcup_{n=1}^\infty (X \backslash T_n) = \bigcup_{n=1}^\infty T_n^c,$$
可见 $\{T_n^c | n = 1, 2, \cdots\}$ 是一个开覆盖，所以存在有限开覆盖. 不妨记为 $\{T_1^c, T_2^c, \cdots, T_m^c\}$，于是
$$A \subset \bigcup_{n=1}^m T_n^c = \bigcup_{n=1}^m (X \backslash T_n) = X \backslash \bigcap_{n=1}^m T_n = X \backslash \{x_n\}_{n=m+1}^\infty,$$
显然这与 $x_{m+1} \in A$ 产生矛盾，故 A 是列紧集.

（2）必要性. 设 $\{G_\lambda | \lambda \in \Lambda\}$ 是紧集 A 的一个开覆盖，由引理 1.8.1 知存在 $\varepsilon > 0$，使得 $\forall x \in A$，存在 $G_x \in \{G_\lambda | \lambda \in \Lambda\}$ 满足 $O(x, \varepsilon) \subset G_x$. 因为紧集 A 是全有界集，对于 $\varepsilon_0 = \dfrac{\varepsilon}{2}$，存在 $\{x_1, x_2, \cdots, x_n\} \subset A$，使得 $A \subset \bigcup\limits_{i=1}^{n} O(x_i, \varepsilon_0) \subset \bigcup\limits_{i=1}^{n} O(x_i, \varepsilon) \subset \bigcup\limits_{i=1}^{n} G_{x_i}$. $\square$

由上述定理知，度量空间中的紧集有如下的等价定义：设 X 是度量空间，$A \subset X$，如果 A 的任意开覆盖包含有限开覆盖，则称 A 为紧集.

引理 1.6.1 说明度量空间上的连续映射保持紧性不变. 下面从开覆盖的角度给出引理 1.6.1 的另一种证明，这种证明更为简单.

引理 1.6.1 的另一种证明方法：设 $\{G_\lambda\}$ 是 $f(A)$ 的一个开覆盖. 因为 f 是连续映射，所以 $\{f^{-1}(G_\lambda)\}$ 是 A 的一个开覆盖. 由 A 的紧性知，存在 $\{f^{-1}(G_i)\}_{i=1}^{n}$ 覆盖 A，因此 $\{G_i\}_{i=1}^{n}$ 覆盖 $f(A)$.

例 1.8.1 设 $e_n = (0, \cdots, 0, 1, 0, \cdots, 0, \cdots)$ 表示度量空间 l^2 中第 n 个分量为 1，其余为 0 的元素，记 $A = \{e_n | n = 1, 2, \cdots\}$，证明 A 是 l^2 中的有界闭集，却不是紧集.

证明 任取 $m, n \geqslant 1$，则有 $d(e_m, e_n) = \sqrt{2}$. 取 $G_n = O\left(e_n, \dfrac{1}{2}\right)$，则 $G = \{G_n | n = 1, 2, \cdots\}$ 是子集 A 的一个开覆盖. 显然，A 的开覆盖 G 不包含有限开覆盖，即 A 不是 l^2 中的紧集.

由 $\mathrm{dia} A \leqslant \sqrt{2}$ 知，A 是 l^2 中的有界集；由 $d(e_m, e_n) = \sqrt{2}$ 知，完备空间 l^2 的子集 A 中不含有 Cauchy 列，即 $A = \overline{A}$，因此 A 是 l^2 中的有界闭集. $\square$

性质 1.8.1 设 X 是紧空间，$f: X \to \mathbb{R}$ 为连续映射，则 f 为一致连续映射.

证明 由 f 连续知 $\forall \varepsilon > 0$，对于每一个 $x \in X$，存在 δ_x，当 $y \in O(x, \delta_x)$ 时，有 $|f(y) - f(x)| < \dfrac{\varepsilon}{2}$，所以

$$X = \bigcup_{x \in X} O\left(x, \frac{\delta_x}{2}\right).$$

因为 X 是紧空间，由定理 1.8.1 知存在有限个点 $x_1, x_2, \cdots, x_{n_0}$，使得

$$X = \bigcup_{i=1}^{n_0} O\left(x_i, \frac{\delta_{x_i}}{2}\right).$$

取 $\delta = \dfrac{1}{2} \min\{\delta_{x_1}, \delta_{x_2}, \cdots, \delta_{x_{n_0}}\}$，则当 $d(x', x'') < \delta$ 时，不妨设 $x'' \in O\left(x_j, \dfrac{\delta_{x_j}}{2}\right)$，此时 $\delta \leqslant \dfrac{\delta_{x_j}}{2}$，其中 $1 \leqslant j \leqslant n_0$. 于是有

$$d(x', x_j) \leqslant d(x', x'') + d(x'', x_j) \leqslant \delta + \frac{\delta_{x_j}}{2} < \delta_{x_j},$$

于是得

$$|f(x'') - f(x')| \leqslant |f(x'') - f(x_j)| + |f(x_j) - f(x')| < \varepsilon,$$

故 f 一致连续. $\square$

性质 1.8.2 设 (X, d) 为度量空间，则 X 为紧空间的充要条件是：对 X 中的任意闭集族 $\{F_\lambda | \lambda \in \Lambda\}$，若其中任意有限个闭集 F_λ 的交集都为非空集，则 $\bigcap\limits_{\lambda \in \Lambda} F_\lambda$ 也必为非空集.

证明 必要性. 假设 $\bigcap_{\lambda\in\Lambda}F_\lambda=\phi$，则

$$X=X\setminus\bigcap_{\lambda\in\Lambda}F_\lambda=\bigcup_{\lambda\in\Lambda}(X\setminus F_\lambda),$$

显然 $\{X\setminus F_\lambda\,|\,\lambda\in\Lambda\}$ 是 X 的一个开覆盖. 由于 X 为紧空间，所以存在有限开覆盖使得

$$X=\bigcup_{i=1}^{m}(X\setminus F_{\lambda_i}).$$

于是 $\phi=X\setminus\bigcup_{i=1}^{m}(X\setminus F_{\lambda_i})=\bigcap_{i=1}^{m}F_{\lambda_i}$，这与"任意有限个闭集 F_λ 的交集都为非空集"相矛盾，故 $\bigcap_{\lambda\in\Lambda}F_\lambda$ 必为非空集.

充分性的证明留作练习题. $\square$

本 章 小 结

本章通过在非空集合上定义"距离"引入了度量空间的概念，两点之间的"距离"刻画了远和近，在此基础上就有了度量空间的拓扑属性和极限的相关知识. 度量空间之间的连续映射是函数连续概念的推广，通过可列子集的稠密性给出了度量空间的可分性，通过基本列的收敛性刻画了度量空间的完备性. 本章最后三节通过列紧集、全有界集以及开覆盖讨论了度量空间的紧性. 度量空间中的元素之间只有"距离"，没有其他运算，元素也没有大小，下章将在具有"加法"和"数乘"运算的线性空间上建立更加丰富的空间结构.

习 题 1

1. 在全体实数 $\mathbb{R}$ 上定义两个二元映射 $\rho(x,y)=(x-y)^2$ 和 $d(x,y)=\sqrt{|x-y|}$，证明

(1)$(\mathbb{R},\rho)$ 不是度量空间；

(2)$(\mathbb{R},d)$ 是度量空间.

2. 设 (X,ρ) 为度量空间，$f:[0,+\infty]\to[0,+\infty]$ 为严格单调递增函数，且满足 $\forall x,y\in[0,+\infty]$，$f(0)=0$，$f(x+y)\leqslant f(x)+f(y)$. 令 $d(x,y)=f(\rho(x,y))$，证明 (X,d) 为度量空间.

3. 设 (X,d) 为度量空间，证明 $\forall x,y,z,w\in X$，

$$|d(x,z)-d(y,w)|\leqslant d(x,y)+d(z,w).$$

4*. 设全体实数列组成的集合为 $X=\{(x_1,x_2,x_3,\cdots,x_n,\cdots)\,|\,x_i\in\mathbb{R},i\in\mathbb{N}^+\}$，定义

$$d(x,y)=\sum_{k=1}^{\infty}\frac{1}{2^k}\frac{|x_k-y_k|}{1+|x_k-y_k|},$$

其中 $x=(x_1,x_2,x_3,\cdots,x_n,\cdots)$ 及 $y=(y_1,y_2,\cdots,y_n,\cdots)\in X$，证明 (X,d) 为度量空间.

5. 设 $X(n)$ 为 0 和 1 组成的 n 维有序数组，例如 $X(3)=\{000,001,010,011,100,101,110,111\}$，对于任意的 $x,y\in X(n)$，定义 $d(x,y)$ 为 x 和 y 中取值不同的个数，例如在 $X(3)$ 中，$d(110,111)=1$，$d(010,010)=0$，$d(010,101)=3$. 证明 $(X(n),d)$ 为度量空间.

6. 设 (X, d) 为度量空间，$A \subset X$ 且 $A \neq \phi$，证明 A 是开集当且仅当 A 为开球的并．

7. 设 (X, d) 为度量空间，$A \subseteq X$ 且 $A \neq \phi$，证明

(1) $\{x \mid x \in X, d(x, A) < \varepsilon\}$ 是 X 的开集；

(2) $\{x \mid x \in X, d(x, A) \leqslant \varepsilon\}$ 是 X 的闭集，其中 $\varepsilon > 0$．

8*. 设 $B[a, b]$ 为定义在 $[a, b]$ 上的所有有界函数，若 $x(t)$，$y(t) \in B[a, b]$，定义 $d_\infty(x, y) = \sup\limits_{t \in [a, b]} |x(t) - y(t)|$，求证 d_∞ 为 $B[a, b]$ 的度量及 $C[a, b]$ 为 $B[a, b]$ 的闭集．

9. 设 (X, d) 为度量空间，$A \subset X$ 且 $A \neq \phi$，证明

(1) $\forall x$，$y \in X$，有 $|d(x, A) - d(y, A)| \leqslant d(x, y)$；

(2) $d(x, A): X \rightarrow \mathbb{R}$ 是连续映射．

10. 设 (X, d) 为度量空间，$F \subset X$ 是非空子集，证明 $d(x, F) > 0$ 当且仅当 $x \notin \overline{F}$．

11*. 设 (X, d) 为度量空间，闭集 A，$B \subset X$ 且 $A \cap B = \phi$，证明存在连续映射 $f(x): X \rightarrow \mathbb{R}$，使得当 $x \in A$ 时，$f(x) = 0$；当 $x \in B$ 时，$f(x) = 1$．

12. 设 $\{f_n(x)\}$ 是连续函数空间 $C[a, b]$($d(f, g) = \max\limits_{t \in [a, b]} |f(t) - g(t)|$) 中的点列，证明函数列 $\{f_n(x)\}$ 一致收敛到 $f(x)$ 当且仅当度量空间中的点列 $\{f_n(x)\}$ 收敛到 $f(x)$．

13. 设 (X, d) 和 (Y, ρ) 是两个度量空间，证明映射 $f: X \rightarrow Y$ 是连续映射当且仅当 Y 的任意闭子集 F 的原像 $f^{-1}(F)$ 是 X 中的闭集．

14*. 设 (X, d) 是完备的度量空间，$\{G_n\} x_1 \in G_1$ 是 X 中的一列稠密的开子集，证明 $\bigcap\limits_{n=1}^\infty G_n$ 也是 X 中的稠密子集．

15*. 在空间 $L^p[a, b]$ 中，证明 $C[a, b]$ 在 $B[a, b]$ 中稠密．

16*. 设 $1 \leqslant p < +\infty$，证明 $B[a, b]$ 在 $L^p[a, b]$ 中稠密．

17. 设 X，Y 均为度量空间，$f: X \rightarrow Y$ 为连续映射，若 A 是 X 的稠密子集，证明 $f(A)$ 是 $f(X)$ 的稠密子集．

18. 证明在 n 维欧氏空间 $\mathbb{R}^n$ 中点列收敛等价于按坐标收敛：设点列 $\{x_i\}_{i=1}^\infty \subset \mathbb{R}^n$，其中 $x_i = (x_1^{(i)}, x_2^{(i)}, \cdots, x_n^{(i)})$ 及 $x_0 = (x_1^{(0)}, x_2^{(0)}, \cdots, x_n^{(0)})$，那么 $\lim\limits_{i \to \infty} x_i = x_0$ 等价于 $\forall j \in \{1, 2, \cdots, n\}$，有 $\lim\limits_{i \to \infty} x_j^{(i)} = x_j^{(0)}$．

19. 设 $\{x_n\}$ 与 $\{y_n\}$ 是度量空间 (X, d) 的两个 Cauchy 列，证明 $a_n = d(x_n, y_n)$ 是收敛列．

20. 设 (X, d) 为完备的度量空间，点列 $\{x_n\} \subset X$，如果 $\forall \varepsilon > 0$，存在 X 的一个 Cauchy 列 $\{y_n\}$，使得 $d(x_n, y_n) < \varepsilon$．证明 $\{x_n\}$ 收敛．

21*. 设 (X, d) 和 (Y, ρ) 是两个度量空间，在 $X \times Y$ 上定义度量

$$\gamma((x_1, y_1), (x_2, y_2)) = \{[d(x_1, x_2)]^p + [d(y_1, y_2)]^p\}^{\frac{1}{p}},$$

其中 (x_1, y_1)，$(x_2, y_2) \in X \times Y$，$p \geqslant 1$ 为正数．证明 $X \times Y$ 是完备的度量空间当且仅当 (X, d) 和 (Y, ρ) 均是完备的度量空间．

22*. 设 (X, d) 为度量空间，令 $\rho(x, y) = \dfrac{d(x, y)}{1 + d(x, y)}$，证明 (X, d) 为完备的度量空间当且仅当 (X, ρ) 为完备的度量空间．

23. 设 x，y，$z \in \mathbb{N}^+$，定义 $d(x, y) = \left| \dfrac{1}{x} - \dfrac{1}{y} \right|$，证明 d 为 $(\mathbb{N}^+, d)$ 上的度量，

$(\mathbb{N}^+, d)$ 不为完备的度量空间.

24*. 证明有界数列空间 l^∞ 是完备的度量空间.

25. 设 (X, d) 是一度量空间, 证明 X 是完备的当且仅当对于 X 中的任何一套闭球: $B_1 \supset B_2 \supset \cdots \supset B_n \supset \cdots$, 其中 $B_n = \overline{O}(x_n, \delta_n)$, 当半径 $\delta_n \to 0 (n \to \infty)$, 必存在唯一的点 $x \in \bigcap\limits_{n=1}^\infty B_n$.

26. 设 (X, d) 是完备的度量空间, 证明 $M \subset X$ 是完备的子空间当且仅当 M 是闭集.

27. 设 (X, d) 是完备的度量空间, 证明 X 中非空子集 F 作为子空间是完备的充要条件是 F 为 X 的闭集.

28*. 证明 p 次幂可和的数列空间 l^p 是完备的度量空间.

29. 设 A 是 n 维欧氏空间 $\mathbb{R}^n$ 中的一个有界集, 证明 A 是列紧集.

30. 设 (X, d) 为度量空间, $A \subset X$ 是紧集, 任取 $x_0 \in X$, 证明存在 $y_0 \in A$, 使得 $d(x_0, A) = d(x_0, y_0)$.

31*. 设 (X, d) 为度量空间, $A \subset X$ 且 $A \neq \phi$. 若 A 为紧集, 证明存在 $x_0, y_0 \in A$ 使得 $\mathrm{dia} A = d(x_0, y_0)$.

32. 设 (X, d) 为紧空间, $\{A_n\}$ 为 X 的一列非空闭子集, 且
$$A_1 \supset A_2 \supset A_3 \supset \cdots \supset A_n \supset A_{n+1} \supset \cdots,$$
证明 $\bigcap\limits_{n=1}^\infty A_n \neq \phi$.

33*. 设 (X, d) 和 (Y, ρ) 为两个度量空间, $f: X \to Y$ 为单映射, 证明 f 是连续映射的充要条件是 f 能把 X 中的任一紧集映射成 Y 中的紧集.

34*. 设 F_1, F_2 都是度量空间 (X, d) 中的紧集, 证明必存在 $x_0 \in F_1, y_0 \in F_2$, 使得 $d(x_0, y_0) = d(F_1, F_2)$, 其中 $d(F_1, F_2) = \inf\{d(x, y) \mid x \in F_1, y \in F_2\}$ 称为 F_1 与 F_2 的距离.

35*. 设 F_1, F_2 是度量空间 (X, d) 中的两个子集, 其中 F_1 是紧集, F_2 是闭集, 证明若 $d(F_1, F_2) = 0$, 则必存在 $x_0 \in F_1 \bigcap F_2$.

36. 证明 A 是度量空间 X 的全有界集当且仅当 $\forall \varepsilon > 0, \exists \{x_1, x_2, \cdots, x_n\} \subset A$, 使得 $A \subset \bigcup\limits_{i=1}^n O(x_i, \varepsilon)$.

37. 设 (X, d)、(Y, ρ) 是度量空间, A 是 (X, d) 的全有界集, $f: X \to Y$ 是一致连续映射, 证明 $f(A)$ 是 (Y, ρ) 的全有界集.

38. 设 (X, d) 是度量空间, 且 X 是全有界集, $A \subset X$ 是无限集, 证明 $\forall \varepsilon > 0$, 存在无限子集 $A_0 \subset A$, 使得 $\mathrm{dia} A_0 < \varepsilon$.

39*. 设 (X, d) 是度量空间, $A \subset X$ 是有界集, 证明 A 是全有界集的充要条件是: $\forall \varepsilon > 0$, 存在有限维子空间 X_ε, 使得 $\forall x \in A$, 有 $d(x, X_\varepsilon) < \varepsilon$.

40*. 设 (X, d) 是可分的度量空间, $\{G_\lambda \mid \lambda \in I\}$ 是 X 的一个开覆盖, 证明从 $\{G_\lambda \mid \lambda \in I\}$ 中可选出 X 的一个可列开覆盖 $\{G_1, G_2, \cdots, G_n, \cdots\}$.

41. 设 (X, d)、(Y, ρ) 是紧空间, 证明连续映射 $f: X \to Y$ 一致连续.

42. 设 (X, d) 为度量空间, $\{F_\lambda \mid \lambda \in \Lambda\}$ 为 X 中的任意闭集族, 当其中任意有限个闭集 F_λ 的交集都为非空集时, $\bigcap\limits_{\lambda \in \Lambda} F_\lambda$ 必为非空集, 证明 X 为紧空间.

第二章 线性赋范空间与内积空间

　　度量空间是在非空集合中通过定义距离的概念，引入了点列极限，这种点列极限是微积分中数列极限在抽象空间上的推广．然而，只有距离结构，没有代数结构的空间在应用上将会受到许多限制．本章通过在线性空间中定义范数来赋予线性空间一种特殊的距离，从而将收敛的概念引入到线性空间，即线性赋范空间．如果再建立类似欧氏空间的"点积"，使得空间具有几何结构，这便是内积空间．因此，本章的主要内容就是线性赋范空间与内积空间．

2.1　线性赋范空间的定义及性质

　　在学习线性代数时，我们已了解到线性空间的概念，例如 $\mathbb{R}^n$ 是线性空间；$C[a,b]$ 在通常加法和数乘意义下构成线性空间；n 阶实矩阵在矩阵的加法和数乘意义下构成线性空间．简单地说，线性赋范空间就是给线性空间中的元素赋予"大小"的概念，即范数．

定义 2.1.1　线性赋范空间(Normed Linear Spaces)

　　设 X 是数域$\mathbb{F}$上的线性空间，其中$\mathbb{F}$表示实数域 $\mathbb{R}$ 或者复数域 $\mathbb{C}$．若对每个 $x\in X$，有一个确定的实数与之对应，记之为 $\|x\|$，并且 $\forall x,y\in X$，$\alpha\in\mathbb{F}$满足：

　　(1) **非负性(或正定性)**：$\|x\|\geqslant 0$，$\|x\|=0$ 当且仅当 $x=0$；

　　(2) **齐次性(Multiplicativity)**：$\|\alpha x\|=|\alpha|\cdot\|x\|$；

　　(3) **三角不等式**：$\|x+y\|\leqslant\|x\|+\|y\|$，

则称 $\|x\|$ 为向量 x 的**范数**(Norm)，称$(X,\|\ \|)$为**线性赋范空间**或者 B^* 空间，简记为 X．通常称定义中的(1)、(2)、(3)为范数公理．□

　　为了叙述的方便，常用 θ 表示零元素．在线性赋范空间 X 中可定义如下的距离，$\forall x,y\in X$，定义

$$d(x,y)=\|x-y\|,$$

容易验证非负性、对称性和三角不等式，(X,d) 为度量空间，称 d 为由范数 $\|\cdot\|$ 导出的距离，X 按导出的距离成为一个度量空间，即为**线性赋范空间诱导的度量空间**，从而在线性赋范空间 X 中，关于点的邻域、开集、闭集、点列的收敛、极限点、列紧性、可分性以及完备性等概念都有了确定的含义．例如，当子集 $M\subset(X,d)$ 时，M 是完备集等价于 M 中的任何 Cauchy 列均收敛于 M 中，所以当 M 是线性赋范空间 X 的子集时，M 是完备集等价于按照范数导出的距离，M 中的任何 Cauchy 列均收敛于 M 中．于是知 M 是线性赋范空间 X 的完备子空间，意味着 M 既是 X 的完备集，又是 X 的线性子空间．

定义 2.1.2　依范数收敛(Convergence in Norm)

　　设 X 为线性赋范空间，$\{x_n\}$ 是 X 中的点列，$x\in X$，如果 $\lim\limits_{n\to\infty}\|x_n-x\|=0$，则称 $\{x_n\}$ 依范数收敛于 x(简称 $\{x_n\}$ 收敛于 x)，记为 $\lim\limits_{n\to\infty}x_n=x$ 或 $x_n\to x$，$n\to\infty$．□

显然，依范数收敛就是按范数导出的距离收敛．关于点列的极限有以下性质．

性质 2.1.1　设 X 为线性赋范空间，$\{x_n\} \subset X$.

(1) **范数的连续性**：范数 $\|x\|$ 是从 X 到 $\mathbb{R}$ 上的连续映射．

(2) **有界性**：若 $\{x_n\}$ 收敛于 x，则 $\{\|x_n\|\}$ 有界．

(3) **线性运算的连续性**：若 $x_n \rightarrow x$，$y_n \rightarrow y$，$n \rightarrow \infty$，则 $x_n + y_n \rightarrow x + y$，$\alpha x_n \rightarrow \alpha x$，$n \rightarrow \infty$，
其中 α 为常数．

证明　(1) 设 $f(x) = \|x\|$，则 $f: X \rightarrow R$，若 $x_n \rightarrow x$，即
$$\|x_n - x\| = d(x_n, x) \rightarrow 0,$$
又因为
$$\|x_n\| \leqslant \|x_n - x\| + \|x\|，\quad \|x\| \leqslant \|x - x_n\| + \|x_n\|,$$
所以有
$$|f(x_n) - f(x)| = |\|x_n\| - \|x\|| \leqslant \|x_n - x\| \rightarrow 0,$$
因此 $\|x\|$ 是 x 的连续映射．

(2) 根据 $\|x_n\| \leqslant \|x_n - x\| + \|x\|$ 易得结论．

(3) 根据范数、极限的定义易证结论．$\square$

由上述性质 2.1.1 知，范数 $\|x\|$ 是 x 的连续泛函，即若 $x_n \rightarrow x$，则有 $\|x_n\| \rightarrow \|x\|$，因此有
$$\lim_{n \rightarrow \infty} \|x_n\| = \|\lim_{n \rightarrow \infty} x_n\|.$$

定义 2.1.3　**巴拿赫空间(Banach Space)**

设 X 为一线性赋范空间，如果 X 按照距离 $d(x, y) = \|x - y\|$ 是完备的，则称 X 为**巴拿赫空间**或 **Banach 空间**或者 **B 空间**，即完备的线性赋范空间称为 Banach 空间或者 B 空间．$\square$

巴拿赫空间是用波兰数学家 Stefan Banach 的名字命名的．Banach 的主要贡献是引进了线性赋范空间概念，建立了下一章涉及的线性算子理论，证明了重要的泛函分析基础定理，即 Hahn-Banach 延拓定理(定理 3.8.4)、闭图像定理(定理 3.9.2)以及一致有界定理(定理 3.10.1)．这些定理概括了许多经典的分析结果，具有重要的理论价值和应用价值．

例 2.1.1　在 n 维**欧氏空间** $\mathbb{R}^n$ 上，$\forall x = (x_1, x_2, \cdots, x_n) \in \mathbb{R}^n$，定义范数 $\| \cdot \|$ 为
$$\|x\| = \left(\sum_{i=1}^{n} |x_i|^2\right)^{\frac{1}{2}} = \sqrt{x_1^2 + x_2^2 + \cdots + x_n^2}.$$
由范数 $\| \cdot \|$ 导出的距离为
$$d(x, y) = \|x - y\| = \left(\sum_{i=1}^{n} |x_i - y_i|^2\right)^{\frac{1}{2}},$$
其中 $y = (y_1, y_2, \cdots, y_n) \in \mathbb{R}^n$，证明 $(\mathbb{R}^n, \| \cdot \|)$ 为 Banach 空间．

证明　上章例 1.5.2 表明 $(\mathbb{R}^n, d)$ 是完备的度量空间，故 $(\mathbb{R}^n, \| \cdot \|)$ 为 Banach 空间．$\square$

例 2.1.2　$C[a, b]$ 是在加法和数乘意义下构成的线性空间，定义范数
$$\|x\| = \max_{t \in [a, b]} |x(t)|,$$
由此范数导出的距离为
$$d(x, y) = \|x - y\| = \max_{t \in [a, b]} |x(t) - y(t)|,$$

其中 x，$y \in C[a, b]$，证明 $C[a, b]$ 为 Banach 空间.

证明 上章例 1.5.3 表明 $C[a, b]$ 是完备的度量空间，故 $C[a, b]$ 为 Banach 空间. □

同理也可证明线性空间 l^∞，l^p，$L^p[a, b]$ $(1 \leqslant p < +\infty)$ 为 Banach 空间，总结如表 2.1.1 所示.

表 2.1.1　五个 Banach 空间

Banach 空间	范数	元素
n 维欧氏空间 $\mathbb{R}^n$	$\|x\| = (\sum_{i=1}^{n} \|x_i\|^2)^{\frac{1}{2}}$	$x = (x_1, x_2, \cdots, x_n) \in \mathbb{R}^n$
有界数列空间 l^∞	$\|x\| = \sup_{i \geqslant 1} \|x_i\|$	$x = (x_1, x_2, \cdots, x_n, \cdots) \in l^\infty$
p 次幂可和的数列空间 l^p	$\|x\| = (\sum_{i=1}^{\infty} \|x_i\|^p)^{\frac{1}{p}}$	$x = (x_1, x_2, \cdots, x_n, \cdots) \in l^p$
连续函数空间 $C[a, b]$	$\|x\| = \max_{t \in [a, b]} \|x(t)\|$	$x(t)$ 为 $[a, b]$ 上的连续函数
p 次幂可积的函数空间 $L^p[a, b]$	$\|x\| = (\int_{[a, b]} \|x(t)\|^p \mathrm{d}t)^{\frac{1}{p}}$	$x(t)$ 为 $[a, b]$ 上的 p 次幂可积函数

例 2.1.3 在 $C[a, b]$ 上定义范数 $\|x\|_1 = \int_a^b \|x(t)\| \mathrm{d}t$，其导出的距离为

$$d_1(x, y) = \|x - y\|_1 = \int_a^b \|x(t) - y(t)\| \mathrm{d}t,$$

证明在范数 $\| \cdot \|_1$ 下 $C[a, b]$ 不是 Banach 空间.

证明 仿照例 1.5.4 的证明，可知 $(C[a, b], d_1)$ 不是完备的度量空间. 又因

$$\|x + y\|_1 = \int_a^b \|x(t) + y(t)\| \mathrm{d}t \leqslant \int_a^b \|x(t)\| \mathrm{d}t + \int_a^b \|y(t)\| \mathrm{d}t = \|x\|_1 + \|y\|_1,$$

可知 $\| \cdot \|_1$ 符合范数的三条公理，故在范数 $\| \cdot \|_1$ 下 $C[a, b]$ 不是 Banach 空间. □

如果在线性空间 X 上具有定义好的距离函数 $d(x, y)$，那么 (X, d) 就为一度量空间. 试问是否存在 X 上的某范数 $\| \cdot \|$，使得 d 是由这个范数 $\| \cdot \|$ 导出的距离，即满足 $d(x, y) = \|x - y\|$？答案是否定的.

对于实数集 $\mathbb{R}$ 上定义的离散度量空间 $d(\mathbb{R}, d_0)$，是否存在某范数使得离散度量 d_0 是由该范数诱导的度量？假设存在某范数 $\|x\|$ 使得离散度量 d_0 是由该范数诱导的度量，即 $d_0(x, y) = \|x - y\|$，显然对于任意不为零的 $x \in \mathbb{R}$ 有

$$\|x\| = d_0(x, \theta) = 1, \quad \|2x\| = d_0(2x, \theta) = 1,$$

这与范数的定义相矛盾，其中 θ 表示空间中的零元素.

由于在线性赋范空间中，既有代数运算，又有极限运算，因此可以引进无穷级数的概念.

定义 2.1.4　级数 (Series)

设 X 为线性赋范空间，点列 $\{x_n\} \subset X$，称表达式 $x_1 + x_2 + \cdots + x_n + \cdots = \sum_{n=1}^{\infty} x_n$ 为 X 中的**级数**. 若部分和点列 $S_n = x_1 + x_2 + \cdots + x_n$ 依范数收敛于 $s \in X$，则称级数 $\sum_{n=1}^{\infty} x_n$ **收敛**

于 s, 称 s 为级数的和, 记为 $s = \sum\limits_{n=1}^{\infty} x_n$. 如果数项级数 $\sum\limits_{n=1}^{\infty} \| x_n \|$ 收敛, 则称级数 $\sum\limits_{n=1}^{\infty} x_n$ **绝对收敛**. □

定理 2.1.1　设 X 是线性赋范空间, 则 X 是 Banach 空间当且仅当 X 中任何级数的绝对收敛总蕴含级数收敛.

证明　必要性. 设级数 $\sum\limits_{k=1}^{\infty} x_k$ 绝对收敛, 令 $S_n = \sum\limits_{k=1}^{n} x_k$, 下面证明 $\{S_n\}$ 是 Banach 空间 X 中的 Cauchy 列. 当 $m > n$ 时, 有

$$\begin{aligned}
\| S_m - S_n \| &= \| x_{n+1} + x_{n+2} + \cdots + x_m \| \\
&\leqslant \| x_{n+1} \| + \| x_{n+2} \| + \cdots + \| x_m \| \\
&\leqslant \sum_{k=n+1}^{\infty} \| x_k \| = \sum_{k=1}^{\infty} \| x_k \| - \sum_{k=1}^{n} \| x_k \| \to 0,
\end{aligned}$$

因此 $\{S_n\}$ 是完备的度量空间 X 中的 Cauchy 列, 从而也是收敛列, 即级数的部分和点列收敛.

充分性的证明留作练习题. □

定理 2.1.2　设 X 是 Banach 空间, $\{x_n\}$, $\{y_n\} \subset X$, 且存在 $N \in \mathbb{N}$, 当 $n > N$ 时, $\| x_n \| = c \| y_n \|$, 其中 c 为常数, 那么若 $\sum\limits_{n=1}^{\infty} y_n$ 绝对收敛, 则 $\sum\limits_{n=1}^{\infty} x_n$ 也绝对收敛.

证明　根据数项级数的比较判别法易知结论成立. □

2.2　线性赋范空间的子集与商空间

记两点 x, y 所确定的线段为 $[x, y] = \{\alpha x + (1-\alpha) y \mid 0 \leqslant \alpha \leqslant 1\}$, 下面引入的凸集概念, 就是某子集中任意两点 x, y 所确定的线段依然属于此子集.

定义 2.2.1　凸集 (Convex Set)

设 X 为数域 $\mathbb{F}$ 上的线性空间, C 为 X 的子集, 若 $\forall x, y \in C$, 则有

$$\{\alpha x + (1-\alpha) y \mid 0 \leqslant \alpha \leqslant 1\} \subset C,$$

则 C 为 X 的凸集. □

性质 2.2.1　设 X 为线性赋范空间, 证明 X 上闭单位球 $\overline{B}(0, 1) = \{x \mid \| x \| \leqslant 1\}$ 为凸集. □

性质 2.2.1 的证明留作练习题.

例 2.2.1　设 $0 < p < 1$, $x = (x_1, x_2) \in \mathbb{R}^2$, 证明 $\varphi(x) = (|x_1|^p + |x_2|^p)^{\frac{1}{p}}$ 不是 $\mathbb{R}^2$ 的范数.

证明　假设 $\varphi(x)$ 是 $\mathbb{R}^2$ 上的范数, 则由性质 2.2.1 知线性赋范空间 $\mathbb{R}^2$ 的单位球

$$\overline{B}(0, 1) = \{x \mid \varphi(x) \leqslant 1, x \in \mathbb{R}^2\}$$

是 $\mathbb{R}^2$ 中的凸集. 显然, $(1, 0), (0, 1) \in \overline{B}(0, 1)$, 它们的连线中点为 $z = (\frac{1}{2}, \frac{1}{2})$. 于是有

$$\varphi(z) = \left(\left| \frac{1}{2} \right|^p + \left| \frac{1}{2} \right|^p \right)^{\frac{1}{p}} = (2^{1-p})^{\frac{1}{p}} = 2^{\frac{1-p}{p}} = 2^{\frac{1}{p}-1} > 1$$

从而有 $z \notin \overline{B}(0, 1)$, 即 $\overline{B}(0, 1) = \{x \mid \varphi(x) \leqslant 1, x \in \mathbb{R}^2\}$ 不是凸集. 这与假设矛盾, 故 $\varphi(x)$

不是 $\mathbb{R}^2$ 上的范数. □

定义 2.2.2 **子空间(Subspace)**

设 $(X,\|\cdot\|)$ 为线性赋范空间,V 是 X 的线性子空间,并且 V 中元素 x 的范数依然是其在 X 中的范数 $\|x\|$,则称 $(V,\|\cdot\|)$ 或者 V 是**线性赋范空间 X 的子空间**. □

我们知道,线性赋范空间 $\mathbb{R}^n$ 的子空间 $\mathbb{R}$ 是闭集. 那么一般情况下,线性赋范空间的子空间是否一定是闭集呢?如果线性赋范空间 X 作为线性空间时它的维数为 n,则称 X 为 n 维线性赋范空间. 若 X 是有限维线性赋范空间,2.3 节的推论 2.3.1 表明 X 的任何子空间都是闭集. 然而,对于无穷维线性赋范空间而言,子空间未必是闭集.

例 2.2.2 设 S 是 Banach 空间 l^∞ 的子集,其中
$$S=\{x=(x_1,x_2,\cdots,x_n,0,\cdots,0,\cdots)\in l^\infty \mid x_i=0,\ i>n,\ n\in\mathbb{N}\},$$
证明 S 是 l^∞ 的非闭子空间.

证明 易验证 S 是 l^∞ 的子空间. 设 $x=\left(1,\dfrac{1}{2},\dfrac{1}{3},\cdots,\dfrac{1}{n},\cdots\right)$,则 $x\in l^\infty\backslash S$. 令
$$x_n=\left(1,\frac{1}{2},\frac{1}{3},\cdots,\frac{1}{n},0,\cdots,0,\cdots\right),$$
则 $x_n\in S$ 而且
$$d(x,x_n)=\|x-x_n\|=\left\|\left(0,0,\cdots,0,\frac{1}{n+1},\frac{1}{n+2},\cdots\right)\right\|=\frac{1}{n+1},$$
于是 $\lim\limits_{n\to\infty}x_n=x$. 因此,由 $x\in\overline{S}\backslash S$ 可知,S 是 l^∞ 的非闭子空间. □

例 2.2.2 说明线性赋范空间 X 的子空间未必是闭集,下面的性质 2.2.2 说明线性子空间的闭包依然是线性子空间.

性质 2.2.2 设 X 为线性赋范空间,则子空间 V 的闭包 $\overline{V}$ 是线性子空间.

证明 设 $x,y\in\overline{V}$ 及 $\alpha,\beta\in\mathbb{F}$,则存在 $\{x_n\},\{y_n\}\subset V$,使得
$$\lim_{n\to\infty}x_n=x,\ \lim_{n\to\infty}y_n=y.$$
于是知 $\alpha x_n+\beta y_n\in V$ 及
$$\alpha x+\beta y=\alpha\lim_{n\to\infty}x_n+\beta\lim_{n\to\infty}y_n=\lim_{n\to\infty}(\alpha x_n+\beta y_n)\in\overline{V}.$$
因此,闭包 $\overline{V}$ 是线性子空间. □

定理 2.2.1 设 X 是 Banach 空间,M 是 X 的线性子空间,则 M 是 Banach 的子空间当且仅当 M 是闭集.

证明 依据定理 1.5.3 知命题成立. □

设 E 是数域 $\mathbb{F}$ 上线性空间 X 的非空子集,E 中所有有限集的所有线性组合形成的集合就是 E 的**线性张(Linear Span)**,记为
$$\mathrm{span}E=\{\alpha_1x_1+\alpha_2x_2+\cdots+\alpha_nx_n \mid x_1,x_2,\cdots,x_n\in E,\ \alpha_1,\alpha_2,\cdots,\alpha_n\in\mathbb{F}\}.$$
等价地有,$\mathrm{span}E$ 是包含 E 的所有线性子空间的交集. 事实上,$\mathrm{span}E$ 是包含 E 的最小线性子空间.

定义 2.2.3 **闭线性张(Closed Linear Span)**

设 X 为数域 $\mathbb{F}$ 上的线性赋范空间,E 是 X 的非空子集,则称包含 E 的所有闭线性子空间的交集为 E 的闭线性张,记为 $\overline{\mathrm{span}}E$. □

定理 2.2.2 设 X 为数域 $\mathbb{F}$ 上的线性赋范空间,E 是 X 的非空子集,则

（1）$\overline{\text{span}E}$ 是 X 的闭线性子空间.

（2）$\overline{\text{span}E}=\overline{\text{span}E}$.

证明　（1）由于任意多个闭集的交还是闭集，任意多个线性子空间的交还是线性子空间，所以易得$\overline{\text{span}E}$ 是 X 的闭线性子空间.

（2）一方面，由性质 2.2.2 知$\text{span}E$是包含 E 的闭线性子空间，所以$\overline{\text{span}E}\subseteq\overline{\text{span}E}$. 另一方面，由于$\overline{\text{span}E}$是包含 E 的闭线性子空间，所以 $\text{span}E\subseteq\overline{\text{span}E}$，进而有$\overline{\text{span}E}\subseteq\overline{\text{span}}E$. 因此$\overline{\text{span}E}=\overline{\text{span}E}$. □

参考文献[10]指出 $\text{span}\overline{E}\neq\overline{\text{span}E}$.

定义 2.2.4　商空间（Quotient Space）

设 X 为数域$\mathbb{F}$上的线性赋范空间，V 是 X 的闭子空间. 若 $x-y\in V$，则称 x 和 y 属于同一等价类，记为$[x]$或者 $\tilde{x}$，这些等价类的全体记为 $X/V=\{[x]\,|\,[x]=x+V\}$，称 X/V 是 X 关于 V 的商空间. 商空间 X/V 的加法、数乘以及范数的定义如下：

$\forall\,[x],[y]\in X/V,\alpha\in\mathbb{F}$，有

$$[x]+[y]=(x+V)+(y+V)=x+y+V=[x+y],$$
$$\alpha[x]=\alpha(x+V)=\alpha x+V=[\alpha x],$$
$$\|[x]\|=\|x+V\|=\inf\{d(x,v)\,|\,v\in V\}.\ \square$$

商空间中的每一元素$[x]$表示原线性赋范空间 X 中的一个子集，即

$$[x]=x+V=\{x+v\,|\,v\in V\}\subset X.$$

可以将 x 看成集合 $x+V=\{x+v\,|\,v\in V\}$ 所有元素的一个特别代表. 例如，$[x]=[y]$等价于 $x+V=y+V$. 此时，可知 $x-y\in V$，于是知

$$\|[x]\|=\inf\{d(x,v)\,|\,v\in V\}=\inf\{d(x,x-y+v)\,|\,x-y+v\in V\}$$
$$=\inf\{d(y,v)\,|\,v\in V\}=\|[y]\|.$$

可见$[x]=[y]$时，就有 $\|[x]\|=\|[y]\|$，并可验证上述定义中的 $\|[x]\|$ 满足范数公理，即$(X/V,\|\ \|)$是定义好的线性赋范空间. 特别注意条件 V 是 X 的闭子空间，由 $\|[x]\|=0$ 方可得 $x\in V$，即$[x]$为 X/V 的零元素. 从范数 $\|[x]\|$ 的定义可知

$$\|[x]\|=\inf\{d(x,v)\,|\,v\in V\}=\inf\{\|x-v\|\,|\,v\in V\}$$
$$=\inf\{\|y\|\,|\,x-y\in V\}=\inf\{\|y\|\,|\,y\in x+V\}.$$

性质 2.2.3　设 X 为线性赋范空间，V 是 X 的闭子空间.

（1）设 $Q:X\to X/V$ 为**自然映射（Natural Map）**，$Q(x)=[x]=x+V$，则 $\forall\,x\in X$，$\|Q(x)\|\leqslant\|x\|$，Q 为连续映射.

（2）如果 X 为 Banach 空间，则商空间 X/V 也为 Banach 空间.

（3）W 是 X/V 的开集当且仅当 $Q^{-1}(W)=\{x\,|\,Q(x)=[x]\in W\}$ 是 X 的开集.

（4）如果 U 是 X 的开集，则 $Q(U)$ 是商空间 X/V 的开集.

证明　（1）由于 $\theta\in V$，所以

$$\|Q(x)\|=\|[x]\|=\inf\{d(x,v)\,|\,v\in V\}\leqslant\|x\|,$$

由此易知 Q 为连续映射.

（2）设$\{[x_n]\}=\{x_n+V\}$是商空间 X/V 中的 Cauchy 列，则存在子列$\{x_{n_k}+V\}$使得

$$\|(x_{n_k}+V)-(x_{n_{k+1}}+V)\|=\|x_{n_k}-x_{n_{k+1}}+V\|\leqslant 2^{-k}.$$

令 $y_1=\theta$，在 V 中选择 y_2 使得

$$\| (x_{n_1}+y_1)-(x_{n_2}+y_2) \| = \| x_{n_1}-x_{n_2}-y_2 \| \leqslant \| x_{n_1}-x_{n_2}+V \| +2^{-1} \leqslant 2 \cdot 2^{-1}.$$

在 V 中选择 y_3 使得

$$\| (x_{n_2}+y_2)-(x_{n_3}+y_3) \| \leqslant \| x_{n_2}-x_{n_3}+V \| +2^{-2} \leqslant 2 \cdot 2^{-2}.$$

依此类推，在 V 中存在点列 $\{y_k\}$ 满足

$$\| (x_{n_k}+y_k)-(x_{n_{k+1}}+y_{k+1}) \| \leqslant 2 \cdot 2^{-k},$$

可得 $\{x_{n_k}+y_k\}$ 是完备的度量空间 X 中的 Cauchy 列. 于是存在 $x_0 \in X$，使得 $\lim\limits_{k \to \infty}(x_{n_k}+y_k) = x_0$. 由 Q 连续知，

$$x_{n_k}+V = Q(x_{n_k}+y_k) \to Q(x_0) = x_0+V.$$

可见，Cauchy 列 $\{[x_n]\} = \{x_n+V\}$ 存在收敛子列 $\{x_{n_k}+V\}$，所以 $\{x_n+V\}$ 收敛于 x_0+V，即商空间 X/V 也为 Banach 空间.

(3) 必要性. 由(1)知 Q 为连续映射，所以开集 W 的原像 $Q^{-1}(W)$ 是开集，即 W 是开集必有 $Q^{-1}(W)$ 是开集.

充分性. 令 $O(\theta, r) = \{x \mid \| x \| < r\}$，其中 $r>0$，下证

$$Q(O(\theta, r)) = \{x+V \mid \| x+V \| < r\}.$$

一方面，当 $\| x \| < r$ 时，由(1)知

$$\| x+V \| = \| Q(x) \| \leqslant \| x \| < r.$$

另一方面，如果 $\| x+V \| < r$，则存在 $y \in V$，使得 $\| x+y \| < r$. 于是有

$$x+V = Q(x+y) \in Q(O(\theta, r)).$$

如果 $x_0+V \in W$，则 $x_0 \in Q^{-1}(W)$. 因为 $Q^{-1}(W)$ 是开集，所以存在 $r>0$，使得

$$O(x_0, r) = \{x \mid \| x-x_0 \| < r\} = x_0+O(\theta, r) \subset Q^{-1}(W).$$

于是 $Q[O(x_0, r)] \subset QQ^{-1}(W) = W$，又由上述证明知

$$Q[O(x_0, r)] = \{x+V \mid \| x-x_0+V \| < r\},$$

因此有

$$\{x+V \mid \| (x+V)-(x_0+V) \| < r\} \subset W,$$

即 x_0+V 是 W 的内点，因此当 $Q^{-1}(W)$ 是开集时必有 W 是开集.

(4) 如果 U 是 X 的开集，则

$$Q^{-1}[Q(U)] = U+V = \{u+y \mid u \in U, y \in V\} = \bigcup\{U+y \mid y \in V\}.$$

因为 $U+y$ 是开集，所以 $Q^{-1}[Q(U)]$ 是开集，由(3)知 $Q(U)$ 是商空间 X/V 的开集. □

2.3　线性赋范空间的同构与范数等价

在线性代数中，同构就是指在两个有限维线性空间上存在保持加法和数乘的一一映射 $\sigma: V_1 \to V_2$ 满足 $\forall \alpha, \beta \in V_1, k \in \mathbb{F}$ 有

$$\sigma(\alpha+\beta) = \sigma(\alpha)+\sigma(\beta), \quad \sigma(k\alpha) = k\sigma(\alpha).$$

同构的概念刻画了两个线性空间的"相同"，即在"线性"意义下，同构的两个线性空间可看成"同"一个空间.

定义 2.3.1　线性等距同构(Linear Isometry)

设 $(X, \| \cdot \|_X)$，$(Y, \| \cdot \|_Y)$ 是同一数域 $\mathbb{F}$ 上的两个线性赋范空间，如果存在一一映射 $T: X \to Y$，满足：

(1) **线性**：$\forall x_1, x_2 \in X$，$\alpha, \beta \in \mathbb{F}$，$T(\alpha x_1 + \beta x_2) = \alpha T(x_1) + \beta T(x_2)$；

(2) **等距**：$\forall x \in X$，$\| Tx \|_Y = \| x \|_X$，

则称 X 和 Y **线性等距同构**，并称映射 T 是线性等距同构映射. □

在线性代数中，关于有限维线性空间有一个重要的结论：数域 $\mathbb{F}$ 上的两个有限维线性空间同构的充要条件是它们具有相同的维数. 可见，$\mathbb{R}$ 上的所有 n 维线性空间 V 与 $\mathbb{R}^n$ 同构，因此有限"维数"是刻画有限维线性空间的本质特征. 不仅如此，本节在引入范数等价的概念后，可得有限维线性赋范空间 X 上的任何范数都等价，即定理 2.3.3 的结论，所以在涉及或证明"有限维线性赋范空间"的相关结论时，不需要特别指明使用哪种范数.

若 X 为 n 维线性赋范空间，则自然存在从 X 到 $\mathbb{R}^n$ 上的一一映射 $T: X \to \mathbb{R}^n$. $\forall x \in X$，不妨设 $x = k_1 e_1 + k_2 e_2 + \cdots + k_n e_n$，可令

$$T(x) = T(\sum_{i=1}^n k_i e_i) = (k_1, k_2, \cdots, k_n) \in \mathbb{R}^n,$$

易证 $T(\alpha x + \beta y) = \alpha T(x) + \beta T(y)$，其中 $\alpha, \beta \in \mathbb{R}$，$x, y \in X$，即 T 保持 X 与 $\mathbb{R}^n$ 的线性结构不变.

定理 2.3.1　设 X 是实数域 $\mathbb{R}$ 上的 n 维线性赋范空间，则 X 与 $\mathbb{R}^n$ 线性等距同构.

证明　设 T 是从 X 到 $\mathbb{R}^n$ 上的一一映射，且 $\forall x \in X$，

$$T(x) = T(\sum_{i=1}^n k_i e_i) = (k_1, k_2, \cdots, k_n) \in \mathbb{R}^n,$$

显然 T 是线性同构映射. 下面仅需证明 T 的保范性，即对于 X 上的范数 $\| \cdot \|_X$，在 $\mathbb{R}^n$ 上设置一种范数 $\| \cdot \|_{\mathbb{R}^n}$，使得 $\| T(x) \|_{\mathbb{R}^n} = \| x \|_X$.

$\forall x \in X$，x 在 X 上的范数为 $\| x \|_X$，定义 $\| T(x) \|_{\mathbb{R}^n} = \| x \|_X$，下证 $\| \cdot \|_{\mathbb{R}^n}$ 是 $\mathbb{R}^n$ 上的范数. 为了叙述方便，记 $\overline{x} = T(x)$，$\overline{y} = T(y)$.

(1) 正定性. 显然，$\| \overline{x} \|_{\mathbb{R}^n} = \| x \|_X \geqslant 0$，而且 $\| \overline{x} \|_{\mathbb{R}^n} = 0$ 等价于 $\| x \|_X = 0$，等价于 $x = 0$，等价于 $\overline{x} = 0$.

(2) 齐次性. $\forall \alpha \in \mathbb{R}$，$\overline{x} = T(x) \in \mathbb{R}^n$，有

$\| \alpha \overline{x} \|_{\mathbb{R}^n} = \| \alpha T(x) \|_{\mathbb{R}^n} = \| T(\alpha x) \|_{\mathbb{R}^n} = \| \alpha x \|_X = |\alpha| \| x \|_X = |\alpha| \| \overline{x} \|_{\mathbb{R}^n}$.

(3) 三角不等式. $\forall \overline{x} = T(x)$，$\overline{y} = T(y) \in \mathbb{R}^n$，有

$\| \overline{x} + \overline{y} \|_{\mathbb{R}^n} = \| T(x) + T(y) \|_{\mathbb{R}^n} = \| T(x+y) \|_{\mathbb{R}^n} = \| x+y \|_X \leqslant \| x \|_X + \| y \|_X$
$\qquad = \| \overline{x} \|_{\mathbb{R}^n} + \| \overline{y} \|_{\mathbb{R}^n}$.

因此，T 是从 X 到 $\mathbb{R}^n$ 上的线性保距同构的一一映射，从而定理成立. □

上述定理说明，对于任何有限维实线性赋范空间 X，都可以把 $\mathbb{R}^n$ 看作 X 的模型，而且 X 是完备的(即为 Banach 空间). 对于有限维复线性赋范空间也可以证明类似的结果，即任何有限维复线性赋范空间 X 与 $\mathbb{C}^n$ 线性等距同构，而且 X 也是 Banach 空间. 由定理 2.3.1 易得下述推论 2.3.1.

推论 2.3.1　设 X 是有限维线性赋范空间，则 X 的任何子空间是闭集. □

由上述定理证明：根据空间 X 上的范数，构造了 $\mathbb{R}^n$ 上的范数，或者称为逆向构造范数，自然想到：在同一 n 维线性赋范空间上的这些范数有何关系？

在同一空间上引入不同的范数，例如在 $\mathbb{R}^n$ 上可定义如下不同的范数.

$\forall x = (x_1, x_2, \cdots, x_n) \in \mathbb{R}^n$，定义

$$\| x \|_1 = \sum_{i=1}^{n} | x_i |;$$

$$\| x \|_2 = (\sum_{i=1}^{n} | x_i |^2)^{\frac{1}{2}};$$

$$\| x \|_p = (\sum_{i=1}^{n} | x_i |^p)^{\frac{1}{p}}, \ p \geqslant 1;$$

$$\| x \|_\infty = \max_{1 \leqslant i \leqslant n} \{ | x_i | \},$$

那么这些范数定义的点列收敛性是否相同？在讨论这个问题之前，先了解一下这些范数的"艺名". 我们称 $\| x \|_1$ 为 1-范数或者更形象化的名称"出租车范数"，从向量 x 起点到终点所走过的路程就好像一个出租车沿着"东西"和"南北"的街道行驶过的路程；称 $\| x \|_2$ 为 2-范数或"欧几里德范数"，在欧氏空间里，它表示两点间的距离（即向量 x 的模）；分别称 $\| x \|_p$ 为 p-范数，$\| x \|_\infty$ 为无穷范数或 ∞-范数.

$\mathbb{R}^2$ 中的单位闭圆盘 $\overline{O}(0, 1) = \{ x \mid \| x \|_p \leqslant 1 \}$，当 $p = 1, 2, 4$ 以及 $p = \infty$ 时的示意图如图 2.3.1 所示.

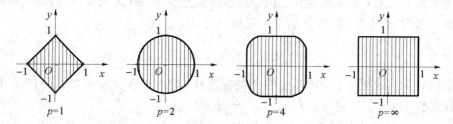

图 2.3.1　不同范数诱导的单位圆盘示意图

定义 2.3.2　等价的范数(Equivalent Norm)

设 $\| \cdot \|_1$ 和 $\| \cdot \|_2$ 是定义在同一线性空间 X 上的两个范数，点列 $\{x_n\} \subset X$，如果由 $\| x_n \|_1 \to 0$ 可得 $\| x_n \|_2 \to 0$，则称 $\| \cdot \|_1$ 比 $\| \cdot \|_2$ 强. 如果 $\| \cdot \|_1$ 比 $\| \cdot \|_2$ 强，且 $\| \cdot \|_2$ 比 $\| \cdot \|_1$ 强，则称范数 $\| \cdot \|_1$ 和 $\| \cdot \|_2$ 等价. □

例 2.3.1　利用定义直接证明 $\mathbb{R}^n$ 上的两个范数

$$\| x \|_2 = (\sum_{i=1}^{n} | x_i |^2)^{\frac{1}{2}} = (| x_1 |^2 + | x_2 |^2 + \cdots + | x_n |^2)^{\frac{1}{2}},$$

$$\| x \|_\infty = \max_{1 \leqslant i \leqslant n} \{ | x_i | \} = \max\{ | x_1 |, | x_2 |, \cdots, | x_n | \}$$

是等价的，其中 $x = (x_1, x_2, \cdots, x_n) \in \mathbb{R}^n$.

证明　设 $x = (x_1, x_2, \cdots, x_n) \in \mathbb{R}^n$，显然 $\| x \|_\infty \leqslant \| x \|_2$，而对于 $1 \leqslant i \leqslant n$，有
$$| x_i |^2 \leqslant \max(| x_1 |^2, | x_2 |^2, \cdots, | x_n |^2) = \| x \|_\infty^2.$$
于是有 $\| x \|_2^2 \leqslant n \| x \|_\infty^2$，即 $\| x \|_2 \leqslant \sqrt{n} \| x \|_\infty$，因此

$$\| x \|_\infty \leqslant \| x \|_2 \leqslant \sqrt{n} \| x \|_\infty.$$

可见，$\| \cdot \|_2$ 和 $\| \cdot \|_\infty$ 等价. □

令 $A = \| x \|_\infty = \max\{ | x_1 |, \cdots, | x_n | \}$，则有 $A \leqslant (\sum_{i=1}^{n} | x_i |^p)^{\frac{1}{p}} \leqslant (nA^p)^{\frac{1}{p}} = n^{\frac{1}{p}} A$，于是得 $\lim_{p \to \infty} \| x \|_p = \| x \|_\infty$. 可见，当 p-范数中的 $p \to \infty$ 时，p-范数就为无穷范数，即

$$\lim_{p \to \infty} \|x\|_p = \lim_{p \to \infty} \left(\sum_{i=1}^{n} |x_i|^p \right)^{\frac{1}{p}} = \max_{1 \leqslant i \leqslant n} \{|x_i|\} = \|x\|_{\infty}.$$

定理 2.3.2 （范数等价的充要条件）线性赋范空间 X 上的两个范数 $\|\cdot\|_1$ 和 $\|\cdot\|_2$ 等价当且仅当存在正实数 a 和 b，使得 $\forall x \in X$，有

$$a\|x\|_2 \leqslant \|x\|_1 \leqslant b\|x\|_2.$$

证明 充分性显然成立. 下面证明必要性.

假设对于任意给定的正实数 a 和 b，不等式 $a\|x\|_2 \leqslant \|x\|_1 \leqslant b\|x\|_2$ 不能对所有 $x \in X$ 同时成立. 不失一般性，不妨设 $\|x\|_1 \leqslant b\|x\|_2$ 不能对所有 $x \in X$ 同时成立. 那么，对于任意正整数 n，$\exists x_n \in X$，使得 $\|x_n\|_1 > n\|x_n\|_2$，即

$$\frac{\|x_n\|_2}{\|x_n\|_1} < \frac{1}{n}.$$

令 $x'_n = \dfrac{x_n}{\|x_n\|_1}$，则

$$\|x'_n\|_2 = \left\| \frac{x_n}{\|x_n\|_1} \right\|_2 = \frac{\|x_n\|_2}{\|x_n\|_1} < \frac{1}{n} \to 0, \ n \to \infty,$$

但是，

$$\|x'_n\|_1 = \left\| \frac{x_n}{\|x_n\|_1} \right\|_1 = \frac{\|x_n\|_1}{\|x_n\|_1} = 1,$$

这与 $\|\cdot\|_1$ 和 $\|\cdot\|_2$ 等价相矛盾，故必要性成立. $\square$

利用定理 2.3.2 可证明范数的**等价关系**满足(1)自反性；(2)对称性；(3)传递性. 若在同一个线性空间 X 上定义两个不同的等价范数，得到空间$(X, \|\cdot\|_1)$与$(X, \|\cdot\|_2)$，则由本章习题 22 知这两个线性赋范空间完备性相同.

定理 2.3.3 设 X 是有限维线性赋范空间，那么 X 上的任何范数都等价.

证明 在 X 上定义一种范数 $\|\cdot\|_0$，再证明其他任何范数 $\|\cdot\|$ 均与它等价. 根据等价关系的传递性可知，X 上的任何两个范数都等价.

（1）定义 X 上的范数 $\|\cdot\|_0$.

设 $e_1, e_2, \cdots, e_n$ 是 n 维线性赋范空间 X 的一组基，则 $\forall x \in X$，x 可唯一的表达为 $x = k_1 e_1 + k_2 e_2 + \cdots + k_n e_n$，令 $\|x\|_0 = \sum_{i=1}^{n} |k_i|$，易验证 $\|\cdot\|_0$ 是 X 上的范数.

（2）设 $\|\cdot\|$ 也是 X 上的范数，下证 $\|\cdot\|$ 与 $\|\cdot\|_0$ 等价.

首先可证 $\|\cdot\|_0$ 比 $\|\cdot\|$ 强.

$$\|x\| = \left\| \sum_{i=1}^{n} k_i e_i \right\| \leqslant \sum_{i=1}^{n} \|k_i e_i\| = \sum_{i=1}^{n} |k_i| \|e_i\| \leqslant \max_{1 \leqslant i \leqslant n} \{\|e_i\|\} \sum_{i=1}^{n} |k_i| = b\|x\|_0,$$

其中，$b = \max_{1 \leqslant i \leqslant n} \{\|e_i\|\}$.

其次可证 $\|\cdot\|$ 比 $\|\cdot\|_0$ 强. 显然，点集 $S = \{(k_1, k_2, \cdots, k_n) \in \mathbb{R}^n \mid \sum_{i=1}^{n} |k_i| = 1\}$ 是 $\mathbb{R}^n$ 上的有界闭集（即闭球体减去开球）. 对于 $x \in X$，记 $\|x\| = \left\| \sum_{i=1}^{n} k_i e_i \right\| = f(k_1, k_2, \cdots, k_n)$，那么 $f(k_1, k_2, \cdots, k_n)$ 在范数 $\|\cdot\|_0$ 意义下是 $\mathbb{R}^n$ 上的非负连续泛函，即当 $\{y^m\} \subset \mathbb{R}^n$ 且 $\|y^m\|_0 \to \|y\|_0 (m \to \infty)$ 时，有 $f(y^m) \to f(y)$. 根据下式可知此结论成立：

$$f(y^m) - f(y) = \|x^m\| - \|x\| \leqslant \|x^m - x\| \leqslant b\|x^m - x\|_0 = b\|y^m - y\|_0.$$

其中，$y^m = (y_1^m, y_2^m, \cdots, y_n^m)$，$x^m = \sum\limits_{i=1}^n y_i^m e_i$，$y = (y_1, y_2, \cdots, y_n)$，$x = \sum\limits_{i=1}^n y_i e_i$. 于是，$f$ 在 $\mathbb{R}^n$ 的有界闭集 S 上存在最小值 a，因为 $\theta \notin S$，所以 $a > 0$. $\forall x \in X$，这里 $x = k_1 e_1 + k_2 e_2 + \cdots + k_n e_n$，令 $x' = \dfrac{x}{\|x\|_0}$，显然有 $\|x'\| = \dfrac{\|x\|}{\|x\|_0}$ 及 $\dfrac{1}{\|x\|_0}(k_1, k_2, \cdots, k_n) \in S$，从而有

$$\|x'\| = \frac{1}{\|x\|_0}\|x\| = \frac{1}{\|x\|_0}\left\|\sum_{i=1}^n k_i e_i\right\| = f\left(\frac{1}{\|x\|_0}k_1, \frac{1}{\|x\|_0}k_2, \cdots, \frac{1}{\|x\|_0}k_n\right) \geqslant a,$$

可得 $\|x\| \geqslant a\|x\|_0$. $\square$

由上述定理 2.3.3 可知，当在有限维线性赋范空间中讨论极限问题时，可以任意选取不同的范数，它们的收敛效果是相同的. 在无限维线性空间 $X = \{x = (x_1, x_2, \cdots, x_n, \cdots) \mid \sum\limits_{n=1}^\infty |x_n| < \infty\}$ 上定义两个不同的范数 $\|x\|_1 = \sum\limits_{n=1}^\infty |x_n|$ 与 $\|x\|_\infty = \sup\{|x_n| \mid n = 1, 2, \cdots\}$，显然范数 $\|x\|_1$ 比范数 $\|x\|_\infty$ 强. 由表 2.1.1 知，$l^1 = (X, \|\cdot\|_1)$ 为完备的度量空间，下面说明空间 $(X, \|\cdot\|_\infty)$ 不完备. 由于 $(X, \|\cdot\|_\infty) \subset l^\infty$，且有界数列空间 l^∞ 为完备的度量空间，只需说明 X 不是 l^∞ 的闭集即可.

记 $x^{(n)} = \left(1, \dfrac{1}{2}, \dfrac{1}{3}, \cdots, \dfrac{1}{n}, 0, 0, \cdots, 0, \cdots\right)$，显然 $\{x^{(n)}\} \subset X$，令 $x^{(0)} = \left(1, \dfrac{1}{2}, \dfrac{1}{3}, \cdots, \dfrac{1}{n}, \cdots\right)$，则 $x^{(0)} \in l^\infty$，但 $x^{(0)} \notin X$. 因为当 $n \to \infty$ 时，

$$\|x^{(n)} - x^{(0)}\|_\infty = \frac{1}{n+1} \to 0,$$

所以 X 不是完备的度量空间 l^∞ 的闭集，即空间 $(X, \|\cdot\|_\infty)$ 不完备.

2.4 线性赋范空间的维数与紧性

当 A 是 n 维欧氏空间 $\mathbb{R}^n$ 的子集时，我们知道 A 是列紧集当且仅当 A 是有界集；A 是紧集当且仅当 A 是有界闭集. 对于有限维线性赋范空间而言，下面的定理说明每一个有界集必是列紧集，而在无穷维线性赋范空间中，一定存在一个有界集不是列紧集.

定理 2.4.1 设 X 是线性赋范空间，那么 X 的维数有限当且仅当 X 中的每一个有界集必是列紧集.

证明 （1）必要性. 当 X 是有限维线性赋范空间时，可将 $\mathbb{R}^n$ 看成它的模型. 因为 $\mathbb{R}^n$ 中的有界集是列紧集，易证 X 中的有界集也是列紧集.

（2）充分性. 设 S 是 X 的单位球面，即 $S = \{x \mid \|x\| = 1, x \in X\}$. 于是根据条件知，有界集 S 是列紧集，由 Hausdorff 定理知度量空间中的列紧集必是全有界集. 可见，对于 $\varepsilon = \dfrac{1}{2}$，存在 S 的 ε 网

$$A_\varepsilon = \{x_1, x_2, \cdots, x_N\} \subset X,$$

令 $F = \text{span}\{x_1, x_2, \cdots, x_N\} = \left\{\sum\limits_{i=1}^N \alpha_i x_i \mid \alpha_i \in \mathbb{F}, x_i \in A_\varepsilon\right\}$，显然 F 是 X 的有限维闭子空

间（$\dim F \leqslant N$），下证 $F = X$.

假设 $F \neq X$，由于 F 是 X 的有限维闭子空间，所以 F 是完备的子空间. 于是存在 $x_0 \in X - F$，有

$$d(x_0, F) = \inf_{y \in F} \{ \| x_0 - y \| \} = a > 0.$$

由确界定义知，$\exists y_0 \in F$，满足

$$a \leqslant \| x_0 - y_0 \| < a + \frac{1}{2} a = \frac{3}{2} a.$$

显然 $\dfrac{x_0 - y_0}{\| x_0 - y_0 \|} \in S$，于是 $\exists x_{i_0} \in A_\varepsilon$，使得 $\dfrac{x_0 - y_0}{\| x_0 - y_0 \|} \in O(x_{i_0}, \varepsilon)$，即

$$\left\| \frac{x_0 - y_0}{\| x_0 - y_0 \|} - x_{i_0} \right\| < \varepsilon = \frac{1}{2}.$$

由于 $y_0 \in F$ 及 $x_{i_0} \in F$，所以向量 $z = y_0 - \| y_0 - x_0 \| x_{i_0} \in F$，故有

$$a \leqslant \| z - x_0 \| = \| y_0 - \| y_0 - x_0 \| x_{i_0} - x_0 \|$$

$$= \| y_0 - x_0 \| \left\| \frac{y_0 - x_0}{\| y_0 - x_0 \|} - x_{i_0} \right\|$$

$$\leqslant \frac{3}{2} a \cdot \frac{1}{2} = \frac{3}{4} a.$$

此式矛盾，可见 $F = X$，即 X 是有限维空间. $\square$

定理 2.4.1 的等价命题如下：

定理 2.4.2 设 X 是无穷维线性赋范空间，那么至少有一个有界集 A 不是列紧集. $\square$

无穷维线性赋范空间中的列紧性与有限维线性赋范空间中的不同. 对于紧集而言，无穷维线性赋范空间中的紧集更少.

引理 2.4.1 Riesz 引理（Riesz' Lemma）

设 A 是线性赋范空间 X 的闭子空间，且 $A \neq X$，$0 < \alpha < 1$，则存在 $x_\alpha \in X$，使得 $\| x_\alpha \| = 1$，且 $d(x_\alpha, A) > \alpha$.

证明 令 $x \in X - A$，由于 A 为闭子空间，可知

$$\rho = d(x, A) = \inf \{ d(x, z) \mid z \in A \} > 0.$$

由于 $0 < \alpha < 1$，所以存在 $y \in A$，使得

$$d(x, y) = \| x - y \| < \alpha^{-1} \rho.$$

令 $x_\alpha = \dfrac{x - y}{\| x - y \|}$，则得 $\| x_\alpha \| = 1$，故

$$d(x_\alpha, A) = d \left(\frac{x - y}{\| x - y \|}, A \right) = \inf_{z \in A} \left\{ \left\| \frac{x - y}{\| x - y \|} - z \right\| \right\}$$

$$= \inf_{z \in A} \left\{ \left\| \frac{x - y - z \| x - y \|}{\| x - y \|} \right\| \right\} = \frac{1}{\| x - y \|} \inf_{z \in A} \{ \| x - (y + z \| x - y \|) \| \}$$

$$= \frac{1}{\| x - y \|} \inf_{w \in A} \{ \| x - w \| \} = \frac{1}{\| x - y \|} d(x, A)$$

$$> \frac{\rho}{\alpha^{-1} \rho} = \alpha. \quad \square$$

定理 2.4.3 设 X 是无穷维线性赋范空间，那么 X 中的闭单位球不是紧集.

证明 由于 X 是无穷维线性赋范空间，所以存在线性无关的无限序列 $\{ x_n \}$，令

$$X_n = \text{span}\{x_1, x_2, \cdots, x_n\}$$

则知 X_n 是 X 的 n 维闭子空间，且 $X_n \subset X_{n+1}$，$X_n \neq X_{n+1}(n=1, 2, \cdots)$. 由上述 Riesz 引理 2.4.1 知存在 $y_n \in X_{n+1} - X_n$，使得

$$\|y_n\| = 1, \; d(y_n, X_n) \geqslant \frac{1}{2}(n=1, 2, \cdots),$$

于是当 $m \neq n$ 时，有 $\|y_n - y_m\| \geqslant \frac{1}{2}$. 可见，点列 $\{y_n\} \subset \overline{B}(0, 1)$ 没有收敛子列，因此 X 中的闭单位球 $\overline{B}(0, 1)$ 不是紧集. $\square$

由定理 2.4.3 可知，无穷维线性赋范空间中闭单位球不是紧集. 由于平移、相似变换不改变紧性，故无穷维线性赋范空间的任何闭球都不是紧集. 同样，也可以证明无穷维线性赋范空间中包含内点的集合不是紧集. 由此可见，在无穷维线性赋范空间中紧集甚为稀少，这正是无穷维线性赋范空间中处理数学问题的困难所在.

例 2.4.1 设 A 是线性赋范空间 X 的有限维真子空间，证明存在 $x_0 \in X$，使得 $\|x_0\| = 1$ 且 $d(x_0, A) = 1$.

证明 由推论 2.3.1 知，A 为闭子空间. 可知，对于 $x' \in X \backslash A$，

$$\rho = d(x', A) = \inf\{\|x'-z\| \mid z \in A\} > 0.$$

于是 $\forall n \in \mathbb{N}^+$，存在 $y_n \in A$，使得

$$\rho \leqslant \|x'-y_n\| < \rho + \frac{1}{n},$$

$$\|y_n\| \leqslant \|x'-y_n\| + \|x'\| < \|x'\| + \rho + 1.$$

由于有限维真子空间 A 中的有界点列必有收敛子列，所以点列 $\{y_n\}$ 存在收敛子列 $\{y_{n_k}\}$. 不妨设 $y_{n_k} \to y_0$ 且 $y_0 \in A$，由 $\rho \leqslant \|x'-y_n\| < \rho + \frac{1}{n}$ 可得，$\|x'-y_0\| = \rho$. 令 $x_0 = \dfrac{x'-y_0}{\rho}$，则 $\|x_0\| = 1$ 且

$$d(x_0, A) = \inf_{z \in A}\left\{\left\|\frac{x'-y_0}{\rho}-z\right\|\right\} = \frac{1}{\rho}\inf_{z \in A}\{\|x'-(y_0+\rho z)\|\} = \frac{1}{\rho}\inf_{w \in A}\{\|x'-w\|\} = 1. \; \square$$

例 2.4.2 设 V 是线性赋范空间 X 的子空间，存在常数 $0 < \alpha < 1$，使得 $\forall x \in X \backslash V$，

$$d(x, V) = \inf\{\|x-z\| \mid z \in V\} \leqslant \alpha\|x\|,$$

证明 V 在 X 中稠密.

证明 假设 $\overline{V} \neq X$，由性质 2.2.1 知，V 的闭包 $\overline{V}$ 是线性子空间. 由 Riesz 引理 2.4.1 知，对于给定的常数 α，存在 $x_\alpha \in X \backslash \overline{V}$，使得 $\|x_\alpha\| = 1$，且 $d(x_\alpha, \overline{V}) > \alpha$.

根据题中条件知，

$$d(x_\alpha, V) = \inf\{\|x_\alpha-z\| \mid z \in V\} \leqslant \alpha\|x_\alpha\| = \alpha,$$

由于 $V \subset \overline{V}$，所以

$$d(x_\alpha, \overline{V}) = \inf\{\|x_\alpha-z\| \mid z \in \overline{V}\} \leqslant \inf\{\|x_\alpha-z\| \mid z \in V\} \leqslant \alpha.$$

这与前面的 $d(x_\alpha, \overline{V}) > \alpha$ 相矛盾，故 V 在 X 中稠密. $\square$

2.5 内积空间的定义

通过前面的学习，我们知道 n 维欧氏空间就是 n 维线性赋范空间的"模型"，范数相当

于向量的模. 在三维向量空间 $\mathbb{R}^3$ 中, 我们知道向量不仅有模, 而且两个向量还有夹角. 例如, 当 θ 为向量 α 和 β 的夹角时, 有: $\cos\theta = \dfrac{\alpha \cdot \beta}{|\alpha||\beta|}$ 或者 $\alpha \cdot \beta = |\alpha||\beta|\cos\theta$, 其中 $\alpha \cdot \beta$ 表示两个向量的数量积(或点积或内积), $|\alpha|$ 表示向量的模. 于是便有了直交性、直交投影以及向量的分解等概念, 这些均反映了空间的"几何结构". 通过在线性空间上定义内积, 便可得到内积空间.

定义 2.5.1　内积空间(Inner Product Spaces)

设 X 是数域 $\mathbb{F}$ 上的线性空间, 若存在映射 $(\cdot, \cdot): X \times X \to \mathbb{F}$, 使得 $\forall x, y, z \in X$, $\alpha, \beta \in \mathbb{F}$, 它满足

(1) **正定性(或非负性)**: $(x, x) \geqslant 0$, $(x, x) = 0$ 当且仅当 $x = 0$;

(2) **共轭对称性**: $(x, y) = \overline{(y, x)}$;

(3) **第一变元线性性**: $(\alpha x + \beta z, y) = \alpha(x, y) + \beta(z, y)$,

则称在 X 上定义了内积 $(\cdot, \cdot)$, 称 (x, y) 为 x 与 y 的内积(**Inner Product**), X 为 $\mathbb{F}$ 上的**内积空间**. 当 $\mathbb{F} = \mathbb{R}$ 时, 称 X 为实内积空间; 当 $\mathbb{F} = \mathbb{C}$ 时, 称 X 为复内积空间; 称有限维的实内积空间为欧几里德空间(Euclid Spaces), 即为欧氏空间; 称有限维的复内积空间为酉空间(Unitary Spaces). □

区间 $[a, b]$ 上的所有实连续函数 $C[a, b]$ 在函数的加法和数乘意义下成为实线性空间. 对于 $C[a, b]$ 中的元素 $f(x)$, $g(x)$, 定义内积

$$(f, g) = \int_a^b f(x)g(x)\mathrm{d}x,$$

容易证明 $C[a, b]$ 构成一个实内积空间.

设 $z = a + bi \in \mathbb{C}$, 那么 $|z| = \sqrt{a^2 + b^2}$, $z \cdot \bar{z} = |z|^2$, $\bar{\bar{z}} = z$. 对于 $z_1, z_2 \in \mathbb{C}$, 有 $\overline{z_1 \cdot z_2} = \bar{z_1} \cdot \bar{z_2}$. 为了表示的方便, 复数 $z = a + bi$ 实部和虚部分别表示为 $\mathrm{Re}z = a$, $\mathrm{Im}z = b$.

因为 $(x, \alpha y) = \overline{(\alpha y, x)} = \overline{\alpha(y, x)} = \bar{\alpha} \cdot \overline{(y, x)} = \bar{\alpha}(x, y)$, 所以有 $(x, \alpha y + \beta z) = \bar{\alpha}(x, y) + \bar{\beta}(x, z)$. 在复内积空间中, 第三条内积公理为第一变元是线性的、第二变元是共轭线性的, 或者称其为左线性、右共轭线性. 在实内积空间中, 第二条内积公理共轭对称性变为对称性; 第三条内积公理为第一变元、第二变元均为线性的.

在 n 维欧氏空间 $\mathbb{R}^n$ 中, $\forall \alpha, \beta \in \mathbb{R}^n$, 数量积 $\alpha \cdot \beta = |\alpha||\beta|\cos\theta$, 即 $|\alpha \cdot \beta| = |\alpha||\beta||\cos\theta| \leqslant |\alpha||\beta|$. 下面的引理说明这样的性质在内积空间上也同样成立. 若在内积空间上定义 $\|x\| = (x, x)^{\frac{1}{2}}$, 则可通过 Cauchy-Schwarz 不等式证明 X 为线性赋范空间.

引理 2.5.1　柯西-施瓦茨不等式(Cauchy-Schwarz Inequality)

设 X 为内积空间, 证明 $\forall x, y \in X$, 有 $|(x, y)| \leqslant \|x\| \cdot \|y\|$.

证明　当 $x = 0$ 或者 $y = 0$ 时, 显然结论成立. 假设 $x \neq 0$ 及 $y \neq 0$, 那么 $\forall \lambda \in \mathbb{F}$, 有

$$(x + \lambda y, x + \lambda y) \geqslant 0$$

即

$$\begin{aligned}
0 \leqslant (x + \lambda y, x + \lambda y) &= (x, x) + \bar{\lambda}(x, y) + \lambda(y, x) + \lambda\bar{\lambda}(y, y) \\
&= (x, x) + \bar{\lambda}[(x, y) + \lambda(y, y)] + \lambda(y, x).
\end{aligned}$$

令 $\lambda = -\dfrac{(x, y)}{(y, y)}$, 则有 $0 \leqslant (x, x) - \dfrac{|(x, y)|^2}{(y, y)}$, 即

$$|(x, y)|^2 \leqslant (x, x)(y, y) = \|x\|^2 \cdot \|y\|^2,$$

因此有 $|(x, y)| \leqslant \|x\| \cdot \|y\|$. $\square$

可以验证 Cauchy-Schwarz 不等式中的 $|(x, y)| < \|x\| \cdot \|y\|$ 成立当且仅当 x 与 y 线性无关.

下面验证通过内积导出的范数 $\|x\| = (x, x)^{\frac{1}{2}}$ 满足范数公理.

正定性和齐次性易验证. 对于 $\forall x, y \in X$, 有

$$\begin{aligned}
\|x+y\|^2 &= |(x+y, x+y)| = |(x, x+y) + (y, x+y)| \\
&\leqslant |(x, x+y)| + |(y, x+y)| \leqslant \|x\| \cdot \|x+y\| + \|y\| \cdot \|x+y\| \\
&= (\|x\| + \|y\|) \|x+y\|,
\end{aligned}$$

故 $\|x+y\| \leqslant \|x\| + \|y\|$.

因此, 当给定内积空间 X 时, 也就有了对应的线性赋范空间 X 和度量空间 X, 其中 $\forall x, y \in X$,

$$\|x\| = (x, x)^{\frac{1}{2}}, \quad d(x, y) = \|x-y\| = (x-y, x-y)^{\frac{1}{2}},$$

即由内积 (x, y) 可导出范数 $\|x\| = (x, x)^{\frac{1}{2}}$, 由范数 $\|x\|$ 可导出距离 $d(x, y) = \|x-y\|$, 所以有

内积空间→线性赋范空间→度量空间.

定义 2.5.2 希尔伯特空间 (Hilbert Space 或 Hilbert 空间)

设 X 是数域 $\mathbb{F}$ 上的内积空间, 如果 X 按内积导出的范数 $\|x\| = (x, x)^{\frac{1}{2}}$ 为 Banach 空间, 则称 X 为 **Hilbert 空间**, 简记为 **H 空间**. $\square$

定理 2.5.1 设 H 是 Hilbert 空间, M 是 H 的线性子空间, 则 M 是 Hilbert 空间当且仅当 M 是闭集.

证明 依据定理 1.5.3 知命题成立. $\square$

下面给出一些 Hilbert 空间的例子.

(1) 实内积空间 $\mathbb{R}^n$ 是 Hilbert 空间.

对于 $x = (x_1, x_2, \cdots, x_n)$, $y = (y_1, y_2, \cdots, y_n) \in \mathbb{R}^n$, n 维欧式空间 $\mathbb{R}^n$ 上的标准内积定义为

$$(x, y) = x_1 y_1 + x_2 y_2 + \cdots + x_n y_n,$$

导出的范数为 $\|x\| = \left(\sum_{i=1}^{n} x_i^2\right)^{\frac{1}{2}}$, 距离为 $d(x, y) = \left(\sum_{i=1}^{n} |x_i - y_i|^2\right)^{\frac{1}{2}}$. $\square$

(2) 复内积空间 $\mathbb{C}^n$ 是 Hilbert 空间.

对于 $x = (x_1, x_2, \cdots, x_n)$, $y = (y_1, y_2, \cdots, y_n) \in \mathbb{C}^n$, n 维酉空间 $\mathbb{C}^n$ 上的内积定义为

$$(x, y) = x_1 \overline{y_1} + x_2 \overline{y_2} + \cdots + x_n \overline{y_n},$$

导出的范数为 $\|x\| = \left(\sum_{i=1}^{n} |x_i|^2\right)^{\frac{1}{2}}$, 距离为 $d(x, y) = \left(\sum_{i=1}^{n} |x_i - y_i|^2\right)^{\frac{1}{2}}$. $\square$

(3) 复内积空间 l^2 是 Hilbert 空间.

$$l^2 = \left\{ x \mid x = (x_1, x_2, \cdots), \sum_{i=1}^{\infty} |x_i|^2 < +\infty, x_i \in \mathbb{C} \right\}, \forall x, y \in l^2, \text{定义内积为}$$

$$(x, y) = x_1 \overline{y_1} + x_2 \overline{y_2} + \cdots = \sum_{i=1}^{\infty} x_i \overline{y_i}.$$

由 Cauchy 不等式知，$|(x, y)| = \left| \sum\limits_{i=1}^{\infty} x_i \overline{y_i} \right| \leqslant \left(\sum\limits_{i=1}^{\infty} |x_i|^2 \right)^{\frac{1}{2}} \left(\sum\limits_{i=1}^{\infty} |y_i|^2 \right)^{\frac{1}{2}} < +\infty$，内积导

出的范数为 $\|x\| = \left(\sum\limits_{i=1}^{\infty} |x_i|^2 \right)^{\frac{1}{2}}$，距离为 $d(x, y) = \left(\sum\limits_{i=1}^{\infty} |x_i - y_i|^2 \right)^{\frac{1}{2}}$. $\square$

（4）复内积空间 $L^2[a, b]$ 是 Hilbert 空间.

$$L^2[a, b] = \left\{ x(t): [a, b] \to \mathbb{C} \mid (L)\int_{[a, b]} |x(t)|^2 \mathrm{d}t < +\infty \right\}, \ \forall x, y \in L^2[a, b],$$

定义内积为

$$(x, y) = (L)\int_{[a, b]} x(t) \overline{y(t)} \mathrm{d}t.$$

由荷尔德（Hölder）公式知

$$|(x, y)| = \left| \int_{[a, b]} x(t) \overline{y(t)} \mathrm{d}t \right| \leqslant \int_{[a, b]} |x(t)| |y(t)| \mathrm{d}t$$

$$\leqslant \left(\int_{[a, b]} |x(t)|^2 \mathrm{d}t \right)^{\frac{1}{2}} \left(\int_{[a, b]} |y(t)|^2 \mathrm{d}t \right)^{\frac{1}{2}} < +\infty,$$

内积导出的范数为 $\|x\| = \left(\int_{[a, b]} |x(t)|^2 \mathrm{d}t \right)^{\frac{1}{2}}$，距离为 $d(x, y) = \left(\int_{[a, b]} |x(t) - y(t)|^2 \mathrm{d}t \right)^{\frac{1}{2}}$. $\square$

例 2.5.1 在点列依范数收敛时，内积 (x, y) 是 x, y 的连续映射，即内积空间 X 中的点列 $\{x_n\}$，$\{y_n\}$ 依范数收敛 $x_n \to x_0$，$y_n \to y_0$，那么有 $(x_n, y_n) \to (x_0, y_0)$. 证明二元函数 $F(x, y) = (x, y)$ 是连续函数.

证明 因为当 $n \to \infty$ 时有 $y_n \to y_0$，所以 $\{y_n\}$ 有界，即存在正实数 $M \geqslant 0$，使得 $\|y_n\| \leqslant M$. 那么有

$$\begin{aligned} |(x_n, y_n) - (x_0, y_0)| &= |(x_n, y_n) - (x_0, y_n) + (x_0, y_n) - (x_0, y_0)| \\ &\leqslant |(x_n, y_n) - (x_0, y_n)| + |(x_0, y_n) - (x_0, y_0)| \\ &= |(x_n - x_0, y_n)| + |(x_0, y_n - y_0)| \leqslant \|x_n - x_0\| \|y_n\| + \|x_0\| \|y_n - y_0\| \\ &\leqslant \|x_n - x_0\| M + \|x_0\| \|y_n - y_0\| \to 0. \end{aligned}$$

因此，二元函数 $F(x, y) = (x, y)$ 是连续函数. $\square$

2.6 内积空间与线性赋范空间的关系

对于一个内积空间而言，内积可诱导一个范数，即它也是一个线性赋范空间，那么内积空间中的内积与它作为线性赋范空间的范数关系如何？

定理 2.6.1 极化恒等式（Polarization Identity）

设 X 为内积空间，$x, y \in X$，则

（1）在实内积空间 X 中，

$$(x, y) = \frac{1}{4}(\|x+y\|^2 - \|x-y\|^2).$$

（2）在复内积空间 X 中，

$$(x, y) = \frac{1}{4}(\|x+y\|^2 - \|x-y\|^2 + \mathrm{i}\|x+\mathrm{i}y\|^2 - \mathrm{i}\|x-\mathrm{i}y\|^2).$$

证明 （1）由于在实内积空间中，范数 $\|x\| = (x, x)^{\frac{1}{2}}$，所以

$$\|x+y\|^2 - \|x-y\|^2 = (x+y, x+y) - (x-y, x-y)$$
$$= [(x, x) + (x, y) + (y, x) + (y, y)] - [(x, x) - (x, y) - (y, x) + (y, y)]$$
$$= 2(x, y) + 2(y, x)$$
$$= 4(x, y).$$

同理可证（2）复内积空间中的极化恒等式也成立. □

从定理 2.6.1 的证明过程可知，对于任何内积空间有

$$\|x+y\|^2 - \|x-y\|^2 = 4\mathrm{Re}(x, y),$$

对应的另一个结果为 $\|x+y\|^2 + \|x-y\|^2 = 2\|x\|^2 + 2\|y\|^2$.

由于内积可诱导出范数，所以一个内积空间可自然而然地看成一个线性赋范空间. 然而，一个线性赋范空间的范数却未必可由它的某个内积导出. 如果"线性赋范空间 X 上的范数是由它的某个内积导出"，我们就称"线性赋范空间 X 成为内积空间". 下述定理 2.6.2 给出了"线性赋范空间 X 成为内积空间"的充要条件，即范数满足如图 2.6.1 所示的平行四边形公式.

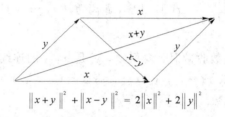

图 2.6.1　平行四边形公式示意图

定理 2.6.2　（**内积空间的特征性质**）线性赋范空间 X 成为内积空间当且仅当 $\forall x, y \in X$，范数满足平行四边形公式

$$\|x+y\|^2 + \|x-y\|^2 = 2\|x\|^2 + 2\|y\|^2.$$

证明　必要性显然成立. 充分性证明如下.

首先定义内积，当 X 是实内积空间时，定义

$$(x, y) = \frac{1}{4}(\|x+y\|^2 - \|x-y\|^2);$$

当 X 是复内积空间时，定义

$$(x, y) = \frac{1}{4}(\|x+y\|^2 - \|x-y\|^2 + \mathrm{i}\|x+\mathrm{i}y\|^2 - \mathrm{i}\|x-\mathrm{i}y\|^2).$$

下面仅验证实内积空间定义的内积满足正定性、共轭对称性及线性性，对于 X 是复内积空间同理可证.

由于 $(x, x) = \frac{1}{4}(\|x+x\|^2 - \|x-x\|^2) = \|x\|^2$，显然内积公理中的正定性成立.

根据

$$(x, y) = \frac{1}{4}(\|x+y\|^2 - \|x-y\|^2) = \frac{1}{4}(\|y+x\|^2 - \|y-x\|^2) = (y, x)$$

可知，内积公理中的对称性同样成立. 下面证明 $\forall x, y, z \in X$ 及 $\alpha \in \mathbb{R}$ 有

$$(x+y, z) = (x, z) + (y, z), \quad (\alpha x, z) = \alpha(x, z).$$

由平行四边形公式知：

$$\left\|\left(x+\frac{z}{2}\right)+\left(y+\frac{z}{2}\right)\right\|^2+\left\|\left(x+\frac{z}{2}\right)-\left(y+\frac{z}{2}\right)\right\|^2=2\left\|x+\frac{z}{2}\right\|^2+2\left\|y+\frac{z}{2}\right\|^2;$$

$$\left\|\left(x-\frac{z}{2}\right)+\left(y-\frac{z}{2}\right)\right\|^2+\left\|\left(x-\frac{z}{2}\right)-\left(y-\frac{z}{2}\right)\right\|^2=2\left\|x-\frac{z}{2}\right\|^2+2\left\|y-\frac{z}{2}\right\|^2.$$

上述两式相减并除以 4 得，

$$\frac{1}{4}(\|x+y+z\|^2-\|x+y-z\|^2)=2\times\frac{1}{4}\left(\left\|x+\frac{z}{2}\right\|^2-\left\|x-\frac{z}{2}\right\|^2\right)+2\times\frac{1}{4}\left(\left\|y+\frac{z}{2}\right\|^2-\left\|y-\frac{z}{2}\right\|^2\right),$$

即 $(x+y,z)=2(x,\frac{z}{2})+2(y,\frac{z}{2})$. 特别地，取 $x=0$ 或 $y=0$ 得

$$(x,z)=2(x,\frac{z}{2}),\quad(y,z)=2(y,\frac{z}{2}),$$

于是有

$$(x+y,z)=(x,z)+(y,z).$$

利用归纳法可证，对于正整数 n，$(nx,z)=n(x,z)$ 成立. 对于有理数 $r=\frac{p}{q}$，其中 $p,q\in\mathbb{N}$，有

$$q(rx,z)=(qrx,z)=(px,z)=p(x,z),$$

于是得 $(rx,z)=\frac{p}{q}(x,z)=r(x,z)$ 成立. 因为对于实数 $\alpha\in\mathbb{R}$，存在有理数列 $\{r_n\}\to\alpha$，$n\to\infty$，所以有 $r_nx\to\alpha x$. 利用范数的连续性知 $(r_nx,z)\to(\alpha x,z)$，故

$$(\alpha x,z)=\lim_{n\to\infty}(r_nx,z)=\lim_{n\to\infty}r_n(x,z)=\alpha(x,z).\quad\square$$

对于线性赋范空间 X 而言，定理 2.6.2 表明，如果 X 上的范数不满足平行四边形公式，那么 X 上就不存在导出这种范数的内积.

例 2.6.1 定义 $l^p=\{x\mid x=(x_1,x_2,\cdots),\sum_{i=1}^{\infty}|x_i|^p<+\infty,x_i\in\mathbb{C}\}$ 上的范数为 $\|x\|=\left(\sum_{i=1}^{\infty}|x_i|^p\right)^{\frac{1}{p}}$，其中 $p\geqslant1$，导出的距离为 $d(x,y)=\left(\sum_{i=1}^{\infty}|x_i-y_i|^p\right)^{\frac{1}{p}}$，前面章节的结论表明 l^p 为 Banach 空间，l^2 为 Hilbert 空间. 证明当 $p\neq2$ 时，l^p 不成为内积空间.

证明 由上述定理知，只需验证当 $p\neq2$ 时，l^p 不满足平行四边形公式即可. 令
$$x=(1,1,0,0,\cdots,0,\cdots),\quad y=(1,-1,0,0,\cdots,0,\cdots),$$
则 $x,y\in l^p$，且 $\|x\|=2^{\frac{1}{p}}$，$\|y\|=2^{\frac{1}{p}}$ 以及 $\|x+y\|=2$，$\|x-y\|=2$. 于是有
$$\|x+y\|^2+\|x-y\|^2=8,\quad2\|x\|^2+2\|y\|^2=2\times2^{\frac{2}{p}}+2\times2^{\frac{2}{p}}=4\times2^{\frac{2}{p}},$$
因此 $\|x+y\|^2+\|x-y\|^2=2\|x\|^2+2\|y\|^2$ 当且仅当 $p=2$，即当 $p\neq2$ 时，l^p 上不能定义内积 (x,x) 使得 $\|x\|=(x,x)^{\frac{1}{2}}$. $\square$

例 2.6.2 对于连续函数空间 $C[a,b]$ 而言，范数为 $\|x\|=\max_{t\in[a,b]}|x(t)|$，导出的距离为 $d(x,y)=\|x-y\|=\max_{t\in[a,b]}|x(t)-y(t)|$ 时，$C[a,b]$ 为 Banach 空间. 证明 $C[a,b]$ 不成为内积空间.

证明 令 $x(t)=1$，$y(t)=\frac{t-a}{b-a}$，显然 $\|x\|=\|y\|=1$，而

$$x(t)+y(t)=1+\frac{t-a}{b-a}, \ x(t)-y(t)=1-\frac{t-a}{b-a}.$$

于是有 $\|x+y\|=2$，$\|x-y\|=1$，从而得

$$\|x+y\|^2+\|x-y\|^2=5, \ 2\|x\|^2+2\|y\|^2=4,$$

因此平行四边形公式不成立，即在 $C[a,b]$ 上不能定义内积 (x,x) 使得 $\|x\|=(x,x)^{\frac{1}{2}}$. □

例 2.6.3 对于 p 次幂可积函数空间 $L^p[a,b]=\left\{x(t) \mid \int_{[a,b]}|x(t)|^p\mathrm{d}t<+\infty\right\}$，定义范数为 $\|x\|=(\int_{[a,b]}|x(t)|^p\mathrm{d}t)^{\frac{1}{p}}$，导出的距离为 $d(x,y)=\left(\int_{[a,b]}|y(t)-x(t)|^p\mathrm{d}t\right)^{\frac{1}{p}}$，$L^p[a,b]$ 为 Banach 空间. 证明当 $p\neq 2$ 时，$L^p[a,b]$ 不成为内积空间.

证明 令 $x(t)=1$，$y(t)=\begin{cases}-1, & t\in[a,c)\\ 1, & t\in[c,b]\end{cases}$，其中 $c=\dfrac{a+b}{2}$. 于是有

$$x(t)+y(t)=\begin{cases}0, & t\in[a,c)\\ 2, & t\in[c,b]\end{cases}, \ x(t)-y(t)=\begin{cases}2, & t\in[a,c)\\ 0, & t\in[c,b]\end{cases},$$

则

$$\|x\|=\|y\|=(b-a)^{\frac{1}{p}}, \ \|x+y\|=\|x-y\|=\left(2^p\times\frac{b-a}{2}\right)^{\frac{1}{p}}=2^{1-\frac{1}{p}}(b-a)^{\frac{1}{p}}.$$

故

$$2\|x\|^2+2\|y\|^2=4(b-a)^{\frac{2}{p}}, \ \|x+y\|^2+\|x-y\|^2=2^{3-\frac{2}{p}}(b-a)^{\frac{2}{p}}.$$

可见，当 $p\neq 2$ 时，平行四边形公式不成立，即在 $L^p[a,b]$ 上不能定义内积 (x,x) 使得 $\|x\|=(x,x)^{\frac{1}{2}}$. □

2.7 内积空间中的正交分解

在三维空间中，任取平面 M，空间中的每一个向量 x 必能分解成两个垂直的向量和，其中一个向量 x_0 在平面 M 上，另一个向量 z 与平面 M 垂直，即 $x=x_0+z$，$x_0\perp z$，如图 2.7.1 所示. 这种向量的分解形式，在一般的内积空间是否成立？

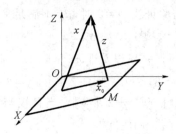

图 2.7.1 三维空间向量的分解示意图

定义 2.7.1 正交 (Orthogonality)

设 X 是内积空间，$x,y\in X$，如果 $(x,y)=0$，则称 x 与 y 正交或垂直，记为 $x\perp y$. 如果 X 的子集 A 中的每一个向量都与子集 B 中的每一个向量正交，则称 A 与 B 正交，记为 $A\perp B$. 特别记 $x\perp A$，即向量 x 与 A 中的每一个向量垂直. 若 $\forall x,y\in E\subset X$，有 $x\perp y$，则

称 E 是 X 的正交集或正交系. □

定理 2.7.1　勾股定理(Pythagoras Theorem)

设 X 是内积空间, x, $y \in X$, 若 $x \perp y$, 则 $\| x+y \|^2 = \| x \|^2 + \| y \|^2$.

证明　$\| x+y \|^2 = (x+y, x+y) = (x, x) + (x, y) + (y, x) + (y, y)$

$$= (x, x) + (y, y) = \| x \|^2 + \| y \|^2. \quad \square$$

在内积空间中, 是否可由 $\| x+y \|^2 = \| x \|^2 + \| y \|^2$ 推出 $x \perp y$? 显然, 根据

$$\| x+y \|^2 = (x, x) + (x, y) + \overline{(x, y)} + (y, y) = \| x \|^2 + \| y \|^2 + 2\mathrm{Re}(x, y)$$

可知, 在实内积空间中, 由 $\| x+y \|^2 = \| x \|^2 + \| y \|^2$ 可得 $x \perp y$, 而在复内积空间中未必成立.

定理 2.7.2　设 X 是内积空间, E 是 X 的正交集, 则对于 E 中的任意有限个元素 x_1, x_2, $\cdots$, x_n, 以及 α_1, α_2, $\cdots$, $\alpha_n \in \mathbb{F}$, 有

$$\| \alpha_1 x_1 + \alpha_2 x_2 + \cdots + \alpha_n x_n \|^2 = |\alpha_1|^2 \| x_1 \|^2 + |\alpha_2|^2 \| x_2 \|^2 + \cdots + |\alpha_n|^2 \| x_n \|^2. \quad \square$$

定理 2.7.2 的证明留作练习题.

定义 2.7.2　正交补(Orthogonal Complement)

设 X 是内积空间, $M \subset X$, 记 $M^{\perp} = \{x \mid x \perp M, x \in X\}$, 则称 $M^{\perp}$ 为子集 M 的**正交补**. 显然有 $X^{\perp} = \{0\}$, $\{0\}^{\perp} = X$, 以及 $M^{\perp} \bigcap M = \{0\}$. □

由正交补的定义可得下列性质.

性质 2.7.1　设 X 是内积空间, M, $N \subset X$, 那么

(1) 若 $M \perp N$, 则 $M \subset N^{\perp}$.

(2) 若 $M \subset N$, 则 $M^{\perp} \supset N^{\perp}$.

(3) $M \subset (M^{\perp})^{\perp}$. □

性质 2.7.2　设 X 是内积空间, $M \subset X$, 则 $M^{\perp}$ 是 X 的闭线性子空间.

证明　(1) $M^{\perp}$ 是 X 的线性子空间.

$\forall x$, $y \in M^{\perp}$, α, $\beta \in \mathbb{F}$, $z \in M$, 有

$$(\alpha x + \beta y, z) = (\alpha x, z) + (\beta y, z) = \alpha(x, z) + \beta(y, z) = 0,$$

于是 $\alpha x + \beta y \in M^{\perp}$, 因此 $M^{\perp}$ 是 X 的线性子空间.

(2) $M^{\perp}$ 是 X 的闭子空间.

设 $\{x_n\} \subset M^{\perp}$, 且依范数 $x_n \to x_0$, $n \to \infty$. 于是 $\forall z \in M$, 有

$$(x_0, z) = (\lim_{n \to \infty} x_n, z) = \lim_{n \to \infty} (x_n, z) = 0.$$

因此 $x_0 \in M^{\perp}$, 即 $M^{\perp}$ 是 X 的闭子空间. □

由于完备的度量空间中的子空间完备的充要条件是子空间闭, 因此在 Hilbert 空间中, 任意子集 M 的正交补 $M^{\perp}$ 是完备的子空间.

定义 2.7.3　正交分解(Orthogonal Decomposition)

设 M 是内积空间 X 的子空间, $x \in X$, 如果存在 $x_0 \in M$, $z \in M^{\perp}$, 使得 $x = x_0 + z$, 则称 x_0 为 x 在 M 上的**正交投影**或**正交分解**.

引理 2.7.1　设 X 是内积空间, M 是 X 的线性子空间, $x \in X$, 若存在 $y \in M$, 使得 $\| x - y \| = d(x, M)$, 那么 $x - y \perp M$.

证明　令 $z = x - y$, 若 z 不垂直于 M, 则存在 $y_1 \in M$, 使得 $(z, y_1) \neq 0$, 显然 $y_1 \neq 0$. 因为 $\forall \alpha \in \mathbb{F}$, 有

$$\| z-\alpha y_1 \|^2 = (z-\alpha y_1, z-\alpha y_1)$$
$$= \| z \|^2 -\alpha(y_1, z)-\overline{\alpha}(z, y_1)+\alpha\overline{\alpha}(y_1, y_1)$$
$$= \| z \|^2 -\overline{\alpha}(z, y_1)-\alpha[(y_1, z)-\overline{\alpha}(y_1, y_1)].$$

特别取 $\overline{\alpha}=\dfrac{(y_1, z)}{(y_1, y_1)}$，则可得

$$\| z-\alpha y_1 \|^2 = \| z \|^2 -\overline{\alpha}(z, y_1)=\| z \|^2 -\dfrac{|(y_1, z)|^2}{(y_1, y_1)}<\| z \|^2 =\| x-y \|^2 =d^2(x, M),$$

即知 $\| z-\alpha y_1 \|<d(x, M)$. 又由于 $\alpha y_1\in M$，所以
$$\| z-\alpha y_1 \| = \| x-y-\alpha y_1 \| = \| x-(y+\alpha y_1) \|\geqslant d(x, M)$$
产生矛盾，故 $x-y\perp M.$ □

定理 2.7.3 投影定理(Projection Theorem)

设 M 是 Hilbert 空间 H 上的闭线性子空间，则 H 中的元素 x 在 M 中存在唯一的正交投影，即 $\forall x\in H$，有 $x=x_0+z$，其中 $x_0\in M, z\in M^\perp$.

证明 (1) 分解的存在性.

当 $x\in M$ 时易证分解的存在性，所以不妨令 $x\notin M$，设 $d(x, M)=\inf\limits_{y\in M}\{\| x-y \|\}=a>0$，则存在 $\{y_n\}\subset M$，使得
$$\| y_n-x \| \to a, n\to\infty.$$
首先证 $\{y_n\}$ 是 M 中的基本列，因为 $\forall m, n\in\mathbb{N}$，则有
$$\| y_m-y_n \|^2 = \| (y_m-x)+(x-y_n) \|^2$$
$$= 2\| y_m-x \|^2 +2\| x-y_n \|^2 -\| (y_m-x)-(x-y_n) \|^2$$
$$= 2\| y_m-x \|^2 +2\| x-y_n \|^2 -4\left\|\dfrac{1}{2}(y_m+y_n)-x\right\|^2.$$

因为 $y_m, y_n\in M$ 及 M 是子空间，知 $\dfrac{1}{2}(y_m+y_n)\in M$，所以有 $\left\|\dfrac{1}{2}(y_m+y_n)-x\right\|\geqslant a$. 于是有
$$\| y_m-y_n \|^2 \leqslant 2\| y_m-x \|^2 +2\| x-y_n \|^2 -4a^2\to 0, m, n\to\infty,$$
故 $\{y_n\}$ 是 M 中的基本列. 又因 M 是闭子空间，即为完备的度量空间，所以 $\{y_n\}$ 是 M 中的收敛列. 不妨设 $y_n\to x_0, n\to\infty$，则有
$$a=\| x-x_0 \|=d(x, M).$$
令 $z=x-x_0$，因此有 $x=x_0+z$，其中 $x_0\in M$，且根据引理 2.7.1 知 $z\in M^\perp$.

(2) 分解的唯一性. 假设还存在 $x_1\in M, z_1\in M^\perp$ 使得 $x=x_1+z_1$，那么有
$$0=(x_0-x_1)+(z-z_1), z-z_1\in M^\perp.$$
于是只需证明零的分解具有唯一性. 若 $0=y'+z', y'\in M, z'\in M^\perp$，则
$$0=(0, y')=(y'+z', y')=(y', y')+(z', y')=\| y' \|^2.$$
可见，$y'=0$ 及 $z'=0$，即零的分解具有唯一性. □

定义 2.7.4 线性子空间的直和(Direct Sum of Linear Subspaces)

设 M 和 N 是线性空间 U 的两个子空间，称 $M+N=\{m+n\,|\,m\in M, n\in N\}$ 为 M 与 N 的和(Sum). 如果 $M\cap N=\{\theta\}$，则称 $\{m+n\,|\,m\in M, n\in N\}$ 为 M 与 N 的直和，此时记为
$$M\oplus N=\{m+n\,|\,m\in M, n\in N\}, M\cap N=\{\theta\}. □$$

根据定理 2.7.3 知，若 M 是 Hilbert 空间 H 上的闭线性子空间，则 $H=M\oplus M^\perp.$

性质 2.7.3　设 H 是 Hilbert 空间，$M \subset H$，那么 M 是闭子空间当且仅当 $M = (M^\perp)^\perp$.

证明　必要性. 由性质 2.7.1 知 $M \subset (M^\perp)^\perp$. 当 M 是闭子空间时，由投影定理得

$$H = M \oplus M^\perp.$$

于是当 $x \in (M^\perp)^\perp$ 时，存在 $x_0 \in M$ 以及 $z \in M^\perp$，使得 $x = x_0 + z$，进一步有

$$(z, z) = (x - x_0, z) = (x, z) - (x_0, z) = 0,$$

即 $x = x_0 \in M$. 因此 $M = (M^\perp)^\perp$.

充分性由性质 2.7.2 易知. □

性质 2.7.4　设 H 是 Hilbert 空间，$M \subset H$，那么 M 是 H 的稠密子集当且仅当 $M^\perp = \{\theta\}$.

证明　必要性. 若 M 是 H 的稠密子集，即 $\overline{M} = H$，则 $\forall x \in M^\perp \subset H = \overline{M}$，存在 $\{x_n\} \subset M$ 且 $x_n \to x$. 于是有 $(x, x) = (\lim\limits_{n \to \infty} x_n, x) = \lim\limits_{n \to \infty}(x_n, x) = 0$，所以 $x = \theta$.

充分性. 若 $M^\perp = \{\theta\}$，则 $\overline{M}^\perp \subset M^\perp = \{\theta\}$. 由投影定理知，$H = \overline{M} \oplus \overline{M}^\perp$，所以 $\overline{M} = H$，即 M 是 H 的稠密子集. □

例 2.7.1　证明在内积空间上，$x \perp y$ 的充要条件是 $\forall \alpha \in \mathbb{F}$ 有 $\| x + \alpha y \| \geqslant \| x \|$.

证明　必要性. 若 $x \perp y$，则有 $(x, y) = 0$. $\forall \alpha \in \mathbb{F}$，有 $(x, \alpha y) = \bar{\alpha}(x, y) = 0$，于是由勾股定理得

$$\| x + \alpha y \|^2 = \| x \|^2 + \| \alpha y \|^2 \geqslant \| x \|^2.$$

充分性. 若 $\forall \alpha \in \mathbb{F}$，则有 $\| x + \alpha y \| \geqslant \| x \|$. 当 $y \neq 0$ 时，

$$\begin{aligned}
0 \leqslant \| x + \alpha y \|^2 - \| x \|^2 &= (x + \alpha y, x + \alpha y) - (x, x) \\
&= (x, x) + \alpha(y, x) + \bar{\alpha}(x, y) + \alpha\bar{\alpha}(y, y) - (x, x) \\
&= \alpha(y, x) + \bar{\alpha}[(x, y) + \alpha(y, y)].
\end{aligned}$$

特别取 $\alpha = -\dfrac{(x, y)}{(y, y)}$，于是有

$$0 \leqslant \| x + \alpha y \|^2 - \| x \|^2 = -\frac{(x, y)}{(y, y)}(y, x) = -\frac{|(x, y)|^2}{\| y \|^2} \leqslant 0,$$

故 $(x, y) = 0$，即 $x \perp y$. □

2.8　内积空间中的正交系

在三维空间 $\mathbb{R}^3$ 中，给定基 $e_1 = (1, 0, 0)$，$e_2 = (0, 1, 0)$，$e_3 = (0, 0, 1)$，任何一个向量 α 均可写成 $\alpha = a_1 e_1 + a_2 e_2 + a_3 e_3$，其中，

$$a_1 = (\alpha, e_1), \quad a_2 = (\alpha, e_2), \quad a_3 = (\alpha, e_3).$$

显然，当 $i \neq j$ 时，$e_i \perp e_j$，而 $(e_i, e_i) = 1$. 可见，

$$\alpha = (\alpha, e_1)e_1 + (\alpha, e_2)e_2 + (\alpha, e_3)e_3,$$

那么在有限维内积空间中是否可以得到同样的结论呢？

定义 2.8.1　标准正交基 (Orthonormal Basis)

设 X 是内积空间，$E = \{e_\lambda \mid \lambda \in \Lambda\}$ 是 X 的正交集（或正交系），其中 Λ 为指标集. 若 $\forall e_i, e_j \in E$ 满足

$$(e_i, e_j) = \begin{cases} 1, & i = j, \\ 0, & i \neq j, \end{cases}$$

则称 E 为 X 中的**标准正交基**或**标准正交系**. □

性质 2.8.1 内积空间的标准正交基里的任何两个元素之间的距离为 $\sqrt{2}$.

证明 设 $\{e_\lambda | \lambda \in \Lambda\}$ 是内积空间 X 的标准正交基,那么由勾股定理 2.7.1 知, $\forall e, e' \in \{e_\lambda | \lambda \in \Lambda\}$,有 $\|e+e'\|^2 = \|e\|^2 + \|e'\|^2 = 2$,进一步根据平行四边形公式知

$$\|e-e'\|^2 = 2\|e\|^2 + 2\|e'\|^2 - \|e+e'\|^2 = 2,$$

所以 $d(e, e') = \sqrt{2}$. □

性质 2.8.2 设 H 是可分的 Hilbert 空间,证明 H 中任何标准正交基至多是可列集.

证明 不妨设 $\{x_1, x_2, \cdots\}$ 是 H 的可列稠密子集,$\{e_\lambda | \lambda \in \Lambda\}$ 是 H 的标准正交基. 于是由性质 2.8.1 知 $\forall e, e' \in \{e_\lambda | \lambda \in \Lambda\}$,有 $d(e, e') = \sqrt{2}$. 假设 $\{e_\lambda | \lambda \in \Lambda\}$ 不可列,则以 e_λ 为中心,以 $\delta = \dfrac{1}{\sqrt{2}}$ 为半径的开球族 $\{O(e_\lambda, \delta) | \lambda \in \Lambda\}$ 不可列,那么至少存在两个开球含有同一个 x_n,即存在 $e_\lambda, e_{\lambda'} \in \{e_\lambda | \lambda \in \Lambda\}$,使得 $x_n \in O(e_\lambda, \delta)$,$x_n \in O(e_{\lambda'}, \delta)$,所以有

$$\|e_\lambda - e_{\lambda'}\| \leqslant \|e_\lambda - x_n\| + \|x_n - e_{\lambda'}\| < 2\delta = \sqrt{2}.$$

这与性质 2.8.1 的结论 $\|e_\lambda - e_{\lambda'}\| = \sqrt{2}$ 相矛盾,故开球族 $\{O(e_\lambda, \delta) | \lambda \in \Lambda\}$ 可列,即 H 中任何标准正交基至多是可列集. □

为了表示方便,利用 $\{e_n\}$ 表示可列的标准正交基 $\{e_1, e_2, e_3, \cdots, e_n, \cdots\}$. 容易验证在 n 维内积空间 $\mathbb{R}^n$ 中,向量组

$$e_1 = (1, 0, \cdots, 0), e_2 = (0, 1, 0, \cdots, 0), \cdots, e_n = (0, \cdots, 0, 1)$$

是 $\mathbb{R}^n$ 的一个标准正交基. 在 l^2 中,令

$$e_n = (\underbrace{0, \cdots, 0, 1}_{n}, 0, \cdots, 0, \cdots), n = 1, 2, \cdots,$$

可证明 $\{e_n\}$ 是 l^2 的一个标准正交基.

在 $L^2[-\pi, \pi]$ 中,对于 $f, g \in L^2[-\pi, \pi]$,定义内积为 $(f, g) = \dfrac{1}{\pi} \displaystyle\int_{-\pi}^{\pi} f(t) \cdot g(t) \mathrm{d}t$, 则可验证下列三组向量 $\{e_n\}$、$\{e_n'\}$ 及 $\{e_n^*\}$,即

$$\{e_n\} = \{e_n | e_n = \cos nx, n = 1, 2, \cdots\},$$
$$\{e_n'\} = \{e_n' | e_n' = \sin nx, n = 1, 2, \cdots\},$$
$$\{e_n^*\} = \{e_0, e_n, e_n' | e_0 = \frac{1}{\sqrt{2}}, e_n = \cos nx, e_n' = \sin nx, n = 1, 2, \cdots\},$$

均是 $L^2[-\pi, \pi]$ 的标准正交基.

如果线性空间中的点列 $\{e_n\}$ 的任意有限个元素线性独立,则称 $\{e_n\}$ 为**线性独立系**. 设 $\{e_{n_1}, e_{n_2}, \cdots, e_{n_k}\}$ 是标准正交基 $\{e_n\}$ 的一个有限子集,如果存在 $\alpha_1, \alpha_2, \cdots, \alpha_k \in \mathbb{F}$ 使得

$$\alpha_1 e_{n_1} + \alpha_2 e_{n_2} + \cdots + \alpha_k e_{n_k} = 0,$$

那么对于任意的 α_j,$1 \leqslant j \leqslant k$,则有

$$\alpha_j = \alpha_j(e_{n_j}, e_{n_j}) = (\alpha_j e_{n_j}, e_{n_j}) = \sum_{t=1}^{k}(\alpha_t e_{n_t}, e_{n_j}) = \left(\sum_{t=1}^{k}\alpha_t e_{n_t}, e_{n_j}\right) = (0, e_{n_j}) = 0.$$

因此,标准正交基是线性独立系. 反过来,任何一个线性独立系经过正交化后均变为标准正交基.

定理 2.8.1 设 E 为内积空间 X 的标准正交基,$\{e_{n_1}, e_{n_2}, \cdots, e_{n_k}\} \subset E$,记

$$M = \operatorname{span}\{e_{n_1}, e_{n_2}, \cdots, e_{n_k}\},$$

那么 $\forall x \in X$, $x_k = \sum_{i=1}^{k}(x, e_{n_i})e_{n_i}$ 是 x 在 M 上的正交投影, 即 $x_k \in M$, $x = x_k + z$, $(x - x_k) \perp M$.

证明　显然 $x_k \in M$, $\forall y \in M$, 由于存在 $\alpha_1, \alpha_2, \cdots, \alpha_k \in \mathbb{F}$, 使得 $y = \sum_{i=1}^{k}\alpha_i e_{n_i}$. 于是有

$$(x - x_k, y) = \left(x - \sum_{i=1}^{k}(x, e_{n_i})e_{n_i}, \sum_{i=1}^{k}\alpha_i e_{n_i}\right)$$

$$= \left(x, \sum_{i=1}^{k}\alpha_i e_{n_i}\right) - \left(\sum_{i=1}^{k}(x, e_{n_i})e_{n_i}, \sum_{i=1}^{k}\alpha_i e_{n_i}\right)$$

$$= \sum_{i=1}^{k}\bar{\alpha}_i(x, e_{n_i}) - \sum_{i=1}^{k}\bar{\alpha}_i(x, e_{n_i})(e_{n_i}, e_{n_i}) = 0. \quad \square$$

定理 2.8.1 中的 M 为 k 维闭子空间, 作为内积空间的 M 与 $\mathbb{R}^k$ 同构, 故 M 也是完备的子空间. 根据投影定理, x 在 M 上的正交投影 x_k 唯一存在, 如图 2.8.1 所示。

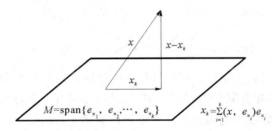

图 2.8.1　向量在线性张子空间上的正交分解示意图

定理 2.8.2　若 $\{x_n\}$ 为内积空间 X 中的任意一组线性独立系, 则可将 $\{x_n\}$ 用格拉姆–施密特(Gram-Schmidt)方法化为标准正交基 $\{e_n\}$, 且对任何自然数 n, 存在 $\alpha_k^{(n)}$, $\beta_k^{(n)} \in \mathbb{F}$, 使得

$$x_n = \sum_{k=1}^{n}\alpha_k^{(n)}e_k, \quad e_n = \sum_{k=1}^{n}\beta_k^{(n)}x_k,$$

同时 $\operatorname{span}\{e_1, e_2, \cdots, e_n\} = \operatorname{span}\{x_1, x_2, \cdots, x_n\}$.

证明　令 $e_1 = \dfrac{x_1}{\|x_1\|}$, 则有 $\|e_1\| = 1$. 记 $M_1 = \operatorname{span}\{e_1\}$, 根据上述定理可将 x_2 在 M_1 上做正交分解 $(x_2 = (x_2, e_1)e_1 + v_2)$, 则 $v_2 \perp e_1$, $v_2 \in M_1^\perp$, 由此可得 $v_2 = x_2 - (x_2, e_1)e_1$.

令 $e_2 = \dfrac{v_2}{\|v_2\|}$, 则有 $\|e_2\| = 1$, $e_2 \perp e_1$, 且有

$$e_2 = \frac{1}{\|v_2\|}x_2 - \frac{(x_2, e_1)}{\|v_2\| \|x_1\|}x_1, \quad x_2 = (x_2, e_1)e_1 + \|v_2\|e_2.$$

记 $M_2 = \operatorname{span}\{e_1, e_2\}$, 将 x_3 在 M_2 上做正交分解 $(x_3 = (x_3, e_1)e_1 + (x_3, e_2)e_2 + v_3)$, 则 $v_3 \neq 0$ 及 $v_3 \in M_2^\perp$, 由此可得 $v_3 = x_3 - (x_3, e_1)e_1 - (x_3, e_2)e_2$. 可令 $e_3 = \dfrac{v_3}{\|v_3\|}$, 从而有 x_3 是 e_1, e_2, e_3 的线性组合, e_3 是 x_1, x_2, x_3 的线性组合.

依此类推, 可令 $v_n = x_n - \sum_{i=1}^{n-1}(x_n, e_i)e_i$, 且有 e_1, e_2, $\cdots$, e_{n-1} 正交, 进而令 $e_n = \dfrac{v_n}{\|v_n\|}$, 显然有 $\|e_n\| = 1$. 于是有

$$x_n = v_n + \sum_{i=1}^{n-1} (x_n, e_i)e_i = \| v_n \| e_n + \sum_{i=1}^{n-1} (x_n, e_i)e_i = \sum_{i=1}^{n} \alpha_i^{(n)} e_i,$$

同时可得 e_n 是 $x_1, x_2, \cdots, x_n$ 的线性组合. $\square$

利用上述格拉姆-施密特方法,将线性独立系 $\{x_1, x_2, x_3, x_4, \cdots, x_n, \cdots\}$ 正交化为标准正交基 $\{e_1, e_2, e_3, e_4, \cdots, e_n, \cdots\}$ 的过程总结如下:

$$e_1 = \frac{x_1}{\| x_1 \|}, \ e_2 = \frac{x_2 - (x_2, e_1)e_1}{\| x_2 - (x_2, e_1)e_1 \|}, \ e_3 = \frac{x_3 - (x_3, e_1)e_1 - (x_3, e_2)e_2}{\| x_3 - (x_3, e_1)e_1 - (x_3, e_2)e_2 \|}, \cdots,$$

$$e_n = \frac{x_n - (x_n, e_1)e_1 - (x_n, e_2)e_2 - \cdots - (x_n, e_{n-1})e_{n-1}}{\| x_n - (x_n, e_1)e_1 - (x_n, e_2)e_2 - \cdots - (x_n, e_{n-1})e_{n-1} \|}, \cdots.$$

2.9 傅立叶级数及其收敛性

我们知道以 2π 为周期的函数可以展开为傅立叶(Fourier)级数,如

$$f(x): \frac{a_0}{2} + \sum_{n=1}^{\infty} (a_n \cos nx + b_n \sin nx),$$

其中的傅里叶系数为

$$a_0 = \frac{1}{\pi} \int_{-\pi}^{\pi} f(x)\mathrm{d}x, \ a_n = \frac{1}{\pi} \int_{-\pi}^{\pi} f(x)\cos nx \,\mathrm{d}x, \ b_n = \frac{1}{\pi} \int_{-\pi}^{\pi} f(x)\sin nx \,\mathrm{d}x,$$

而且由收敛定理知:若函数 $f(x)$ 在一个周期内(1)连续或只有有限个第一类间断点(可去或跳跃间断点);(2)至多有有限个极值点,那么对于函数的连续点,Fourier 级数收敛到 $f(x)$;对于间断点,级数收敛到函数的左右极限的算术平均值.

可验证 $\{e_n^*\} = \{e_0, e_n, e_n' \mid e_0 = \frac{1}{\sqrt{2}}, e_n = \cos nx, e_n' = \sin nx, n = 1, 2, \cdots\}$ 是 $L^2[-\pi, \pi]$ 的一个标准正交基. 内积定义为 $(f, g) = \frac{1}{\pi} \int_{-\pi}^{\pi} f(t) \cdot g(t)\mathrm{d}t$,所以 $f(x)$ 的展开式中的系数可改写为

$$a_0 = \sqrt{2} \cdot \frac{1}{\pi} \int_{-\pi}^{\pi} f(x) \cdot \frac{1}{\sqrt{2}}\mathrm{d}x = \sqrt{2} \left(f, \frac{1}{\sqrt{2}} \right) = \sqrt{2}(f, e_0),$$

$$a_n = (f, \cos nx) = (f, e_n),$$

$$b_n = (f, \sin nx) = (f, e_n').$$

$f(x)$ 的展开式为

$$f(x): (f, e_0)e_0 + \sum_{n=1}^{\infty} ((f, e_n)e_n + (f, e_n')e_n'),$$

这种函数的展开式表示是研究很多实际问题的重要工具. 下面将这种展开推广到一般的 Hilbert 空间.

定义 2.9.1 傅立叶级数(Fourier Series)

设 $\{e_n\}$ 为内积空间 X 的标准正交基,$x \in X$,则称级数

$$\sum_{k=1}^{\infty} (x, e_k)e_k = \sum_{k=1}^{\infty} c_k e_k$$

为 x 关于 $\{e_n\}$ 的傅立叶级数,$c_k = (x, e_k)$ 为 x 关于 $\{e_n\}$ 的傅立叶系数,其中 $k = 1, 2, \cdots$. $\square$

傅立叶级数在什么条件下收敛? x 与系数 c_k 的关系如何?

定理 2.9.1　最佳逼近定理(Best Approximation Theorem)

设 $\{e_n\}$ 为内积空间 X 的标准正交基, $x\in X$, $c_k=(x,e_k)$, $k=1,2,\cdots$, 则对任何数组 $\{\alpha_1,\alpha_2,\cdots,\alpha_n\}\subset\mathbb{F}$ 有

$$\Big\|x-\sum_{k=1}^{n}c_k e_k\Big\|\leqslant\Big\|x-\sum_{k=1}^{n}\alpha_k e_k\Big\|.$$

证明　设 $x_n=\sum_{k=1}^{n}c_k e_k$ 及 $x'_n=\sum_{k=1}^{n}\alpha_k e_k$, 则由定理 2.8.1 知 x_n 是 x 在 $M=\mathrm{span}\{e_1,e_2,\cdots,e_n\}$ 上的正交投影, 即 $x_n\in M$, $x-x_n\perp M$. 又因为 $x'_n\in M$, 所以有 $x_n-x'_n\in M$, 于是有

$$(x-x_n)\perp(x_n-x'_n).$$

因此, 根据勾股定理(第三个等号)有

$$\Big\|x-\sum_{k=1}^{n}\alpha_k e_k\Big\|^2=\|x-x'_n\|^2=\|x-x_n+x_n-x'_n\|^2$$
$$=\|x-x_n\|^2+\|x_n-x'_n\|^2$$
$$\geqslant\|x-x_n\|^2=\Big\|x-\sum_{k=1}^{n}c_k e_k\Big\|^2.\ \square$$

定理 2.9.2　贝塞尔不等式(Bessel Inequality)

设 $\{e_n\}$ 为内积空间 X 的标准正交基, 则 $\forall x\in X$, 有 $\sum_{k=1}^{\infty}|(x,e_k)|^2\leqslant\|x\|^2$.

证明　设 $c_k=(x,e_k)$, $k=1,2,\cdots$, 记 $x_n=\sum_{k=1}^{n}c_k e_k$. 首先证明 $\|x_n\|^2\leqslant\|x\|^2$ 及 $\|x_n\|^2=\sum_{k=1}^{n}|c_k|^2$. 显然, x_n 是 x 在 $M=\mathrm{span}\{e_1,e_2,\cdots,e_n\}$ 上的正交投影, 即 $x_n\in M$, $(x-x_n)\perp M$. 由此可得, $(x-x_n)\perp x_n$, 那么有

$$\|x\|^2=\|x-x_n+x_n\|^2=\|x-x_n\|^2+\|x_n\|^2\geqslant\|x_n\|^2.$$

又因为

$$\|x_n\|^2=(x_n,x_n)=\Big(\sum_{k=1}^{n}c_k e_k,\sum_{k=1}^{n}c_k e_k\Big)=\sum_{k=1}^{n}c_k\overline{c_k}(e_k,e_k)=\sum_{k=1}^{n}|c_k|^2,$$

因此有 $\sum_{k=1}^{n}|c_k|^2\leqslant\|x\|^2$, 即当 $n\to\infty$ 时, 有 $\sum_{k=1}^{\infty}|c_k|^2\leqslant\|x\|^2$. $\square$

由定理 2.9.2 的证明知 $\|x_n\|^2=\sum_{k=1}^{n}|c_k|^2$, 即 $\Big\|\sum_{k=1}^{n}(x,e_k)e_k\Big\|^2=\sum_{k=1}^{n}|(x,e_k)|^2$; 同理, 由定理 2.9.2 的证明知 $\sum_{k=1}^{\infty}|c_k|^2$ 收敛, 即 $\{c_k\}\in l^2$.

Bessel 不等式的几何意义为: 向量 x 在每一个单位向量上的投影 $(x,e_k)e_k$ 的"长度"的平方和不超过 x"长度"的平方.

定理 2.9.3　(傅立叶级数收敛的充要条件) 设 $\{e_n\}$ 为内积空间 X 的标准正交基, $x\in X$, 则 x 关于 $\{e_n\}$ 的傅立叶级数 $\sum_{k=1}^{\infty}(x,e_k)e_k$ 收敛于 x 的充要条件为

$$\| x \|^2 = \sum_{k=1}^{\infty} |c_k|^2,$$

其中 $c_k = (x, e_k)$, $k = 1, 2, \cdots$, 称 $\| x \|^2 = \sum_{k=1}^{\infty} |c_k|^2$ 为帕塞瓦尔公式(Parseval equality).

证明 设 $x_n = \sum_{k=1}^{n} c_k e_k$, 则 $(x - x_n) \perp x_n$. 于是由勾股定理 2.7.1 和定理 2.9.2 的证明知

$$\left\| x - \sum_{k=1}^{n} c_k e_k \right\|^2 = \| x - x_n \|^2 = \| x \|^2 - \| x_n \|^2 = \| x \|^2 - \sum_{k=1}^{n} |c_k|^2,$$

因此级数 $\sum_{k=1}^{\infty} (x, e_k) e_k$ 收敛的等价条件为 $x_n \to x$, $n \to \infty$, 即

$$\lim_{n \to \infty} \sum_{k=1}^{n} |c_k|^2 = \| x \|^2. \quad \square$$

由定理 2.9.3 知, 在内积空间 X 的标准正交基 $\{e_n\}$ 下, 当 Bessel 不等式中的等号成立(即 **Parseval 公式**成立)时, x 关于 $\{e_n\}$ 的傅立叶级数 $\sum_{k=1}^{\infty} (x, e_k) e_k$ 就收敛于 x. 那么在什么条件下 Bessel 不等式将成为等式呢? 这与 X 中的标准正交基有没有选取足够多有关. 例如在 $\mathbb{R}^3$ 中, 对于任意向量 x, 若选取与空间维数相同数目的标准正交基 $\{e_1, e_2, e_3\}$, 则有

$$x = (x, e_1) e_1 + (x, e_2) e_2 + (x, e_3) e_3,$$

以及如图 2.9.1 所示的关系式

$$\| x \|^2 = |(x, e_1)|^2 + |(x, e_2)|^2 + |(x, e_3)|^2.$$

虽然 $\{e_1, e_2\}$ 也是 $\mathbb{R}^3$ 的标准正交基, 但是选取这个标准正交基的结果是

$$\| x \|^2 \geqslant |(x, e_1)|^2 + |(x, e_2)|^2.$$

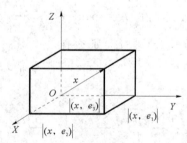

图 2.9.1 三维欧氏空间向量长度的平方等于该向量在三个坐标轴投影长度的平方和示意图

定义 2.9.2 完全标准正交基(Complete Orthonormal Basis)

设 $E = \{e_\lambda | \lambda \in \Lambda\}$ 为内积空间 X 的标准正交基, 如果 $\forall \lambda \in \Lambda$, $x \perp e_\lambda$, 则 $x = 0$, 称 E 为内积空间 X 的**完全标准正交基或完全标准正交系**.

引理 2.9.1 设 $E = \{e_\lambda | \lambda \in \Lambda\}$ 是 Hilbert 空间 H 的一个完全标准正交基, $M = \mathrm{span} E$, 则 $H = \overline{M}$.

证明 假设存在向量 $x \in H - \overline{M}$, 则根据投影定理可得 $x = x_0 + z$, $x_0 \in \overline{M}$, $z \in \overline{M}^{\perp}$. 显然 $z \neq 0$, 于是 $\forall \lambda \in \Lambda$, $z \perp e_\lambda$, 这与 E 是 H 的一个完全标准正交基相矛盾, 故 $H = \overline{M}$. $\square$

定理 2.9.4 设 H 是 Hilbert 空间, 记 $c_k = (x, e_k)$, 则下列命题等价:

(1) $\{e_n\}_{n=1}^{\infty}$ 是 H 的完全标准正交基.

(2) $\forall x \in H$，x 关于 $\{e_n\}$ 的傅立叶级数 $\sum\limits_{k=1}^{\infty}(x,e_k)e_k$ 收敛.

(3) $\forall x \in H$，$\|x\|^2 = \sum\limits_{k=1}^{\infty}|c_k|^2$.

证明 (1)$\Rightarrow$(2). 根据引理 2.9.1 知 $H=\overline{M}$，其中 $M=\mathrm{span}\{e_1,e_2,\cdots,e_n,\cdots\}$. 于是有，$\forall x\in H$，$\varepsilon>0$，存在 $x_n=\sum\limits_{k=1}^{n}\alpha_k e_k\in M$，使得

$$\|x-x_n\| = \left\|x-\sum_{k=1}^{n}\alpha_k e_k\right\|<\varepsilon.$$

由最佳逼近定理知

$$\left\|x-\sum_{k=1}^{n}c_k e_k\right\|\leqslant\left\|x-\sum_{k=1}^{n}\alpha_k e_k\right\|<\varepsilon.$$

当 $m>n$ 时，由勾股定理知

$$\left\|x-\sum_{k=1}^{m}c_k e_k\right\|^2 = \|x\|^2-\sum_{k=1}^{m}|c_k|^2\leqslant\|x\|^2-\sum_{k=1}^{n}|c_k|^2=\left\|x-\sum_{k=1}^{n}c_k e_k\right\|^2<\varepsilon^2.$$

令 $m\to\infty$，有 $\left\|x-\sum\limits_{k=1}^{\infty}c_k e_k\right\|^2\leqslant\varepsilon^2$，于是根据 ε 的任意性可得 $x=\sum\limits_{k=1}^{\infty}c_k e_k$.

(2)$\Rightarrow$(3). 由傅立叶级数收敛的充要条件可得.

(3)$\Rightarrow$(1). 设 $x\in H$，$x\perp e_n$，$n=1,2,\cdots$. 由 $\|x\|^2=\sum\limits_{k=1}^{\infty}|c_k|^2$ 可得

$$\|x\|^2=\sum_{k=1}^{\infty}|(x,e_n)|^2=0,$$

故 $x=0$，即 $\{e_n\}$ 是 H 的完全标准正交基. $\square$

定理 2.9.4 把数学分析中的 Fourier 展开式推广到抽象的 Hilbert 空间中，并揭示了完全标准正交基、Parseval 公式及 Fourier 展开式之间的本质联系. 可以证明，三角函数系

$$\frac{1}{\sqrt{2}},\cos x,\sin x,\cos 2x,\sin 2x,\cdots,\cos nx,\sin nx,\cdots$$

是 $L^2[-\pi,\pi]$ 空间的完全标准正交基.

性质 2.9.1 设 $E=\{e_1,e_2,\cdots,e_n,\cdots\}$ 是 Hilbert 空间 H 的标准正交基，则 E 是 H 的完全标准正交基当且仅当 $E^{\perp}=\{\theta\}$.

证明 由定理 2.9.4 及定义 2.9.2 知性质 2.9.1 成立. $\square$

定理 2.9.5 任何非零内积空间都有完全标准正交基.

证明 设 X 是非零内积空间，任取非零元素 $\alpha\in X$，令 $e_1=\dfrac{\alpha}{\|\alpha\|}$，则 $\{e_1\}$ 为 X 的标准正交基. 设 F 表示 X 的全体标准正交基的并集，下面证明 F 是 X 的完全标准正交基.

在 F 内，根据集合的包含关系定义序关系为：若 $A\subset B$，则 $A<B$. 容易验证 $(F,<)$ 是一个偏序集. 若 $T=\{T_i\mid i\in I\}$ 是 F 的一个全序子集，则 $\overline{T}=\bigcup\limits_{i\in I}T_i$ 是 T 的上界. 事实上，$\overline{T}$ 也是 X 的一个标准正交基. 若 $x,y\in\overline{T}$，则存在 $i,j\in I$，使得 $x\in T_i$，$y\in T_j$. 由于 $\{T_i\mid i\in I\}$ 是一个全序子集，所以有 $T_i\subset T_j$ 或者 $T_j\subset T_i$. 不妨设 $T_i\subset T_j$，即 $x,y\in T_j$，这里 T_j 是 X 的一个标准正交基，因此 $x\perp y$.

根据 Zorn 引理，F 有极大元 E. 下面说明 E 是 X 的完全标准正交基. 假设存在非零元素 $z \in X$ 且 $z \perp E$，那么 $E \cup \{\frac{z}{\|z\|}\}$ 是 X 的一个标准正交基，这与 E 是 F 的极大元相矛盾. 故任何非零内积空间都有完全标准正交基. □

2.10 Hilbert 空间的同构

定义 2.10.1 线性等距同构(Linear Isometry)

设 X_1，X_2 为同一数域 $\mathbb{F}$ 上的内积空间，如果从 X_1 到 X_2 上的一一映射 $\varphi: X_1 \to X_2$ 保持了线性运算和内积，即 $\forall x, y \in X_1$，$\alpha, \beta \in \mathbb{F}$ 有

$$\varphi(\alpha x + \beta y) = \alpha \varphi(x) + \beta \varphi(y),$$
$$(\varphi(x), \varphi(y)) = (x, y),$$

则称 X_1 与 X_2 **线性等距同构**. □

事实上，可将线性等距同构的两个内积空间看作"同一"个空间. 下面分别刻画有限维和无限维的 Hilbert 空间.

定理 2.10.1 设 H 是 n 维 Hilbert 空间，则 H 与复内积空间 $\mathbb{C}^n$ 线性等距同构.

证明 在 H 上取一组基 $g_1, g_2, \cdots, g_n$，应用定理 2.8.2 中的格拉姆-施密特方法将其正交化，可得 H 的标准正交基 $e_1, e_2, \cdots, e_n$，作 H 到 $\mathbb{C}^n$ 上的映射 φ：

$$\varphi(x) = ((x, e_1), (x, e_2), \cdots, (x, e_n)) \in \mathbb{C}^n.$$

容易验证，φ 是从 H 到 $\mathbb{C}^n$ 上的线性等距同构映射. □

定理 2.10.2 无限维 Hilbert 空间 H 可分当且仅当 H 有完全标准正交基 $\{e_n\}_{n=1}^{\infty}$.

证明 必要性. 由 H 可分知，H 存在可列的稠密子集 $\{g_n\}$. 下面分三步证明 H 有完全标准正交基：(1) 由 $\{g_n\}$ 构造线性独立系 $\{x_n\}$，(2) 将 $\{x_n\}$ 正交化得到标准正交基 $\{e_n\}$，(3) 证明 $\{e_n\}$ 是 H 的完全标准正交基.

(1) 设 g_{n_1} 是 $\{g_n\}$ 中的第一个非零元素，记为 x_1；g_{n_2} 是 g_{n_1} 之后 $\{g_n\}$ 中的第一个与 g_{n_1} 线性无关的元素，记为 x_2；同样的，记 g_{n_2} 之后 $\{g_n\}$ 中的第一个与 g_{n_1}，g_{n_2} 线性无关的元素为 x_3. 以此类推可知 $\{x_n\}$ 是 H 的线性独立系.

(2) 使用格拉姆-施密特方法将 $\{x_n\}$ 正交化可得标准正交基 $\{e_n\}$，且有表达式

$$x_n = \sum_{k=1}^{n} \alpha_k^{(n)} e_k, \quad e_n = \sum_{k=1}^{n} \beta_k^{(n)} x_k,$$

其中 $\alpha_k^{(n)}$，$\beta_k^{(n)} \in \mathbb{F}$.

(3) 假设 $\{e_n\}$ 不是 H 的完全标准正交基，则存在 $x \in H$，使得

$$a = \|x\|^2 - \sum_{i=1}^{\infty} |(x, e_i)|^2 = \|x\|^2 - \sum_{k=1}^{\infty} |c_k|^2 > 0.$$

因为 $\{g_n\}$ 在 H 中稠密，即存在 $\{g_n\}$ 的一个子列收敛于 x，于是存在 $g_m \in \{g_n\}$，使得

$$\|x - g_m\|^2 < a.$$

可设 $g_m = \sum_{i=1}^{N_0} \alpha_i e_i$，所以有

$$a = \|x\|^2 - \sum_{k=1}^{\infty} |c_k|^2 \leqslant \|x\|^2 - \sum_{k=1}^{N_0} |c_k|^2 = \left\|x - \sum_{k=1}^{N_0} c_k e_k\right\|^2 \leqslant \left\|x - \sum_{k=1}^{N_0} \alpha_k e_k\right\|^2$$

$$= \|x - g_m\|^2 < a.$$

该式矛盾, 故 $\{e_n\}$ 是 H 的完全标准正交基.

充分性. 设 H 有完全标准正交基 $\{e_n\}$, 由正交系完全的充要条件知, $\forall x \in H$, 有

$$x = \sum_{k=1}^{\infty}(x, e_k)e_k = \sum_{k=1}^{\infty}c_k e_k.$$

下面寻找一个可列集, 使得 x 是它们的极限, 即 $\forall \varepsilon > 0$, $\exists N \in \mathbb{N}$, 使得 $\left\| x - \sum_{k=1}^{N} c_k e_k \right\| < \dfrac{\varepsilon}{2}$.
根据有理数的稠密性知, 存在实部、虚部均为有理数的复数 $r_1, r_2, \cdots, r_N$ 满足

$$\left\| \sum_{k=1}^{N} c_k e_k - \sum_{k=1}^{N} r_k e_k \right\| = \left\| \sum_{k=1}^{N}(c_k - r_k)e_k \right\| = \left(\sum_{k=1}^{N} |c_k - r_k|^2 \right)^{\frac{1}{2}} < \frac{\varepsilon}{2}.$$

于是有

$$\left\| x - \sum_{k=1}^{N} r_k e_k \right\| \leqslant \left\| x - \sum_{k=1}^{N} c_k e_k \right\| + \left\| \sum_{k=1}^{N} c_k e_k - \sum_{k=1}^{N} r_k e_k \right\| < \varepsilon.$$

因为可列集

$$\left\{ \sum_{k=1}^{m} r_k e_k \,\Big|\, m = 1, 2, \cdots, r_k \text{ 为实部和虚部均为有理数的复数} \right\}$$

在 H 中稠密, 故 H 可分. $\square$

定理 2.10.3 如果无限维 Hilbert 空间 H 可分, 则 H 与 l^2 同构.

证明 由定理 2.10.2 知, 可分的无限维 Hilbert 空间 H 存在完全标准正交基 $\{e_n\}$. 由正交系完全的充要条件知, $\forall x \in H$, 有 $x = \sum_{k=1}^{\infty}(x, e_k)e_k = \sum_{k=1}^{\infty} c_k e_k$ 及 $\|x\|^2 = \sum_{k=1}^{\infty} |c_k|^2$.
可见, $\{c_k\} \in l^2$, 令 $\varphi: H \to l^2$, 即

$$\varphi(x) = ((x, e_1), (x, e_2), \cdots, (x, e_n), \cdots) = (c_1, c_2, \cdots, c_n, \cdots) \in l^2.$$

易验证 φ 是一一映射, 下面证明 φ 的保线性和保内积. 设 $x = \sum_{k=1}^{\infty} c_k e_k$, $y = \sum_{k=1}^{\infty} d_k e_k$ 及 $\alpha, \beta \in \mathbb{C}$, 那么有

(1) 保线性:

$$\varphi(\alpha x + \beta y) = \varphi\left(\sum_{k=1}^{\infty}(\alpha c_k + \beta d_k)e_k \right) = \{\alpha c_k + \beta d_k\}_{k=1}^{\infty}$$
$$= \alpha \{c_k\}_{k=1}^{\infty} + \beta \{d_k\}_{k=1}^{\infty} = \alpha\varphi(x) + \beta\varphi(y),$$

(2) 保内积:

$$(x, y) = \left(\sum_{k=1}^{\infty} c_k e_k, \sum_{k=1}^{\infty} d_k e_k \right) = \sum_{k=1}^{\infty} c_k \overline{d_k} = (\varphi(x), \varphi(y)),$$

故 H 与 l^2 线性等距同构. $\square$

由定理 2.10.3 可知, 复内积空间 $\mathbb{C}^n$ 是有限维 Hilbert 空间 H 的模型; 复内积空间 l^2 是无限维可分 Hilbert 空间 H 的模型.

本 章 小 结

本章内容主要涉及两个空间, 即线性赋范空间和内积空间, 这两个空间均以线性空间

为基础建立而成,所以它们很自然地具有线性空间的特性. 内积空间可以诱导线性赋范空间;满足平行四边形公式的范数也可看成一个内积诱导的范数. 在内积空间上,利用内积刻画了正交性,所以内积空间具有了明显的几何特性. 有限维 Banach 空间(完备的线性赋范空间)和 Hilbert 空间(完备的内积空间)结构清晰;无限维空间难觅紧集,因此无限维空间内容更丰富、结构更复杂,更难以刻画.

习 题 2

1. 设 X 为线性赋范空间,d 是由范数导出的距离,证明 $\forall x, y, z_0 \in X, \alpha \in \mathbb{F}$ 有

(1) 平移不变性:$d(x+z_0, y+z_0)=d(x, y)$.

(2) 绝对齐次性:$d(\alpha x, \alpha y)=|\alpha| d(x, y)$.

2. 设线性空间 X 依据距离 d 成为度量空间,且 d 满足 $\forall x, y \in X, \alpha \in \mathbb{F}$ 以及零元素 $\theta \in X$ 有

$$d(x-y, \theta)=d(x, y), \quad d(\alpha x, \theta)=|\alpha| d(x, \theta).$$

证明 X 依据范数 $\|x\| \triangleq d(x, \theta)$ 成为线性赋范空间.

3. 设 $x=(x_1, x_2, \cdots, x_n) \in \mathbb{R}^n$,定义映射 $\varphi: \mathbb{R}^n \rightarrow \mathbb{R}$ 为

$$\varphi(x)=(\sqrt{|x_1|}+\sqrt{|x_2|}+\cdots+\sqrt{|x_n|})^2,$$

试问 $\varphi(x)$ 是不是 $\mathbb{R}^n$ 上的范数?

4. 设 X 是线性赋范空间且 $A \subset X$,证明 A 是有界集当且仅当存在 $\delta>0$,使得 $\forall x \in A$,有 $\|x\| \leqslant \delta$,即 $A \subset O(\theta, \delta)$.

5*. 设 X 是线性赋范空间且 $X \neq \{\theta\}$,证明 X 是 Banach 空间当且仅当 X 中的单位球面 $S=\{x | x \in X, \|x\|=1\}$ 是完备集.

6. 设 X 是线性赋范空间,且 X 中任何级数的绝对收敛总蕴含级数收敛,证明 X 是 Banach 空间.

7. 设 X 是 Banach 空间,$\{x_n\} \subset X$. 证明若级数 $\sum_{n=1}^{\infty} x_n$ 收敛,则 $x_n \rightarrow 0, n \rightarrow \infty$.

8*. 设 X 是 Banach 空间,以及点列 $\{x_n\} \subset X, n \geqslant 0$ 满足 $\|x_{n+1}-x_n\| \leqslant r \|x_n-x_{n-1}\|, n \geqslant 1$,其中 $0<r<1$,试证 $\{x_n\}$ 收敛.

9*. 设 X 为线性赋范空间,令

$$d(x, y)=\begin{cases} 0, & x=y, \\ \|x-y\|+1, & x \neq y. \end{cases}$$

证明 (X, d) 为度量空间,但 d 不是由线性空间 X 上的某范数导出的距离.

10. 设 X 为线性赋范空间,证明 X 上闭单位球 $\overline{B}(0, 1)=\{x | \|x\| \leqslant 1\}$ 为凸集.

11. 证明线性赋范空间 X 中任一凸集 A 的内部 $\mathring{A}$ 为凸集.

12*. 设连续函数空间 $C[0,1]$ 上的子集是 $A=\{x(t) | x(t) \in C[0,1], x(t) \geqslant 0\}$,证明 A 是 $C[0,1]$ 中的闭凸集.

13. 设 X 是线性赋范空间,$A, B \subset X$,记 $A+B=\{x+y | x \in A, y \in B\}$,证明

(1) 若 A 或 B 是开集,则 $A+B$ 是开集.

(2) 若 A 和 B 都是紧集，则 $A+B$ 是紧集.

14*. 设 X 是线性赋范空间，A，$B \subset X$，证明

(1) 若 A 是紧集，B 是闭集，则 $A+B$ 是闭集.

(2) 若 A 和 B 都是闭集，则 $A+B$ 未必是闭集.

15*. 设 X 是线性赋范空间，A，$B \subset X$，A 是紧集，B 是闭集，$A \cap B = \phi$，证明存在 $\delta > 0$，使得 $(A + O(\theta, \delta)) \cap B = \phi$.

16. 设 S 是一非空集合，$(X, \| \cdot \|)$ 是线性赋范空间，$F_b(S, X)$ 是所有值域为 X 中有界集的映射集合，即 $F_b(S, X) = \{ f : S \to X \mid \{ \| f(s) \| : s \in S \}$ 是有界集 $\}$. 证明 $F_b(S, X)$ 有范数 $\| f \|_b = \sup \{ \| f(s) \| : s \in S \}$.

17. 设 $(X, \| \cdot \|_1)$ 与 $(Y, \| \cdot \|_2)$ 均是线性赋范空间，令 $W = X \times Y$，对于任意 $w = (x, y) \in W$，证明 $\| w \| = \max \{ \| x \|_1, \| y \|_2 \}$ 是 W 上的范数.

18*. 设 V_0 表示收敛于零的数列全体，$\forall x = (x_1, x_2, \cdots, x_n, \cdots) \in V_0$，定义 $\| x \| = \sup_n |x_n|$，证明 V_0 是 l^∞ 的闭线性子空间.

19*. 设 X 为线性赋范空间，V 是 X 的闭子空间. 证明 $[x_n] = x_n + V \to [x] = x + V$ 当且仅当存在 $\{ y_n \} \subset V$，使得 $x_n + y_n \to x \in X$.

20. 设 X 为可分的线性赋范空间，V 是 X 的闭子空间，证明商空间 X/V 是可分的.

21*. 设 $X = C[0, 1]$，$V = \{ x(t) \in X \mid x(0) = 0 \}$，证明商空间 X/V 与 $\mathbb{F}$ 等距同构.

22. 设 $\| \cdot \|_1$ 和 $\| \cdot \|_2$ 为线性空间 X 上的等价范数，证明 $(X, \| \cdot \|_1)$ 中的 Cauchy 列也是 $(X, \| \cdot \|_2)$ 中的 Cauchy 列.

23. 设 $\{ x_n \}$ 和 $\{ y_n \}$ 是内积空间 X 中的两个点列，$\lim_{n \to \infty} (x_n, y_n) = 1$，且 $\forall n \in \mathbb{N}$ 有 $\| x_n \| \leqslant 1$ 及 $\| y_n \| \leqslant 1$，证明 $\lim_{n \to \infty} \| x_n - y_n \| = 0$.

24. 设 $\{ x_n \}$ 是内积空间 X 中的点列，且 $\forall y \in X$，有 $(x_n, y) \to (x, y)$，$n \to \infty$. 证明 $\lim_{n \to \infty} x_n = x$ 当且仅当 $\lim_{n \to \infty} \| x_n \| = \| x \|$.

25. 设 X 为内积空间，证明 $\forall x, y \in X$，有 x, y 线性无关当且仅当
$$| (x, y) |^2 < (x, x)(y, y).$$

26. 设 X 为内积空间，$\forall x \in X$，证明 $\| x \| = \sup_{y \in X, \| y \| \leqslant 1} | (x, y) | = \sup_{y \in X, \| y \| \leqslant 1} | (y, x) |$.

27. 设 x, y 是实内积空间中的非零元素，证明 $\| x + y \| = \| x \| + \| y \|$ 的充要条件是存在 $\lambda > 0$，使得 $y = \lambda x$.

28. 设 X 为内积空间，$x_0 \in X$，证明 $\| x_0 \| = \max\limits_{\substack{x \in X \\ x \neq 0}} \left\{ \dfrac{| (x_0, x) |}{\| x \|} \right\}$.

29. 设 X 为内积空间，$x, y \in X$，$\| x \| = \| y \| = 1$，$\| x + y \| = 2$，证明 $x = y$.

30*. 设 M 为 Hilbert 空间 H 的凸子集，$\{ x_n \} \subset M$ 且 $\lim_{n \to \infty} \| x_n \| = d = \inf_{x \in M} \{ \| x \| \}$，证明 $\{ x_n \}$ 为 H 中的收敛点列.

31. 设 X 是内积空间，E 是 X 的正交集，证明对于 E 中的任意有限个元素 $x_1, x_2, \cdots, x_n$，以及 $\alpha_1, \alpha_2, \cdots, \alpha_n \in \mathbb{F}$，有
$$\| \alpha_1 x_1 + \alpha_2 x_2 + \cdots + \alpha_n x_n \|^2 = |\alpha_1|^2 \| x_1 \|^2 + |\alpha_2|^2 \| x_2 \|^2 + \cdots + |\alpha_n|^2 \| x_n \|^2.$$

32. 设 M 为内积空间 X 上的非空子集，证明 (1) $((M^\perp)^\perp)^\perp = M^\perp$，以及 (2) $M^\perp = (\overline{M})^\perp$.

33. 设 M 是 Hilbert 空间 H 的子空间，证明 $(M^\perp)^\perp$ 是包含 M 的最小闭子空间，即 $\overline{M} = (M^\perp)^\perp$.

34. 设 M 是 Hilbert 空间 H 的闭线性子空间，$x \in H$，x 在 M 上的正交分解为 $x = x_0 + z$，其中 $x_0 \in M$，$z \in M^\perp$，证明 $d(x, M) = \| x - x_0 \|$.

35*. 设 M 是 Hilbert 空间 H 的闭线性子空间，$x \in H$，证明
$$\inf\{ \| x - z \| \mid z \in M \} = \sup\{ |(x, y)| \mid y \in M^\perp, \ \| y \| = 1 \}.$$

36*. 设 M 是 Hilbert 空间 H 的非空子集，证明 $\overline{\mathrm{span} M} = (M^\perp)^\perp$.

37. 设 X 为内积空间，M 为 X 的非空子集，证明 $(\mathrm{span} M)^\perp = M^\perp$.

38. 设 M 是 Hilbert 空间 H 的线性子空间，若 $\forall x \in H$，都存在 M 上的正交投影 x_0，证明 M 为 H 的闭子空间.

39. 设 x, y 是内积空间 X 的两个向量，证明 $x \perp y$ 当且仅当 $\forall \alpha \in \mathbb{F}$ 有
$$\| x + \alpha y \| = \| x - \alpha y \|.$$

40. 设 X 为内积空间，$M, N \subset X$，F 为 M 和 N 构成的线性空间，$F = \mathrm{span}(M \bigcup N)$. 证明
$$F^\perp = M^\perp \bigcap N^\perp.$$

41. 设 $C[-1, 1]$ 是 $[-1, 1]$ 上的实值连续函数空间，定义内积 $(f, g) = \int_{-1}^{1} f(t) \cdot g(t) \mathrm{d}t$，记 $C[-1, 1]$ 中的奇函数集为 M，偶函数集为 N. 证明 $M \perp N$ 及 $C[-1, 1] = M \oplus N$.

42*. 设 M 和 N 均是 Hilbert 空间 H 的子空间，且 $M \perp N$，令 $F = M \oplus N$，证明 F 是 H 的闭子空间的充要条件为 M 和 N 均是闭子空间.

43*. 设 H 是 Hilbert 空间，$F = \{e_n\}$ 是 H 的一个标准正交基，证明在 H 内存在完全标准正交基 E 使得 $F \subset E$.

44. 实连续函数空间 $C[-1, 1]$ 上内积的定义为 $(f, g) = \int_{-1}^{1} f(t) \cdot g(t) \mathrm{d}t$. 试利用 Gram-Schmidt 正交化方法将 $x_1(t) = t^0 = 1$，$x_2(t) = t$，$x_3(t) = t^2$ 标准正交化.

45. 设 $\{e_k\}$ 是希尔伯特空间 H 中的标准正交基，$Y = \mathrm{span}\{e_n\}$. 证明 $x \in \overline{Y}$ 的充要条件是可以表示成 $x = \sum\limits_{k=1}^{\infty} (x, e_k) e_k$.

46. 设 $E = \{e_n\}$ 是内积空间 X 的标准正交基，$x, y \in X$，关于 $\{e_n\}$ 的 Parseval 公式成立，证明 $(x, y) = \sum\limits_{n=1}^{\infty} (x, e_n) \overline{(y, e_n)}$.

47*. 设 $E = \{e_n\}$ 是内积空间 X 的标准正交基，以及 $x = \sum\limits_{k=1}^{\infty} \alpha_k e_k \in X$、$y = \sum\limits_{k=1}^{\infty} \beta_k e_k \in X$，证明 $(x, y) = \sum\limits_{k=1}^{\infty} \alpha_k \overline{\beta_k}$ 且 $\sum\limits_{k=1}^{\infty} \alpha_k \overline{\beta_k}$ 绝对收敛.

48. 设 $E = \{e_n\}_{n=1}^{\infty}$ 是 Hilbert 空间 H 的标准正交基，证明 E 是 H 的完全标准正交基当且仅当 $E^\perp = \{\theta\}$.

49*. 设 $\{e_n\}_{n=1}^{\infty}$ 是 Hilbert 空间 H 中的完全标准正交基，$\{f_1, f_2, \cdots, f_n, \cdots\}$ 是 H 中的一个标准正交基，满足 $\sum\limits_{k=1}^{\infty} \| e_k - f_k \| < +\infty$，证明 $\{f_1, f_2, \cdots, f_n, \cdots\}$ 也是 H 中的完全标准正交基.

第三章　线性算子

本章将研究从一个线性赋范空间 X 到另一个线性赋范空间 Y 中的映射，称其为算子.事实上，我们对具体的算子并不陌生，例如微分算子 $D = \dfrac{\mathrm{d}}{\mathrm{d}x}$ 就是从连续可微函数空间到连续函数空间上的算子；黎曼积分算子 $\displaystyle\int_a^b f(x)\mathrm{d}x$ 就是连续函数空间上的算子. 本章主要研究保持两个线性赋范空间代数运算的简单算子——线性算子，涉及的内容包括线性算子的性质、线性算子组成的空间、线性算子的表示以及奠定泛函分析的重要基础定理，如逆算子定理、延拓定理、闭图像定理、一致有界定理等.

3.1　线性算子的定义及基本性质

定义 3.1.1　算子(Operator)

设 X 和 Y 是两个线性赋范空间，若 T 是 X 的某个子集 D 到 Y 中的一个映射，则称 T 为子集 D 到 Y 中的**算子**，称 D 为算子 T 的定义域，记为 $D(T)$；并称 Y 的子集 $R(T) = \{y \mid y = T(x), x \in D\}$ 为算子 T 的值域. 对于 $x \in D$，通常记 x 的像 $T(x)$ 为 Tx. □

特别地，若 $X = Y = \mathbb{R}$，则称算子 T 为**函数**；若 Y 是数域，则称算子 T 为**泛函**；若 $Y = \mathbb{R}$，则称算子 T 为**实泛函**；若 $Y = \mathbb{C}$，则称算子 T 为**复泛函**.

定义 3.1.2　连续算子(Continuous Operator)

设 X 和 Y 是两个线性赋范空间，$x_0 \in D \subset X$，T 为 D 到 Y 中的算子，如果 $\forall \varepsilon > 0$，$\exists \delta > 0$，对于任意的 $x \in D$，当 $\| x - x_0 \| < \delta$ 时，有 $\| Tx - Tx_0 \| < \varepsilon$，则称算子 T 在点 x_0 处连续. 若算子 T 在 D 中每一点都连续，则称 T 为 D 上的**连续算子**. □

$f(x)$ 在 x_0 点连续等价于 $\forall \{x_n\} \subset D$，若 $x_n \to x_0$，则有 $f(x_n) \to f(x_0)$.

定义 3.1.3　线性算子(Linear Operator)

设 X 和 Y 是两个线性赋范空间，$D \subset X$，T 为 D 到 Y 中的算子，如果 $\forall x, y \in D$，$\alpha, \beta \in \mathbb{F}$，有 $T(\alpha x + \beta y) = \alpha T(x) + \beta T(y)$，则称 T 为 D 上的**线性算子**. □

定义 3.1.4　线性有界算子(Bounded Linear Operator)

设 X 和 Y 是两个线性赋范空间，$D \subset X$，$T : D \to Y$ 为线性算子，如果存在 $M > 0$，$\forall x \in D$，有 $\| Tx \| \leqslant M \| x \|$，则称 T 为 D 上的**线性有界算子**，或称 T **有界**. □

上述的线性有界与微积分中的函数有界不同. 例如，函数 $f(x) = x$ 是实数域 $\mathbb{R}$ 上的无界函数，即不存在 $M > 0$，使得 $f(x) \leqslant M$，但是却满足

$$| f(x) | = | x | \leqslant M \| x \|, \quad M = 1,$$

故 $f(x)$ 是线性有界泛函. 可见，无界函数可能是线性有界泛函.

常用的算子还有以下几种：

(1) 恒等算子 I_X: $X \rightarrow X$ 定义为, $\forall x \in X$, $I_X x = x$.

(2) 零算子 0: $X \rightarrow Y$ 定义为, $\forall x \in X$, $0x = \theta$(或 0).

(3) 设 $C^{(1)}[a, b]$ 是由 $[a, b]$ 上的所有一阶导函数连续的函数组成的空间, 微分算子 T: $C^{(1)}[a, b] \rightarrow C[a, b]$ 定义为, $\forall x(t) \in C^{(1)}[a, b]$,

$$Tx = \frac{\mathrm{d}}{\mathrm{d}t} x(t).$$

(4) 积分算子 T: $C[a, b] \rightarrow C[a, b]$ 定义为, $\forall x(t) \in C[a, b]$,

$$Tx = \int_a^t x(\tau) \mathrm{d}\tau, \ t \in [a, b].$$

(5) 设矩阵 $A = (a_{ij})_{m \times n}$, $a_{ij} \in \mathbb{R}$, 矩阵算子 T: $\mathbb{R}^n \rightarrow \mathbb{R}^m$ 定义为,

$$\forall x = (x_1, x_2, \cdots, x_n) \in \mathbb{R}^n, \ Tx = Ax^{\mathrm{T}} = y^{\mathrm{T}},$$

其中 $y = (y_1, y_2, \cdots, y_m) \in \mathbb{R}^m$, x^{T} 表示 x 的转置.

例 3.1.1 设 $a = (a_1, a_2, \cdots, a_n) \in \mathbb{R}^n$, $\forall x = (x_1, x_2, \cdots, x_n) \in \mathbb{R}^n$, 定义线性泛函 f_a: $\mathbb{R}^n \rightarrow \mathbb{R}$ 为

$$f_a(x) = a_1 x_1 + a_2 x_2 + \cdots + a_n x_n = \sum_{i=1}^n a_i x_i.$$

证明 f_a 是 $\mathbb{R}^n$ 上的线性有界泛函.

证明 (1) f_a 是 $\mathbb{R}^n$ 上的线性泛函. $\forall x = (x_1, x_2, \cdots, x_n)$, $y = (y_1, y_2, \cdots, y_n) \in \mathbb{R}^n$ 及 $\alpha, \beta \in \mathbb{R}$, 根据定义有

$$f_a(\alpha x + \beta y) = \sum_{i=1}^n a_i(\alpha x_i + \beta y_i) = \sum_{i=1}^n a_i \alpha x_i + \sum_{i=1}^n a_i \beta y_i$$

$$= \alpha \sum_{i=1}^n a_i x_i + \beta \sum_{i=1}^n a_i y_i = \alpha f_a(x) + \beta f_a(y).$$

(2) f_a 是 $\mathbb{R}^n$ 上的线性有界泛函. 记 $M = \|a\| = \left(\sum_{i=1}^n |a_i|^2 \right)^{\frac{1}{2}}$, 根据 Cauchy-Schwarz 不等式(引理 2.5.1) 有

$$|f_a(x)| = \left| \sum_{i=1}^n a_i x_i \right| = |(a, x)| \leqslant \|a\| \|x\| = M \|x\|,$$

因此 f_a 是 $\mathbb{R}^n$ 上的线性有界泛函. □

例 3.1.2 积分算子 T: $C[a, b] \rightarrow C[a, b]$, 其中 $\forall x(t) \in C[a, b]$, $Tx = \int_a^t x(\tau) \mathrm{d}\tau$, $t \in [a, b]$, 定义域和值域中范数均为 $\|x(t)\| = \max_{t \in [a, b]} |x(t)|$. 证明积分算子 T 为线性有界算子.

证明 设 $x(t), y(t) \in C[a, b]$, $\alpha, \beta \in \mathbb{R}$. 因为

$$T(\alpha x + \beta y) = \int_a^t (\alpha x(\tau) + \beta y(\tau)) \mathrm{d}\tau = \alpha \int_a^t x(\tau) \mathrm{d}\tau + \beta \int_a^t y(\tau) \mathrm{d}\tau = \alpha Tx + \beta Ty,$$

所以 T 为线性算子. 由于

$$\|Tx\| = \max_{t \in [a, b]} \left| \int_a^t x(\tau) \mathrm{d}\tau \right| \leqslant \max_{t \in [a, b]} \int_a^t |x(\tau)| \mathrm{d}\tau \leqslant \max_{t \in [a, b]} |x(t)| \cdot \int_a^t 1 \mathrm{d}\tau \leqslant \|x(t)\| (b - a),$$

因此积分算子 T 为线性有界算子. □

定理 3.1.1 设 X 和 Y 是两个线性赋范空间, $D \subset X$, T: $D \rightarrow Y$ 为线性算子, 则 T 在 D

上连续当且仅当算子 T 在某点 $x_0 \in D$ 处连续.

证明 必要性显然成立.

充分性. 设 $\{x_n\} \subset D$，$x \in D$ 且 $x_n \to x$（依范数），于是有

$$x_n - x + x_0 \to x_0, \ n \to \infty.$$

由于 T 在点 x_0 处连续，所以

$$T(x_n - x + x_0) = T(x_n) - T(x) + T(x_0) \to T(x_0), \ n \to \infty.$$

因此 $T(x_n) \to T(x)$，$n \to \infty$，即 $T(x)$ 在点 $x \in D$ 处连续. □

由于 D 为线性赋范空间 X 的线性子空间，所以 $\theta \in D$. 根据上述定理，若 $\forall \{x_n\} \subset D$，$x_n \to \theta$，则有 $T(x_n) \to T(\theta) = 0$，因此就可得到 T 在 D 上连续.

定理 3.1.2 设 X 和 Y 是两个线性赋范空间，$D \subset X$，$T: D \to Y$ 为线性算子，则 T 在 D 上线性有界当且仅当算子 T 把 D 中的任何有界集映射成 Y 中的有界集.

证明 必要性. 设 T 是 D 上的线性有界算子，即存在 $M > 0$，$\forall x \in D$，有 $\|Tx\| \leqslant M\|x\|$. 再设 S 是 D 的有界子集，即 $\exists L > 0$，$\forall x \in S$，有 $\|x\| < L$. 于是 $\forall x \in S$，

$$\|Tx\| \leqslant M\|x\| \leqslant ML,$$

因此 $T(S)$ 是 Y 中的有界集.

充分性. 由于 $\left\{ \dfrac{x}{\|x\|} \mid x \in D, x \neq 0 \right\}$ 是 D 的有界子集，所以 $\left\{ T\dfrac{x}{\|x\|} \mid x \in D, x \neq 0 \right\}$ 为 Y 中的有界集，即存在 $M > 0$，使得

$$\left\| T\frac{x}{\|x\|} \right\| \leqslant M, \ \text{即} \ \|Tx\| \leqslant M\|x\|,$$

因此 T 在 D 上线性有界. □

定理 3.1.3 设 X 和 Y 是两个线性赋范空间，$D \subset X$，$T: D \to Y$ 为线性算子，则 T 在 D 上连续当且仅当 T 在 D 上线性有界.

证明 充分性. 设 T 在 D 上线性有界，则存在 $M > 0$，$\forall x_n \in D$，有 $x_n \to x_0 = \theta$，$n \to \infty$. 于是有

$$\|Tx_n\| \leqslant M\|x_n\| \to 0,$$

从而 T 在 $x_0 = \theta$ 处连续，故 T 在 D 上连续.

必要性. 假设 T 在 D 上无界，则 $\forall n \in \mathbb{N}^+$，$\exists x_n \in D$，使得 $\|Tx_n\| > n\|x_n\|$. 令 $y_n = \dfrac{x_n}{n\|x_n\|}$，则

$$\|y_n\| = \frac{1}{n} \to 0, \ n \to \infty.$$

显然有

$$\|Ty_n\| = \left\| T\frac{x_n}{n\|x_n\|} \right\| = \frac{1}{n\|x_n\|}\|Tx_n\| > 1.$$

可见，这与 T 在 D 上连续相矛盾，故 T 在 D 上线性有界. □

定理 3.1.4 设 X 是有限维线性赋范空间，Y 是任意的线性赋范空间，$T: X \to Y$ 为线性算子，则 T 线性有界.

证明 设 $\{e_1, e_2, \cdots, e_n\}$ 是有限维线性赋范空间 X 的一组基，那么 $\forall x \in X$，有 $x = \sum\limits_{i=1}^{n} x_i e_i$，定义 $\|x\|_2 = \left(\sum\limits_{i=1}^{n} |x_i|^2 \right)^{\frac{1}{2}}$，可验证 $\|x\|_2$ 是 X 上的一个范数. 于是有

$$\|Tx\| = \Big\|\sum_{i=1}^{n} x_i Te_i\Big\| \leqslant \sum_{i=1}^{n} \|x_i Te_i\| = \sum_{i=1}^{n} |x_i|\, \|Te_i\| \leqslant \Big(\sum_{i=1}^{n} |x_i|^2\Big)^{\frac{1}{2}} \Big(\sum_{i=1}^{n} \|Te_i\|^2\Big)^{\frac{1}{2}},$$

记 $\alpha_0 = \big(\sum_{i=1}^{n} \|Te_i\|^2\big)^{\frac{1}{2}}$，则有 $\|Tx\| \leqslant \alpha_0 \|x\|_2$. 根据定理 2.3.3 知，有限维空间上的任意两个范数等价，所以存在 $\beta_0 > 0$，使得 $\|x\|_2 \leqslant \beta_0 \|x\|$，因此 $\|Tx\| \leqslant \alpha_0\beta_0 \|x\|$，即 T 是线性有界算子. $\square$

定理 3.1.4 说明当线性算子 T 的定义域 $D(T)$ 为有限维空间时，算子 T 线性有界、T 连续、T 在某一点处连续以及 T 将有界集映射为有界集相互等价.

例 3.1.3 设 $a, b \in \mathbb{R}$，映射 $k:[a,b]\times[a,b]\to\mathbb{C}$ 连续，记
$$M = \sup\{|k(s,t)| \mid (s,t)\in[a,b]\times[a,b]\}.$$

(1) 给定 $g \in C[a,b]$，定义 $f:[a,b]\to\mathbb{C}$，$f(s)=\int_a^b k(s,t)g(t)\mathrm{d}t$，证明 $f \in C[a,b]$.

(2) 设线性映射 $K:C[a,b]\to C[a,b]$ 为
$$[K(g)](s) = \int_a^b k(s,t)g(t)\mathrm{d}t, \ \forall g \in C[a,b],$$

证明 $\|K(g)\| \leqslant M(b-a)\|g\|$，即算子 K 为线性有界算子.

证明 (1) 对于 $s\in[a,b]$，令 $k_s(t)=k(s,t)$，显然 $k_s \in C[a,b]$.

由于 $[a,b]\times[a,b]$ 是 $\mathbb{R}^2$ 中的紧集，根据例 1.8.1 知连续映射 $k:[a,b]\times[a,b]\to\mathbb{C}$ 一致连续，即 $\forall \varepsilon > 0$，$\exists \delta > 0$，使得当 $|s-s'| < \delta$ 时，$\forall t\in[a,b]$ 有
$$|k_s(t)-k_{s'}(t)| = |k(s,t)-k(s',t)| < \varepsilon.$$

因此有
$$|f(s)-f(s')| \leqslant \int_a^b |k(s,t)-k(s',t)|\,|g(t)|\mathrm{d}t \leqslant \varepsilon(b-a)\|g\|,$$

即 $f \in C[a,b]$.

(2) $\forall s\in[a,b]$，有
$$|[K(g)](s)| \leqslant \int_a^b |k(s,t)g(t)|\mathrm{d}t \leqslant \int_a^b M\|g\|\mathrm{d}t = M(b-a)\|g\|,$$

因此算子 K 为线性有界算子. $\square$

3.2 线性算子的零空间

定义 3.2.1 零空间(Null-space)

设 X 和 Y 是两个线性赋范空间，称集合 $\ker(T)=\{x \mid Tx=0, x\in X\}$ 为算子 $T:X\to Y$ 的零空间或者算子 T 的**核(kernel)**. $\square$

如果 $x, y \in \ker(T)$ 及 $\alpha\in\mathbb{F}$，则线性算子 $T(x+y)=T(x)+T(y)=0$ 及 $T(\alpha x)=\alpha T(x)=0$，因此零空间 $\ker(T)$ 是 X 的线性子空间. 下面的结论进一步说明，当算子 T 线性有界时，零空间 $\ker(T)$ 是 X 的闭线性子空间；对于线性泛函而言，零空间 $\ker(T)$ 闭等价于泛函连续；对于非零线性泛函，零空间 $\ker(T)$ 不稠密等价于泛函连续.

性质 3.2.1 设 T 是线性赋范空间 X 上的线性有界算子，则零空间 $\ker(T)$ 是 X 的闭线性子空间.

证明 易证 $\ker(T)$ 是 X 的线性子空间，下证 $\ker(T)$ 是 X 的闭子集. 设 $\{x_n\}\subset\ker(T)$

且 $x_n \to x_0$，$n \to \infty$. 因为 T 是线性有界算子，即连续算子，所以

$$Tx_0 = T(\lim_{n \to \infty} x_n) = \lim_{n \to \infty} Tx_n = 0.$$

于是有 $x_0 \in \ker(T)$. □

性质 3.2.1 的逆命题不成立，即由零空间为闭集不能得到算子线性有界.

例 3.2.1 对于微分算子 $T: C^{(1)}[a, b] \to C[a, b]$ 而言，零空间 $\ker(T) = \{x \mid x(t) = c, c \in \mathbb{F}\}$ 是闭集，空间 $C^{(1)}[a, b]$ 和 $C[a, b]$ 中的元素 $x(t)$ 的范数均为 $\|x\| = \max\limits_{t \in [a, b]} \{|x(t)|\}$，证明微分算子 T 为无界算子.

证明 设 $\forall n \in \mathbb{N}$，令 $x_n(t) = e^{-n(t-a)}$，则可得 $\|x_n\| = \max\limits_{t \in [a, b]} |e^{-n(t-a)}| = 1$，而

$$Tx_n = \frac{d}{dt} x_n(t) = -ne^{-n(t-a)} = -nx_n(t),$$

于是有

$$\|Tx_n\| = n \to \infty,$$

因此微分算子 T 为无界算子. □

定理 3.2.1 设 X 是数域 $\mathbb{F}$ 上的线性赋范空间，$f: X \to \mathbb{F}$ 为线性泛函，则映射 $G: X/\ker(f) \to \mathbb{F}$ 为线性连续泛函，其中 $G([x]) = G(x + \ker(f)) = f(x)$，同时 G 是从商空间 $X/\ker(f)$ 到 f 的值域 $R(f) \subset \mathbb{F}$ 上的线性同构映射.

证明 由于当 $x, y \in x + \ker(f)$ 时，有 $x - y \in \ker(f)$，所以 $f(x) = f(y)$. 这就意味着 G 定义好了从商空间 $X/\ker(f)$ 到 $\mathbb{F}$ 上的线性泛函 $G: X/\ker(f) \to \mathbb{F}$，其中，$G([x]) = G(x + \ker(f)) = f(x)$. 下面证明 G 是从商空间 $X/\ker(f)$ 到 f 的值域 $R(f) \subset \mathbb{F}$ 上的线性同构映射. 显然，G 是单射和满射. $\forall [x], [y] \in X/\ker(f)$ 及 $\alpha, \beta \in \mathbb{F}$，有

$$G(\alpha[x] + \beta[y]) = G(\alpha x + \beta y + \ker(f)) = G([\alpha x + \beta y]) = f(\alpha x + \beta y)$$
$$= \alpha f(x) + \beta f(y) = \alpha G([x]) + \beta G([y]),$$

所以 G 是两个线性子空间 $X/\ker(f)$ 和 $R(f)$ 之间的线性同构映射. 显然，$R(f)$ 是有限维子空间. 由于线性同构映射保持了相同的维数，根据定理 3.1.4 可得 G 是连续线性泛函. □

对于线性泛函 $f: X \to \mathbb{F}$，当 $\ker(f)$ 是 X 的闭线性子空间时，由性质 2.2.3 知自然映射 $Q: X \to X/\ker(f)$ 为连续映射. 由定理 3.2.1 知映射 $G: X/\ker(f) \to \mathbb{F}$ 为线性连续泛函，而且

$$f = G \circ Q,$$

因此可由"$\ker(f)$ 是 X 的闭线性子空间"得"线性泛函 $f: X \to \mathbb{F}$ 连续". 再根据性质 3.2.1 可知，"线性泛函连续"与其"零空间闭"等价，即为定理 3.2.2. 下面采用"反证法"给出了定理 3.2.2 充分性的另一种证明.

定理 3.2.2 设 X 是数域 $\mathbb{F}$ 上的线性赋范空间，$f: X \to \mathbb{F}$ 为线性泛函，则 f 为线性连续泛函当且仅当零空间 $\ker(f)$ 是闭集.

证明 根据性质 3.2.1，只需证明：当 $\ker(f)$ 是闭集时，f 为连续泛函即可.

假设 f 不是连续泛函，即不存在 $M > 0$，使得 $\forall x \in X$，有 $|f(x)| \leqslant M\|x\|$. 于是，$\forall n \in \mathbb{N}$，存在 $x_n \in X$，使得 $|f(x_n)| > n\|x_n\|$. 记 $y_n = x_n/\|x_n\|$，显然 $\|y_n\| = 1$，$|f(y_n)| > n$. 令 $v_n = \dfrac{y_1}{f(y_1)} - \dfrac{y_n}{f(y_n)}$，则 $v_n \in \ker(f)$，所以有

$$\left\| v_n - \frac{y_1}{f(y_1)} \right\| = \left\| -\frac{y_n}{f(y_n)} \right\| = \frac{1}{|f(y_n)|} < \frac{1}{n} \to 0, \quad n \to \infty.$$

可见，$\lim\limits_{n\to\infty}v_n=\dfrac{y_1}{f(y_1)}$. 由于 $\ker(f)$ 是闭集，于是知 $\dfrac{y_1}{f(y_1)}\in\ker(f)$，这与 $f(\dfrac{y_1}{f(y_1)})=1$ 产生矛盾. 故假设不成立，f 是连续泛函. □

定理 3.2.3 设 X 是数域 $\mathbb{F}$ 上的线性赋范空间，$f:X\to\mathbb{F}$ 为非零线性泛函，则 f 为连续泛函当且仅当零空间 $\ker(f)$ 在 X 中非稠密.

证明 设 f 是线性连续泛函，则由定理 3.2.2 知 $\ker(f)$ 是 X 中的闭集. 又因为 f 是非零泛函，所以存在 $x_0\in X$，使得 $f(x_0)\neq0$，即 $x_0\notin\ker(f)$. 故零空间 $\ker(f)$ 在 X 中不稠密.

假设 f 不连续，由定理 3.1.1 知，f 在零点不连续. 于是，存在 $\{x_n\}\subset X$ 且 $x_n\to0$，以及 $\varepsilon_0>0$，使得 $|f(x_n)|\geq\varepsilon_0$，从而有 $\forall\,x\in X$，可构造点列

$$v_n=x-\frac{f(x)}{f(x_n)}x_n,$$

显然，$v_n\in\ker(f)$，$\lim\limits_{n\to\infty}v_n=x$，所以 $\ker(f)$ 在 X 中稠密，这与零空间 $\ker(f)$ 在 X 中非稠密产生矛盾. 因此，假设不成立，即 f 为连续泛函. □

定理 3.2.3 的等价叙述为：非零线性泛函 $f:X\to\mathbb{F}$ 不连续的充要条件是零空间 $\ker(f)$ 在 X 中稠密.

例 3.2.2 设 $f\neq\theta$ 是向量空间 X 上的任意线性泛函，$x_0\in X-\ker(f)$ 是任意固定的元素，证明 $\forall\,x\in X$，有唯一的表达式

$$x=\alpha x_0+y,$$

其中 $y\in\ker(f)$，$\alpha\in\mathbb{F}$.

证明 (1) 存在性. $\forall\,x\in X$，由于 $x_0\in X-\ker(f)$，即 $f(x_0)\neq0$，于是可令

$$\alpha=\frac{f(x)}{f(x_0)},\quad y=x-\alpha x_0.$$

显然 $f(y)=f(x)-\alpha f(x_0)=0$，所以 $y\in\ker(f)$. 可见，x 可表示为 $x=\alpha x_0+y$.

(2) 唯一性. 若存在 $\alpha_1\in\mathbb{F}$，$y_1\in\ker(f)$ 也满足 $x=\alpha_1 x_0+y_1$. 那么

$$\alpha x_0+y=\alpha_1 x_0+y_1,$$

即

$$y-y_1=(\alpha_1-\alpha)x_0.$$

由于 $y-y_1\in\ker(f)$，于是有

$$(\alpha_1-\alpha)f(x_0)=f(y-y_1)=0,$$

因为 $f(x_0)\neq0$，可得 $\alpha_1=\alpha$，$y=y_1$. □

3.3　线性有界算子空间

设 X 和 Y 是两个线性赋范空间，令 $L(X\to Y)$ 表示从 X 到 Y 上所有线性算子的集合，即

$$L(X\to Y)=\{T\mid T \text{ 是 } X\to Y \text{ 的线性算子}\}.$$

为了叙述方便，利用 $L(X)$ 表示集合 $L(X\to X)$，下面说明 $L(X\to Y)$ 是线性空间. 首先，零算子 $0\in L(X\to Y)$；其次，$\forall\,T_1,T_2\in L(X\to Y)$，$\alpha\in\mathbb{F}$，定义"加法"和"数乘". 即 $\forall\,x\in X$，有

$$(T_1 + T_2)(x) = T_1(x) + T_2(x),$$
$$(\alpha T_1)(x) = \alpha T_1(x).$$

易验证在此"加法"和"数乘"意义下，$L(X \to Y)$ 是一线性空间. 令 $B(X \to Y)$ 表示从 X 到 Y 上所有线性有界算子的集合，即

$$B(X \to Y) = \{T \,|\, T \text{ 是 } X \to Y \text{ 的线性有界算子}\},$$

$B(X)$ 表示从 X 到 X 上所有线性有界算子的集合，易验证 $B(X \to Y)$ 是 $L(X \to Y)$ 的线性子空间. 下面通过在线性空间 $B(X \to Y)$ 上定义范数，使其成为线性赋范空间.

定义 3.3.1　线性有界算子空间(Spaces of Bounded Linear Operators)

设 $T \in B(X \to Y)$，T 的范数定义为 $\| T \| \triangleq \sup\limits_{x \neq 0}\{\dfrac{\| Tx \|}{\| x \|}\}$，线性赋范空间 $B(X \to Y)$ 简称为**线性有界算子空间**. 特别记，$B(X) = B(X \to X)$. □

性质 3.3.1　设 X 和 Y 是两个线性赋范空间，$T \in L(X \to Y)$ 则

(1) $T \in B(X \to Y)$ 当且仅当 $\sup\limits_{x \neq 0}\{\dfrac{\| Tx \|}{\| x \|}\}$ 是有限值.

(2) 通过 $\| T \| = \sup\limits_{x \neq 0}\{\dfrac{\| Tx \|}{\| x \|}\}$ 定义的范数满足"范数"三条公理.

证明　(1) 一方面，当 $T \in B(X \to Y)$ 时，$\exists M > 0$，$\forall x \in X$，使得 $\| Tx \| \leqslant M \| x \|$. 于是，$M$ 是数集 $\{\dfrac{\| Tx \|}{\| x \|} \,|\, x \in X, x \neq 0\}$ 的一个上界. 可见，它的上确界 $\sup\limits_{x \neq 0}\{\dfrac{\| Tx \|}{\| x \|}\}$ 存在且是有限值. 另一方面，若 $\sup\limits_{x \neq 0}\{\dfrac{\| Tx \|}{\| x \|}\}$ 存在且是有限值，则有 $\| Tx \| \leqslant \left(\sup\limits_{x \neq 0}\{\dfrac{\| Tx \|}{\| x \|}\}\right) \| x \|$，即 $T \in B(X \to Y)$.

(2) 正定性：$\forall T \neq 0$，有 $\| T \| = \sup\limits_{x \neq 0}\{\dfrac{\| Tx \|}{\| x \|}\} > 0$；$\| T \| = \sup\limits_{x \neq 0}\{\dfrac{\| Tx \|}{\| x \|}\} = 0$ 当且仅当 $T = 0$.

齐次性：$\forall \alpha \in \mathbb{R}$，$\| \alpha T \| = \sup\limits_{x \neq 0}\{\dfrac{\| \alpha T(x) \|}{\| x \|}\} = |\alpha| \sup\limits_{x \neq 0}\{\dfrac{\| T(x) \|}{\| x \|}\} = |\alpha| \| T \|$.

三角不等式：$\forall T, F \in B(X \to Y)$，有

$$\| T + F \| = \sup\limits_{x \neq 0}\left\{\dfrac{\| T(x) + F(x) \|}{\| x \|}\right\} \leqslant \sup\limits_{x \neq 0}\left\{\dfrac{\| T(x) \|}{\| x \|}\right\} + \sup\limits_{x \neq 0}\left\{\dfrac{\| F(x) \|}{\| x \|}\right\} = \| T \| + \| F \|. \ \square$$

性质 3.3.2　设 X 和 Y 是两个线性赋范空间，$\forall T \in B(X \to Y)$，有

(1) 当 $x \in X$ 时，有 $\| T(x) \| \leqslant \| T \| \cdot \| x \|$.

(2) $\| T \| = \sup\limits_{x \neq 0}\{\dfrac{\| Tx \|}{\| x \|}\} = \sup\limits_{\| x \| = 1}\{\| Tx \|\} = \sup\limits_{\| x \| \leqslant 1}\{\| Tx \|\}$.

证明　(1) 由性质 3.3.1 易证. (2) $\forall T \in B(X \to Y)$，由范数的定义知

$$\| T \| = \sup\limits_{x \neq 0}\left\{\dfrac{\| T(x) \|}{\| x \|}\right\} = \sup\limits_{x \neq 0}\left\{\left\| T\left(\dfrac{x}{\| x \|}\right)\right\|\right\} = \sup\limits_{\| y \| = 1}\{\| T(y) \|\}$$

$$\leqslant \sup\limits_{\| y \| \leqslant 1}\{\| T(y) \|\} \leqslant \sup\limits_{\| y \| \leqslant 1}\{\| T \| \cdot \| y \|\} = \| T \| \sup\limits_{\| y \| \leqslant 1}\{\| y \|\} = \| T \|,$$

因此线性有界算子 T 的范数可表示为

$$\| T \| = \sup\limits_{x \neq 0}\left\{\dfrac{\| Tx \|}{\| x \|}\right\} = \sup\limits_{\| x \| = 1}\{\| Tx \|\} = \sup\limits_{\| x \| \leqslant 1}\{\| Tx \|\}. \ \square$$

设 $T_n \in B(X \to Y)$，$T_n \to T$ 表示 T_n 依范数收敛于 T，即 $\| T_n - T \| \to 0$，$n \to \infty$.

对线性算子 T, 证明 $\| T \| = a$ 的常用方法为: 一方面, $\forall x \in X$, $\| x \| = 1$, 有 $\| Tx \| \leqslant a$, 即 $\| T \| \leqslant a$. 另一方面, 存在 $\| x_0 \| = 1$, 使得 $\| Tx_0 \| = a$; 或者存在 $\| x_n \| = 1$, 使得 $\| Tx_n \| \to a$, 即 $\| T \| \geqslant a$.

设 $x(t) \in C[a, b]$, 记 $\| x \|_I = \int_a^b | x(t) | \mathrm{d}t$ 及 $\| x \|_m = \max\limits_{t \in [a, b]} | x(t) |$, 显然有 $\| x \|_I \leqslant (b - a) \| x \|_m$. 在定义域和值域空间 $C[a, b]$ 上均取范数 $\| x \|_m$, 例 3.1.2 已经证明积分算子 T 为线性有界算子. 事实上, 由于

$$\frac{1}{b - a} \| Tx \|_I \leqslant \| Tx \|_m = \max_{t \in [a, b]} \left| \int_a^t x(\tau) \mathrm{d}\tau \right| \leqslant \max_{t \in [a, b]} \int_a^t | x(\tau) | \mathrm{d}\tau$$

$$= \int_a^b | x(t) | \mathrm{d}t = \| x \|_I \leqslant (b - a) \| x \|_m,$$

因此在定义域、值域空间 $C[a, b]$ 上任取范数 $\| x \|_I$ 或者 $\| x \|_m$ 时, 积分算子 T 均为线性有界算子.

例 3.3.1 设积分算子 $T \in B((X, \| x \|_I) \to (X, \| x \|_m))$, 其中 $X = C[a, b]$, 证明 $\| T \| = 1$.

证明 一方面, 对于 $x(t) \in C[a, b]$ 且 $\| x \|_I = 1$, 有

$$\| Tx \|_m = \max_{a \leqslant t \leqslant b} \left\{ \left| \int_a^t x(\tau) \mathrm{d}\tau \right| \right\} \leqslant \max_{a \leqslant t \leqslant b} \left\{ \int_a^t | x(\tau) | \mathrm{d}\tau \right\} = \int_a^b | x(\tau) | \mathrm{d}\tau = 1,$$

即 $\| T \| \leqslant 1$.

另一方面, 取 $x_0(t) = \dfrac{1}{b - a} \in C[a, b]$, 显然 $\| x_0 \|_I = 1$, 因此有

$$\| T \| \geqslant \| Tx_0 \|_m = \max_{a \leqslant t \leqslant b} \left\{ \left| \int_a^t x_0(\tau) \mathrm{d}\tau \right| \right\} = \max_{a \leqslant t \leqslant b} \left\{ \int_a^t \frac{1}{b - a} \mathrm{d}\tau \right\} = 1,$$

故得 $\| T \| = 1$. □

例 3.3.2 在 $\mathbb{R}^2$ 中采用 1-范数, 即 $\forall x = (x_1, x_2) \in \mathbb{R}^2$, $\| x \| \triangleq | x_1 | + | x_2 |$. 对于固定的 $\alpha, \beta \in \mathbb{R}$, 定义泛函 f, $\forall x = (x_1, x_2) \in \mathbb{R}^2$, $f(x) \triangleq \alpha x_1 + \beta x_2$, 试求 $\| f \|$.

证明 一方面, $\forall x = (x_1, x_2) \in \mathbb{R}^2$, 有
$$| f(x) | = | \alpha x_1 + \beta x_2 | \leqslant | \alpha | | x_1 | + | \beta | | x_2 | \leqslant \max\{ | \alpha |, | \beta | \} \cdot (| x_1 | + | x_2 |)$$
$$= \max\{ | \alpha |, | \beta | \} \cdot \| x \|,$$
所以 $\| f \| \leqslant \max\{ | \alpha |, | \beta | \}$.

另一方面, 取向量 $x = (1, 0)$, 显然 $\| x \| = 1$, 于是有
$$| f(x) | = | \alpha \cdot 1 + \beta \cdot 0 | = | \alpha |,$$
可见 $\| f \| \geqslant | \alpha |$. 同理, 若取 $x = (0, 1)$, 也有 $\| x \| = 1$ 及 $| f(x) | = | \beta |$, 即 $\| f \| \geqslant | \beta |$, 因此 $\| f \| \geqslant \max\{ | \alpha |, | \beta | \}$. 故得 $\| f \| = \max\{ | \alpha |, | \beta | \}$. □

定理 3.3.1 设 X 是有限维线性赋范空间, Y 是任意的线性赋范空间, 则
$$L(X \to Y) = B(X \to Y).$$

证明 根据定理 3.1.4 可得结论成立. □

定理 3.3.2 设 X 是线性赋范空间, Y 是 Banach 空间, 那么 $B(X \to Y)$ 是 Banach 空间.

证明 设 $\{ T_n \}$ 是 $B(X \to Y)$ 中的基本列, 则 $\forall \varepsilon > 0$, $\exists N \in \mathbb{N}$, 当 $m, n > N$ 时, 有 $\| T_n - T_m \| < \varepsilon$. 于是 $\forall x \in X$, 有

$$\| T_n x - T_m x \| \leqslant \| T_n - T_m \| \, \| x \| < \varepsilon \| x \|,$$

即得 $\{ T_n x \}$ 是 Y 中的基本列. 由于 Y 是 Banach 空间, 所以 $\{ T_n x \}$ 在 Y 中收敛. 不妨设 $\lim\limits_{n \to \infty} T_n x = y$, 这样可由 x 确定唯一的 y. 于是定义算子 $T: X \to Y$, $Tx = \lim\limits_{n \to \infty} T_n x = y$.

下面证明 $T \in B(X \to Y)$ 且 $T_n \to T$.

$\forall x_1, x_2 \in X$, $\alpha, \beta \in \mathbb{F}$, 由 T_n 的线性性质, 知

$$T(\alpha x_1 + \beta x_2) = \lim_{n \to \infty} T_n (\alpha x_1 + \beta x_2) = \lim_{n \to \infty} (\alpha T_n x_1 + \beta T_n x_2)$$
$$= \alpha \lim_{n \to \infty} T_n x_1 + \beta \lim_{n \to \infty} T_n x_2 = \alpha T x_1 + \beta T x_2,$$

即 T 是线性算子. 令 $m \to \infty$, 由式 $\| T_m x - T_n x \| < \varepsilon \| x \|$ 可得

$$\| T_n x - Tx \| < \varepsilon \| x \|, \ n > N.$$

于是可知当 $n > N$ 时, $T_n - T \in B(X \to Y)$, 从而 $T \in B(X \to Y)$. 同时由 $\| Tx - T_n x \| < \varepsilon \| x \|$ 知

$$\| T_n - T \| < \varepsilon.$$

于是依范数收敛 $T_n \to T$. □

定义 3.3.2　投影算子(Projection Operator)

设 M 是 Hilbert 空间 H 上的闭子空间, 映射 $P: H \to M$ 定义为

$$\forall x \in H, \ P(x) = x_0, \ x - Px = x - x_0 \in M^{\perp},$$

其中 x_0 是 x 在 M 上的正交投影, 称 P 为 M 上的**投影算子**或**正交投影算子(Orthographic Projection Operator)**, 也记为 P_M. □

在第四章讨论线性赋范空间上的投影算子时, 为了区别两种投影算子的不同, 往往称定义 3.3.2 中的投影算子为"正交投影算子".

定理 3.3.3　设 M 是 Hilbert 空间 H 上的非零闭子空间, P 为 M 上的投影算子, 则

(1) P 的零空间 $\ker(P) = M^{\perp}$, 值域 $R(P) = M$.

(2) P 为 H 上的线性算子.

(3) $\| P \| = 1$.

证明　(1) 由于 M 是 H 上的闭子空间, 所以依据正交投影定理知 $H = M \oplus M^{\perp}$. 又由于 $M \bigcap M^{\perp} = \{0\}$, 所以由投影算子的定义易得 P 的零空间 $\ker(P) = M^{\perp}$ 及值域 $R(P) = M$.

(2) $\forall x, y \in H$ 及 $\alpha, \beta \in \mathbb{F}$, 由投影算子的定义知 $x - Px \in M^{\perp}$, $y - Py \in M^{\perp}$, 其中 $Px, Py \in M$. 由于 M 是子空间, 所以 $(\alpha Px + \beta Py) \in M$. 由性质 2.7.2 知 $M^{\perp}$ 是 H 的线性子空间, 所以

$$(\alpha x + \beta y) - (\alpha Px + \beta Py) = \alpha (x - Px) + \beta (y - Py) \in M^{\perp}.$$

可见, $\alpha Px + \beta Py$ 是 $\alpha x + \beta y$ 在 M 上的正交投影, 即 $P(\alpha x + \beta y) = \alpha Px + \beta Py$, 因此 P 为 H 上的线性算子.

(3) 一方面, 由于 $\forall x \in H$, 有 $\| x \|^2 = \| x - Px \|^2 + \| Px \|^2$, 所以当 $\| x \| = 1$ 时, $\| Px \| \leqslant \| x \| = 1$, 即 $\| P \| \leqslant 1$. 另一方面, 当 $x \in M$ 且 $\| x \| = 1$ 时, 有 $\| Px \| = \| x \| = 1$, 即 $\| P \| \geqslant 1$, 故 $\| P \| = 1$. □

根据投影定理 2.7.3 和定理 3.3.3 易得下述推论 3.3.1.

推论 3.3.1　设 M 是 Hilbert 空间 H 上的非零闭子空间, P 为 M 上的投影算子, 则

$$H = \ker(P) \oplus R(P). \ \square$$

通常记算子 $T^2 = T \circ T$, 若 $T^2 = T$, 则 T 为幂等算子.

定理 3.3.4　设 M 是 Hilbert 空间 H 上的非零闭子空间，P 为 M 上的投影算子，则 P 为幂等算子.

证明　$\forall x \in H$，由定理 3.3.3 和推论 3.3.1 知 $x = x_0 + z$，其中 $z \in M^{\perp} = \ker(P)$，$x_0 \in M = R(P)$. 由于 $P(x) = x_0 \in M$，所以

$$P^2 x = PP(x) = P(x_0) = x_0 = Px,$$

即 $P = P^2$. □

定理 3.3.3 表明 Hilbert 空间 H 上的投影算子是线性有界算子；下述推论 3.3.2 表明若 $P \in B(H)$，$\ker(P) \perp R(P)$ 及 P 为幂等算子，则 P 为投影算子.

推论 3.3.2　设 H 是 Hilbert 空间，$P \in B(H)$，$\ker(P) \perp R(P)$ 及 $P = P^2$，则 P 为投影算子.

证明　由于 $P = P^2$，所以 $\forall x \in H$，有 $x = (x - Px) + Px$，其中 $(x - Px) \in \ker(P)$，$Px \in R(P)$. 由性质 3.2.1 知 $\ker(P)$ 是 Hilbert 空间 H 上的闭子空间. 根据定理 2.7.3 知 $H = \ker(P) \oplus \ker(P)^{\perp}$，且这种分解唯一. 于是 $\forall y \in \ker(P)^{\perp}$，有 $y = 0 + y$. 由于 $\ker(P) \perp R(P)$，即 $R(P) \subset \ker(P)^{\perp}$，故有分解 $y = (y - Py) + Py$. 根据 $H = \ker(P) \oplus \ker(P)^{\perp}$ 分解的唯一性，得 $y = Py$，即 $\ker(P)^{\perp} \subset R(P)$. 因此 $R(P)$ 是 Hilbert 空间 H 上的闭子空间，P 为 $R(P)$ 上的投影算子. □

3.4　对偶空间与 Riesz 表示定理

线性赋范空间 X 上的线性泛函是一类特殊的线性算子，如果全体线性有界泛函 $B(X \to \mathbb{F})$ 组成一个新的线性赋范空间，那么它和原线性赋范空间 X 有何关系？

定义 3.4.1　**对偶空间**（**Dual Space**）

设 X 为一线性赋范空间，X 上的**全体线性有界泛函**组成的集合 $B(X \to \mathbb{F})$ 记为 X^*，即

$$X^* = \{f \mid f : X \to \mathbb{F}, f \text{ 为线性有界泛函}\},$$

称线性赋范空间 X^* 为 X 的**对偶空间**或**共轭空间**（**Conjugate Space**）. □.

为了方便讨论有限维线性赋范空间的对偶空间，引入克罗内克 δ 函数（Kronecker Delta），其中的 i 和 j 均为整数：

$$\delta_{ij} = \begin{cases} 1, & i = j, \\ 0, & i \neq j. \end{cases}$$

定理 3.4.1　设 X 为 n 维线性赋范空间，$\{e_1, e_2, \cdots, e_n\}$ 是 X 的基，则存在其对偶空间 X^* 的基 $\{f_1, f_2, \cdots, f_n\}$ 使得 $f_i(e_j) = \delta_{ij}$，$1 \leq i, j \leq n$.

证明　令 $x \in X$，则存在唯一的一组系数 $\alpha_1, \alpha_2, \cdots, \alpha_n \in \mathbb{F}$，使得

$$x = \alpha_1 e_1 + \alpha_2 e_2 + \cdots + \alpha_n e_n.$$

对于 $1 \leq i \leq n$，定义 $f_i : X \to \mathbb{F}$ 为

$$f_i(x) = \alpha_i, \quad x \in X.$$

可验证 f_i 是线性泛函，且满足 $f_i(e_j) = \delta_{ij}$. 显然 $f_i \in X^*$. 下面证明 $\{f_1, f_2, \cdots, f_n\}$ 是对偶空间 X^* 的一组基.

假设存在 $\beta_1, \beta_2, \cdots, \beta_n \in \mathbb{F}$，使得 $\sum_{i=1}^{n} \beta_i f_i = 0$，那么

$$0 = \sum_{i=1}^{n} \beta_i f_i(e_j) = \sum_{i=1}^{n} \beta_i \delta_{ij} = \beta_j, \ 1 \leqslant j \leqslant n,$$

所以 $\{f_1, f_2, \cdots, f_n\}$ 线性无关.

对于任意的 $f \in X^*$，记 $f(e_i) = \gamma_i, 1 \leqslant i \leqslant n$，那么 $\forall x = \sum_{i=1}^{n} \alpha_i e_i$，有

$$f(x) = \sum_{i=1}^{n} \alpha_i f(e_i) = \sum_{i=1}^{n} \alpha_i \gamma_i = \sum_{i=1}^{n} \gamma_i f_i(x) = \left(\sum_{i=1}^{n} \gamma_i f_i\right)(x),$$

所以 $f = \sum_{i=1}^{n} \gamma_i f_i$. 故 $\{f_1, f_2, \cdots, f_n\}$ 为对偶空间 X^* 的一组基. $\square$

由前面的讨论知，当 $f \in X^*$，$x \in X$ 时，有 $|f(x)| \leqslant \|f\| \cdot \|x\|$ 及

$$\|f\| = \sup_{x \neq 0} \left\{ \frac{|f(x)|}{\|x\|} \right\} = \sup_{\|x\|=1} \{|f(x)|\} = \sup_{\|x\| \leqslant 1} \{|f(x)|\}.$$

由于 $\mathbb{F}$ 是完备的线性赋范空间，根据定理 3.3.2 知 $B(X \rightarrow \mathbb{F})$ 是 Banach 空间，即有下述结论.

定理 3.4.2 设 X 为线性赋范空间，则其对偶空间 X^* 是 Banach 空间. $\square$

下面说明 $\mathbb{R}^n$ 与其对偶空间 $(\mathbb{R}^n)^*$ 线性等距同构.

例 3.4.1 证明在线性等距同构意义下 $(\mathbb{R}^n)^* = \mathbb{R}^n$.

证明 设 $\varphi: (\mathbb{R}^n)^* \rightarrow \mathbb{R}^n$ 是从 $(\mathbb{R}^n)^*$ 到 $\mathbb{R}^n$ 上的映射，定义 $\varphi(f_a) \triangleq a$. 下面证明 φ 是从 $(\mathbb{R}^n)^*$ 到 $\mathbb{R}^n$ 上的线性等距同构映射.

(1) 证明 $f_a \in (\mathbb{R}^n)^*$.

设 $a = (a_1, a_2, \cdots, a_n) \in \mathbb{R}^n$，$\forall x = (x_1, x_2, \cdots, x_n) \in \mathbb{R}^n$，定义线性泛函 $f_a: \mathbb{R}^n \rightarrow \mathbb{R}$ 为

$$f_a(x) = a_1 x_1 + a_2 x_2 + \cdots + a_n x_n = \sum_{i=1}^{n} a_i x_i.$$

由例 3.1.1 知，f_a 是 $\mathbb{R}^n$ 上的线性有界泛函，即 $f_a \in (\mathbb{R}^n)^*$.

(2) 若 $f \in (\mathbb{R}^n)^*$，则存在 $a \in \mathbb{R}^n$，使得 $f_a = f$.

设 $e_1 = (1, 0, \cdots, 0), e_2 = (0, 1, 0, \cdots, 0), \cdots, e_n = (0, 0, \cdots, 0, 1)$ 为 $\mathbb{R}^n$ 的一组标准正交基. 于是 $\forall x = (x_1, x_2, \cdots, x_n) \in \mathbb{R}^n$ 有

$$x = \sum_{i=1}^{n} x_i e_i.$$

令 $a = (f(e_1), f(e_2), \cdots, f(e_n)) \in \mathbb{R}^n$，那么

$$f(x) = f\left(\sum_{i=1}^{n} x_i e_i\right) = \sum_{i=1}^{n} x_i f(e_i) = f_a(x).$$

(3) 求 f_a 的范数：$\|f_a\| = \left(\sum_{i=1}^{n} a_i^2\right)^{\frac{1}{2}}$.

一方面，由于 $\forall x \in \mathbb{R}^n$，有

$$|f_a(x)| = \left|\sum_{i=1}^{n} a_i x_i\right| \leqslant \left(\sum_{i=1}^{n} a_i^2\right)^{\frac{1}{2}} \left(\sum_{i=1}^{n} x_i^2\right)^{\frac{1}{2}} = \left(\sum_{i=1}^{n} a_i^2\right)^{\frac{1}{2}} \|x\|,$$

所以

$$\| f_a \| = \sup_{x \neq 0} \left(\frac{|f_a(x)|}{\|x\|} \right) \leqslant \left(\sum_{i=1}^{n} a_i^2 \right)^{\frac{1}{2}}.$$

另一方面，由于 $\sum_{i=1}^{n} a_i^2 = |f_a(a)| \leqslant \|f_a\| \|a\| = \|f_a\| \left(\sum_{i=1}^{n} a_i^2 \right)^{\frac{1}{2}}$，于是有

$$\| f_a \| \geqslant \left(\sum_{i=1}^{n} a_i^2 \right)^{\frac{1}{2}},$$

因此，$\| f_a \| = \left(\sum_{i=1}^{n} a_i^2 \right)^{\frac{1}{2}} = \|a\|$.

综上所述，φ 是从 $(\mathbb{R}^n)^*$ 到 $\mathbb{R}^n$ 上的线性等距同构映射，故 $(\mathbb{R}^n)^* = \mathbb{R}^n$. □

进一步可证明 $(\mathbb{C}^n)^* = \mathbb{C}^n$. 对于 $1 < p < +\infty$ 及 $\frac{1}{p} + \frac{1}{q} = 1$，有

$$(l^p)^* = l^q, \quad (L^p[a, b])^* = L^q[a, b].$$

特别地，有 $(l^2)^* = l^2$，$(l^1)^* = l^\infty$，$(L^2[a, b])^* = L^2[a, b]$. 可见 $\mathbb{R}^n$、$\mathbb{C}^n$ 及 l^2 的对偶空间是它们本身，而且由例 3.4.1 知线性连续泛函 $f_a \in (\mathbb{R}^n)^*$ 可用内积来表示，即 $f_a(x) = (a, x)$，但是这种性质具有共性吗？下面说明这种性质对于一般的 Hilbert 空间同样成立.

定理 3.4.3 Riesz 表示定理(Riesz Representation Theorem)

设 H 为 Hilbert 空间，f 是 H 上的线性连续泛函，则存在唯一的 $z \in H$，满足：$\forall x \in H$，有
$$f(x) = (x, z), \quad \|f\| = \|z\|.$$

证明 (1) z 的存在性. 当 f 为零泛函时，令 $z = 0$；当 f 不为零泛函时，$\ker(f) \neq H$，即 $\ker(f)^\perp \neq \{0\}$，于是存在 $z_0 \in \ker(f)^\perp$ 且 $z_0 \neq 0$. $\forall x \in H$，令
$$v = f(x) z_0 - f(z_0) x,$$
则得 $f(v) = f(x) f(z_0) - f(z_0) f(x) = 0$，即 $v \in \ker(f)$. 因此，$z_0 \perp v$，即
$$(v, z_0) = (f(x) z_0 - f(z_0) x, z_0) = f(x)(z_0, z_0) - f(z_0)(x, z_0) = 0.$$
可见
$$f(x) = \frac{f(z_0)}{(z_0, z_0)}(x, z_0) = \left(x, \frac{\overline{f(z_0)}}{\|z_0\|^2} z_0 \right) = (x, z),$$
其中 $z = \dfrac{\overline{f(z_0)}}{\|z_0\|^2} z_0$.

(2) z 的唯一性. 假设存在 $z_1 \in H$ 也满足 $\forall x \in H$，有 $f(x) = (x, z_1)$. 于是有
$$(x, z) - (x, z_1) = (x, z - z_1) = 0.$$
取 $x = z - z_1$，可得 $(z - z_1, z - z_1) = 0$，即 $z = z_1$.

(3) 证明 $\|f\| = \|z\|$.

一方面，因为 $|f(x)| = |(x, z)| \leqslant \|x\| \cdot \|z\|$，即 $\dfrac{|f(x)|}{\|x\|} \leqslant \|z\|$，所以有
$$\|f\| = \sup_{x \neq 0} \left\{ \frac{|f(x)|}{\|x\|} \right\} \leqslant \|z\|.$$

另一方面，由 $\|z\|^2 = (z, z) = |f(z)| \leqslant \|f\| \|z\|$，可得 $\|z\| \leqslant \|f\|$，故 $\|f\| = \|z\|$. □

由上述的 Riesz 表示定理知，对于 Hilbert 空间 H 而言，$\forall f \in H^*$，$\exists z \in H$，使得
$$f(x) = (x, z), \quad \|f\| = \|z\|.$$
反过来，$\forall z \in H$，存在线性连续泛函 $f_z(x) = (x, z)$，因此存在 $\varphi: H \to H^*$，其中 $\varphi(z) = f_z$，

可验证 φ 是从 H 到 H^* 上的线性等距同构映射，即
$$H^* = H.$$

Riesz 表示定理是 Hilbert 空间最有价值的结论之一，它使得在 Hilbert 空间中运用线性有界泛函成为一件简单的事，这种属性是 Banach 空间所不具有的.

3.5　算子乘法与逆算子

$L(X \to Y)$ 是在算子加法和数乘意义下构成的线性空间，在引进算子范数后，$B(X \to Y)$ 成为线性赋范空间，并且当 Y 完备时，$B(X \to Y)$ 也完备. 下面定义算子之间的代数结构.

定义 3.5.1　算子乘积(Operator Product)

设 X, Y, Z 是同一数域上的线性赋范空间，$T_1 \in B(X \to Y)$，$T_2 \in B(Y \to Z)$，$\forall x \in X$，定义 $(T_2 T_1)x \triangleq T_2(T_1 x)$，则称 $T_2 T_1$ 为 T_1 右乘以 T_2，或者 T_2 左乘以 T_1. □.

例如，矩阵算子 $A_{m \times n}: \mathbb{R}^n \to \mathbb{R}^m$，其中 $A = (a_{ij})_{m \times n}$，可验证 $A \in B(\mathbb{R}^n \to \mathbb{R}^m)$. 令 $B = (b_{ij})_{k \times m}: \mathbb{R}^m \to \mathbb{R}^k$，那么显然有 $BA \in B(\mathbb{R}^n \to \mathbb{R}^k)$. 下面的性质说明算子的乘法也具有这一性质.

性质 3.5.1　设 X, Y, Z 是同一数域上的线性赋范空间，若 $T_1 \in B(X \to Y)$，$T_2 \in B(Y \to Z)$，则
$$T_2 T_1 \in B(X \to Z), \quad \| T_2 T_1 \| \leqslant \| T_2 \| \| T_1 \|.$$

证明　$\forall x \in X$，有
$$\| (T_2 T_1)x \| = \| T_2(T_1 x) \| \leqslant \| T_2 \| \| T_1 x \| \leqslant \| T_2 \| \| T_1 \| \| x \|.$$

于是有 $T_2 T_1 \in B(X \to Z)$. 显然，当 $\| x \| \neq 0$ 时，$\dfrac{\| (T_2 T_1)x \|}{\| x \|} \leqslant \| T_2 \| \| T_1 \|$，即得
$$\| T_2 T_1 \| = \sup_{\| x \| \neq 0} \left\{ \frac{\| T_2 T_1 x \|}{\| x \|} \right\} \leqslant \| T_2 \| \| T_1 \|. \quad \square$$

推论 3.5.1　设 X 是线性赋范空间，若 $T, S \in B(X)$，则 $ST \in B(X)$ 且
$$\| ST \| \leqslant \| S \| \| T \|. \quad \square$$

定义 3.5.2　可交换代数(Commutative Algebra)与赋范代数(Normed Algebra)

设 X 是数域 F 上的一个线性空间，若对任意的元素 $x, y, z \in X$ 及 $\lambda \in F$，存在的"乘法"满足 $xy \in X$，$x(yz) = (xy)z$，$x(y+z) = xy + xz$，$(x+y)z = xz + yz$，$\lambda(xy) = x(\lambda y)$，则称 X 为一个**代数(Algebra)**. 若存在一个非零元素 $e \in X$，$\forall x \in X$ 有 $ex = xe = x$，则称 e 为代数 X 的**单位元(Identity element)**. 若 $\forall x, y \in X$，有 $xy = yx$，则称 X 为**可交换代数**. 如果在线性赋范空间 X 的元素之间通过定义乘法使其成为一个代数，且 $\forall x, y \in X$ 有 $\| xy \| \leqslant \| x \| \| y \|$，则称 X 为**赋范代数**. 完备的赋范代数称为 **Banach 代数(Banach Algebra)**. □

显然，当 X 是线性赋范空间时，$B(X)$ 是赋范代数；当 X 是 Banach 空间时，$B(X)$ 是 Banach 代数.

为了使赋范代数 $B(X)$ 中的算子书写、运算更加方便简单，特有以下的规定：

(1) **算子乘法**.

$T_1 T_2 T_3 \triangleq T_1(T_2 T_3)$，于是乘法满足结合律 $(T_1 T_2)T_3 = T_1(T_2 T_3)$.

(2) **单位算子(恒等算子)** I.

$I: X \to X$ 为，$Ix = x$. $\|I\| = 1$, $\forall T \in B(X)$, 有 $IT = TI = T$.

(3) **算子多项式**.

$T^0 \triangle I$, $T^1 \triangle T$, $T^2 \triangle TT$, $T^3 \triangle TTT$, 以及 $T^n \triangle \underbrace{TT\cdots T}_{n}$, $T^{m+n} \triangle T^m T^n$. 于是，自然产生算子多项式 $P(T) = a_0 I + a_1 T + a_2 T^2 + \cdots + a_n T^n \in B(X)$, $\forall x \in X$,

$$P(T)x = a_0 x + a_1 Tx + a_2 T^2 x + \cdots + a_n T^n x.$$

显然，$\|P(T)\| \leqslant |a_0| + |a_1| \|T\| + |a_2| \|T^2\| + \cdots + |a_n| \|T^n\| < +\infty$.

定义 3.5.3 可逆算子(Invertible Operator)与逆算子(Inverse Operator)

设 X, Y 是同一数域上的线性赋范空间，且 $T \in B(X \to Y)$, 如果存在 $S \in B(Y \to X)$, 使得 $ST = I_X$, $TS = I_Y$, 则称 T 是可逆算子且 S 与 T 互为逆算子，记为 $T^{-1} = S$. 其中，I_X、I_Y 分别是 X、Y 上的恒等算子. $\square$

容易证明，T 的可逆算子 S 唯一存在且 $(T^{-1})^{-1} = T$ 以及 $(-T)^{-1} = -T^{-1}$, 可逆算子的乘积也可逆.

定理 3.5.1 设 X, Y, Z 是线性赋范空间，$T \in B(X \to Y)$, $S \in B(Y \to Z)$. 如果 T、S 均是可逆算子，那么

(1) $(T^{-1})^{-1} = T$.

(2) $(ST)^{-1} = T^{-1} S^{-1}$. $\square$

定理 3.5.2 设 X 是 Banach 空间，若 $T \in B(X)$, $\|T\| < 1$, 那么 $(I-T)$、$(T-I)$ 可逆，且

$$(I-T)^{-1} = \sum_{i=0}^{\infty} T^i, \quad (T-I)^{-1} = -\sum_{i=0}^{\infty} T^i.$$

证明 由于 $\|T\| < 1$, 所以 $\sum_{i=0}^{\infty} \|T^i\|$ 收敛. 下面证 $S_n = \sum_{i=0}^{n} T^i$ 收敛，给定 $P \in \mathbb{N}^+$, 因为

$$\|S_{n+p} - S_n\| = \|T^{n+1} + T^{n+2} + \cdots + T^{n+p}\|$$
$$\leqslant \sum_{i=1}^{p} \|T\|^{n+i} = \frac{\|T\|^{n+1}(1 - \|T\|^p)}{1 - \|T\|} \to 0, \quad n \to \infty$$

所以 $\{S_n\}$ 为 Cauchy 列，加之 $B(X)$ 为 Banach 空间，故 $S_n = \sum_{i=0}^{n} T^i$ 收敛. 不妨记 $A = \sum_{i=0}^{\infty} T^i$, 由于

$$(I-T)A = (I-T)\sum_{i=0}^{\infty} T^i = \sum_{i=0}^{\infty} T^i - \sum_{i=0}^{\infty} T^{i+1} = I,$$

$$A(I-T) = \left(\sum_{i=0}^{\infty} T^i\right)(I-T) = \sum_{i=0}^{\infty} T^i - \sum_{i=0}^{\infty} T^{i+1} = I,$$

故 $(I-T)^{-1} = A = \sum_{i=0}^{\infty} T^i$. 同理可验证 $(T-I)^{-1} = -\sum_{i=0}^{\infty} T^i$. $\square$

推论 3.5.2 如果 X 是线性赋范空间，Y 是 Banach 空间，那么 $B(X \to Y)$ 中的所有可逆算子组成它的一个开集.

证明 设 $B(X\to Y)$ 中的所有可逆算子组成的子集为 A，$T\in A$ 及 $\delta=\|T^{-1}\|^{-1}$. 对于算子 $S\in B(X\to Y)$，下面证明若 $\|T-S\|<\delta$，则 $S\in A$.

因为 $(T-S)T^{-1}\in B(Y)$，Y 是 Banach 空间，以及
$$\|(T-S)T^{-1}\|\leqslant\|T-S\|\,\|T^{-1}\|<\|T^{-1}\|^{-1}\|T^{-1}\|=1,$$
所以根据定理 3.5.2 知 $I_Y-(T-S)T^{-1}$ 是可逆算子. 由
$$I_Y-(T-S)T^{-1}=I_Y-(I_Y-ST^{-1})=ST^{-1}$$
知 ST^{-1} 也是可逆算子. 因此 $S=ST^{-1}T$ 是可逆算子，即 $S\in A$. 可见，子集 A 中的任意一点均是内点，故 $B(X\to Y)$ 中的所有可逆算子组成的子集 A 为开集. $\square$

例 3.5.1 设 $A\in\mathbb{R}$，映射 $k:[0,1]\times[0,1]\to\mathbb{R}$ 定义为 $k(x,y)=A\sin(x-y)$. 如果 $|A|<1$，证明对于任意的 $f\in C[0,1]$，存在 $h\in C[0,1]$，使得
$$h(x)=f(x)+\int_0^1 k(x,y)h(y)\mathrm{d}y.$$

证明 因为 $k(x,y)=A\sin(x-y)$，所以
$$M=\sup\{|k(x,y)|\,|\,(x,y)\in[0,1]\times[0,1]\}<|A|<1.$$
由例 3.1.3 的证明知，映射 $[K(g)](s)=\int_0^1 k(s,t)g(t)\mathrm{d}t$ 是线性有界映射，即
$$\|K(g)\|\leqslant M\|g\|.$$
所以 $\|K\|\leqslant M<1$. 由定理 3.5.2 知 $(I-K)$ 可逆，从而令 $h=(I-K)^{-1}f$，则 $(I-K)h=f$，即
$$h(x)-\int_0^1 k(x,y)h(y)\mathrm{d}y=f(x),$$
因此 $h(x)=f(x)+\int_0^1 k(x,y)h(y)\mathrm{d}y$. $\square$

3.6 Baire 纲定理

与逆算子有关的重要定理是开映射定理和逆算子定理. 在证明它们之前，我们需要学习 Baire 纲定理. 下面的定理 3.6.1 给出了线性算子成为线性有界算子的一个充要条件.

定理 3.6.1 设 X,Y 是线性赋范空间，以及 $T\in L(X\to Y)$，那么 $T\in B(X\to Y)$ 当且仅当 $\{x\in X\,|\,\|Tx\|\leqslant 1\}$ 的内部为非空集.

证明 若 $T\in B(X\to Y)$，则 $\exists M>0$，使得 $\forall x\in X$，有 $\|Tx\|\leqslant M\|x\|$，那么当 $\|x\|<\dfrac{1}{M}$ 时有 $\|Tx\|\leqslant 1$，因此 $\{x\,|\,x\in X,\|x\|<\dfrac{1}{M}\}\subset\{x\in X\,|\,\|Tx\|\leqslant 1\}$，即 $\{x\in X\,|\,\|Tx\|\leqslant 1\}$ 的内部为非空集.

若 $\{x\in X\,|\,\|Tx\|\leqslant 1\}$ 的内部为非空集，则不妨设
$$O(x_0,\delta)=\{x\,|\,x\in X,\|x-x_0\|<\delta\}\subset\{x\in X\,|\,\|Tx\|\leqslant 1\}.$$
如果 $x\in X$，$\|x\|<\delta$，那么 $x+x_0\in O(x_0,\delta)$. 于是有
$$\|Tx\|\leqslant\|T(x+x_0)\|+\|Tx_0\|\leqslant 1+\|Tx_0\|.$$
因为 $\forall x\in X$ 且 $x\neq 0$，有 $\left\|\dfrac{\delta x}{2\|x\|}\right\|<\delta$，所以 $\left\|T\left(\dfrac{\delta x}{2\|x\|}\right)\right\|\leqslant 1+\|Tx_0\|$，即

$$\parallel Tx \parallel \leqslant \frac{2(1+\parallel Tx_0 \parallel)}{\delta}\parallel x\parallel ,$$

故 $T \in B(X \rightarrow Y)$. $\square$

定义 3.6.1 稀疏集(Sparse Set)、第一纲集(First Category)及第二纲集(Second Category)

设 X 是度量空间，$A \subseteq X$，如果 A 的闭包的内部是空集，即 $(\overline{A})^{\circ} = \phi$，则称 A 为稀疏集或疏朗集或无处稠密集(Nowhere Dense). 如果 A 可以表示成至多可数个稀疏集的并，即 $A = \bigcup\limits_{n=1}^{\infty} A_n$，$A_n$ 是稀疏集，则称 A 为**第一纲集**；不是第一纲集的集合，称之为**第二纲集**. $\square$

由 $(\overline{A})^{\circ} = \phi$ 知 $\overline{A}$ 不含有任何内点，即 $\forall x \in \overline{A}$，不存在任何开球 $O(x,\delta) \subset \overline{A}$，因此当 A 为稀疏集时，A 不在任何开球内稠密，故又称稀疏集为无处稠密集.

性质 3.6.1 设 X 是度量空间，$A \subseteq X$，那么以下三个命题等价：

(1) A 为稀疏集.

(2) $\overline{A}$ 不包含任何点的邻域.

(3) $\overline{A}$ 的补集 $(\overline{A})^c$ 在 X 中稠密.

证明 (1)$\Rightarrow$(2). 假设存在 $O(x_0,\delta) \subset \overline{A}$，那么 $x_0 \in (\overline{A})^{\circ}$，即 $(\overline{A})^{\circ} \neq \phi$. 这与稀疏集定义矛盾，故 $\overline{A}$ 不包含任何点的邻域.

(2)$\Rightarrow$(3). $\forall x \in X$ 及 $\delta > 0$，由 $O(x,\delta) \not\subset \overline{A}$ 知 $O(x,\delta) \bigcap (\overline{A})^c \neq \phi$. 可见，$X$ 中任何点的任何邻域内都有 $(\overline{A})^c$ 中的点，故 $(\overline{A})^c$ 在 X 中稠密.

(3)$\Rightarrow$(1). 假设 $(\overline{A})^{\circ} \neq \phi$，即存在 $O(x_0,\delta) \subset \overline{A}$，于是有 $O(x_0,\delta) \bigcap (\overline{A})^c = \phi$. 这与 $(\overline{A})^c$ 在 X 中稠密相矛盾，故 A 为稀疏集. $\square$

由于 $(\overline{A})^c \subset A^c$，由性质 3.6.1 知稀疏集 A 的补集 A^c 在 X 中稠密；反过来，稠密集的补集却不一定是稀疏集，例如有理数是实数的稠密集，但其补集不是稀疏集，而是稠密集.

欧几里得空间 $\mathbb{R}^n$ 中的任一有限集是稀疏集，特别地，单点集 $\{x\}$ 是稀疏集，所以 $\mathbb{R}^n$ 中任一可列集是第一纲集. 由于 $(\overline{\mathbb{Q}})^{\circ} = \mathbb{R}^{\circ} = \mathbb{R}$，所以 $\mathbb{R}$ 中的有理数集 $\mathbb{Q}$ 不是稀疏集. 由于 $\{x\} = O(x, 0.5)$ 是离散度量空间 (X, d_0) 中的单点集，所以 $\{x\}$ 是第二纲集. 设 X 为度量空间，$x_0 \in X$，如果存在邻域 $O(x_0,\delta)$，使得 $O(x_0,\delta) \bigcap X = \{x_0\}$，则称 x_0 是度量空间 X 的**孤立点**(Isolated Point).

性质 3.6.2 设 X 是度量空间，那么

(1) 稀疏集的子集和闭包均是稀疏集.

(2) 有限个稀疏集的并集是稀疏集.

(3) 若度量空间 X 不含有孤立点，则每一个有限集是稀疏集.

证明 (1) 根据稀疏集、闭包及内点的定义、性质易证.

(2) 设 A 和 B 是稀疏集，下面证 $E = A \bigcup B$ 是稀疏集.

由于 $(\overline{E})^c = (\overline{A \bigcup B})^c = ((A \bigcup B) \bigcup (A' \bigcup B'))^c = ((A \bigcup A') \bigcup (B \bigcup B'))^c = (\overline{A})^c \bigcap (\overline{B})^c$，根据性质 3.6.1，只需证明 $(\overline{A})^c \bigcap (\overline{B})^c$ 在 X 中稠密. 由于 A、B 是稀疏集，所以 $(\overline{A})^c$ 与 $(\overline{B})^c$ 均在 X 中稠密. 下面证明：若两个开集 U、V 在 X 中稠密，则 $U \bigcap V$ 在 X 中稠密.

$\forall x \in X$ 及 $\delta > 0$，由于 U 在 X 中稠密，所以 $O(x,\delta) \bigcap U$ 是非空开集. 由稠密的定义 1.4.1 知，集合 S 在 X 中稠密当且仅当 S 与 X 的任何非空开集相交是非空集. 因为 V 在 X

中稠密，所以 $O(x, \delta) \bigcap (U \bigcap V)$ 是非空开集. 故 $U \bigcap V$ 在 X 中稠密.

（3）注意到单点集 $A = \{x_0\}$ 是开集当且仅当 x_0 是孤立点. 由于 X 不含有孤立点，所以 $(\overline{A})^\circ = \phi$，即 X 中的单点集是稀疏集. 由（2）结论可知每一个有限集是稀疏集. □

定理 3.6.2　设 X 是度量空间，$A \subseteq X$，那么 A 是稀疏集的充要条件是对于任意开球 $O(x, \delta)$，存在 $O(y, r) \subset O(x, \delta)$，使得 $A \bigcap O(y, r) = \phi$.

证明　必要性. 若 A 是稀疏集，则 $O(x, \delta) \subset \overline{A}$ 不成立，即 A 在开球 $O(x, \delta)$ 中不稠密. 于是存在 $y \in O(x, \delta)$ 及 $r > 0$，使得 $A \bigcap O(y, r) = \phi$.

充分性. 若存在 $x \in (\overline{A})^\circ$，即存在 $\delta > 0$，使得 $O(x, \delta) \subset \overline{A}$，则 A 在开球 $O(x, \delta)$ 中稠密. 因此不存在 $O(y, r) \subset O(x, \delta)$，使得 $A \bigcap O(y, r) = \phi$. □

由定理 3.6.2 的证明，知 $\overline{O(y, \frac{r}{2})} \subset O(y, r) \subset O(x, \delta)$，因此可得：$A$ 是稀疏集的充要条件是对于任一开球 $O(x, \delta)$，存在闭球 $\overline{O(y, r')} \subset O(x, \delta)$，使得 $\overline{O(y, r')} \bigcap A = \phi$.

定理 3.6.3　**Baire 纲定理（Baire Category Theorem）**

完备的度量空间 (X, d) 是第二纲集.

证明　假设完备的度量空间 (X, d) 是第一纲集，即 $X = \bigcup\limits_{n=1}^{\infty} A_n$，其中 A_n 是稀疏集.

因为 A_1 是稀疏集，由定理 3.6.2 知，存在闭球 $\overline{O_1} = \overline{O(x_1, \delta_1)}$，使得 $\overline{O(x_1, \delta_1)} \bigcap A_1 = \phi$，这里可令 $\delta_1 < 1$. 因为 A_2 是稀疏集，由定理 3.6.2 知，存在闭球 $\overline{O_2} \subset O_1$，其中 $O_2 = O(x_2, \delta_2)$，使得 $\overline{O_2} \bigcap A_2 = \phi$，这里可令 $\delta_2 < \frac{1}{2}$. 依此类推，可得到闭球套

$$\overline{O_1} \supset \overline{O_2} \supset \overline{O_3} \supset \cdots \supset \overline{O_n} \supset \cdots, \quad \delta_n < \frac{1}{2^{n-1}}.$$

根据闭球套定理知，存在唯一的点 $x_0 \in X$，使得 $x_0 \in \bigcap\limits_{n=1}^{\infty} \overline{O_n}$. 显然，对于任意的整数 n，有 $x_0 \in \overline{O_n}$. 又因为 $\overline{O_n} \bigcap A_n = \phi$，所以 $x_0 \notin A_n$，这与 $X = \bigcup\limits_{n=1}^{\infty} A_n$ 相矛盾，故度量空间 (X, d) 是第二纲集. □

当度量空间 $X = \mathbb{N}$ 时，由于 $\mathbb{N}$ 是完备的度量空间，所以 $\mathbb{N}$ 是第二纲集. 但是当 $\mathbb{N}$ 作为 $\mathbb{R}$ 的子集时，由于单点集 $\{n\}$ 是稀疏集，所以 $\mathbb{N}$ 是第一纲集. 因此某点集是第一纲集还是第二纲集与其所在的空间有关.

3.7　开映射定理与逆算子定理

定义 3.7.1　开映射（Open Map）

设 X, Y 是线性赋范空间，若算子 $T: X \to Y$ 能把 X 中的任何一个开集映射成 Y 中的开集，则称算子 T 为**开映射**. □

当算子 $T: X \to Y$ 和 $S: Y \to Z$ 均是开映射时，它们的乘积 ST 也是开映射.

设 U 是数域 $\mathbb{F}$ 上的线性空间，$A, B \subseteq U$，$\alpha, \beta \in \mathbb{F}$. 为了叙述方便，记

$$\alpha A + \beta B = \{\alpha x + \beta y \mid x \in A, y \in B\} \text{ 及 } \{x\} + B = \{x + y \mid y \in B\}.$$

对于线性赋范空间 X 的两个子集 $A, B \subseteq X$，显然有 $\overline{A} + \overline{B} \subseteq \overline{A + B}$，但是 $\overline{A + B} \not\subset \overline{A} + \overline{B}$. 例如，在 $\mathbb{R}$ 中，令 $A = \{n\ln(1+n)\}$，$B = \{-n\ln n\}$，其中 $n = 1, 2, 3, \cdots$，由于

$$\lim_{n\to\infty}[n\ln(1+n)+(-n\ln n)]=\lim_{n\to\infty}\ln\frac{(1+n)^n}{n^n}=\lim_{n\to\infty}\ln\left(1+\frac{1}{n}\right)^n=1,$$

所以 $1\in\overline{A+B}$，但 $1\notin\overline{A}+\overline{B}$.

性质 3.7.1 设 X 是线性赋范空间，$A,B\subseteq X$. 若 $x\in A^\circ$ 及 $y\in B^\circ$，则
$$x+y\in(A+B)^\circ.$$

证明 由 $x\in A^\circ$ 知，$\exists\delta>0$，使得 $O(x,\delta)\subset A$. 于是由
$$O(x,\delta)+y\subset A+B,$$
$$O(x,\delta)+y=\{z\mid\|z-(x+y)\|<\delta\}=O(x+y,\delta),$$
知 $x+y\in(A+B)^\circ$. □

为了叙述方便，记 $O_X(0,\delta)=\{x\in X\mid\|x\|\leqslant\delta\}$，$O_Y(0,\lambda)=\{y\in Y\mid\|y\|\leqslant\lambda\}$.

引理 3.7.1 设 X,Y 是 Banach 空间，算子 $T\in B(X\to Y)$，若 $R(T)$ 是第二纲集，则 $\forall\delta>0$，$\exists\lambda>0$，使得 $O_Y(0,\lambda)\subseteq\overline{T(O_X(0,\delta))}$.

证明 令 $W=O_X\left(0,\frac{\delta}{2}\right)$，显然 $W+W\subseteq O_X(0,\delta)$，以及 $X=\bigcup_{k=1}^\infty(kW)$，所以有
$$R(T)=T(X)=\bigcup_{k=1}^\infty T(kW)=\bigcup_{k=1}^\infty(kTW).$$
由于 $R(T)$ 是第二纲集，所以存在自然数 k_0，使得 $\overline{k_0TW}=k_0\overline{TW}$ 含有内点，于是 $\overline{TW}$ 也就含有内点. 不妨设 $y_0\in(\overline{TW})^\circ$，于是存在 $O(y_0,\eta)\subset\overline{TW}$，由
$$\|y-(-y_0)\|=\|-y-y_0\|\leqslant\eta$$
知 $y\in O(-y_0,\eta)$ 等价于 $-y\in O(y_0,\eta)$，即得 $-O(y_0,\eta)=O(-y_0,\eta)$. 当 $y\in\overline{TW}$ 时，存在 $\{y_n\}\subseteq TW$ 以及 $y_n\to y$. 不妨设 $y_n=Tx_n$，这里 $x_n\in W$，显然 $-x_n\in W$，那么 $-y_n=-Tx_n=T(-x_n)\in TW$，所以 $-y=\lim_{n\to\infty}(-y_n)\in\overline{TW}$. 因此 $-y_0\in(\overline{TW})^\circ$，又由性质 3.7.1 知 y_0-y_0 是 $\overline{TW}+\overline{TW}$ 的内点，又由于 $\overline{TW}+\overline{TW}\subset\overline{TW+TW}\subset\overline{T(O_X(0,\delta))}$，因此存在 $\lambda>0$，使得 $O_Y(0,\lambda)\subseteq\overline{T(O_X(0,\delta))}$. □

对于算子 $T\in B(X\to Y)$ 而言，当 Y 是 Banach 空间时，值域 $R(T)=Y$（即 T 为满射），或者 $R(T)$ 为闭子空间，而它们均可得到 $R(T)$ 是第二纲集这个结论. 所以引理 3.7.1 中的条件"$R(T)$ 是第二纲集"替换为"T 为满射"或"$R(T)$ 是闭子空间"，引理也成立.

引理 3.7.2 设 X,Y 是 Banach 空间，算子 $T\in B(X\to Y)$，若 $R(T)$ 是第二纲集，则 $\forall\delta>0$，$\exists\lambda>0$，使得 $O_Y(0,\lambda)\subseteq T(O_X(0,\delta))$.

证明 由引理 3.7.1 知，$\forall\delta>0$，令 $\delta_i=\frac{\delta}{2^i}$，存在相应的 $\lambda_i>0$，其中 $i=1,2,\cdots$，使得
$$O_Y(0,\lambda_i)\subseteq\overline{T(O_X(0,\delta_i))}.$$
不妨令 $\lambda_i<\frac{1}{3^i}$，下面说明 $O_Y(0,\lambda_1)\subseteq T(O_X(0,\delta))$，即证明当 $y_0\in O_Y(0,\lambda_1)$ 时，存在 $x_0\in X$，使得 $\|x_0\|<\delta$ 及 $y_0=Tx_0$.

由 $y_0\in O_Y(0,\lambda_1)\subseteq\overline{T(O_X(0,\delta_1))}$ 知，存在 $x_1\in O_X(0,\delta_1)$ 及 $y_1=Tx_1$，使得 $\|y_0-y_1\|<\lambda_2$. 于是有
$$y_0-y_1\in O_Y(0,\lambda_2)\subseteq\overline{T(O_X(0,\delta_2))},$$

80

所以存在 $x_2 \in O_X(0, \delta_2)$ 及 $y_2 = Tx_2$，使得 $\| y_0 - y_1 - y_2 \| < \lambda_3$. 依此类推，存在 $x_i \in O_X(0, \delta_i)$ 及 $y_i = Tx_i$，使得 $\| y_0 - y_1 - y_2 - \cdots - y_i \| < \lambda_{i+1}$，$i = 1, 2, \cdots$. 由于 $\lambda_{i+1} < \dfrac{1}{3^{i+1}} \to 0$，所以 $y_0 = \displaystyle\sum_{i=1}^{\infty} y_i$.

由于 $\| x_i \| < \delta_i = \dfrac{\delta}{2^i}$，所以 Banach 空间的 X 级数 $\displaystyle\sum_{i=1}^{\infty} x_i$ 绝对收敛. 不妨设 $x_0 = \displaystyle\sum_{i=1}^{\infty} x_i$，那么

$$\| x_0 \| \leqslant \sum_{i=1}^{\infty} \| x_i \| < \sum_{i=1}^{\infty} \frac{\delta}{2^i} = \delta.$$

因此 $Tx_0 = \displaystyle\sum_{i=1}^{\infty} Tx_i = \sum_{i=1}^{\infty} y_i = y_0$. $\square$

定理 3.7.1　开映射定理 (Open Mapping Theorem)

设 X, Y 是 Banach 空间，算子 $T \in B(X \to Y)$，$R(T) = Y$，则 T 为开映射.

证明　设 G 是 X 中的开集，则 $\forall y_0 \in T(G)$，$\exists x_0 \in G$，使得 $y_0 = T(x_0)$. 由 G 是开集知，$\exists \delta > 0$，使得 $O(x_0, \delta) \subset G$，这里

$$O(x_0, \delta) = \{x \in X \mid \| x - x_0 \| < \delta\} = x_0 + \{x \in X \mid \| x \| < \delta\}.$$

因为算子 $T \in B(X \to Y)$，所以有

$$T(G) \supset T(O(x_0, \delta)) = T(x_0 + \{x \in X \mid \| x \| < \delta\}) = y_0 + T\{x \in X \mid \| x \| < \delta\}.$$

根据引理 3.7.2 知，存在 $\lambda > 0$，使得 $T\{x \in X \mid \| x \| < \delta\} \supset \{y \in Y \mid \| y \| < \lambda\}$. 于是有

$$T(G) \supset y_0 + T\{x \in X \mid \| x \| < \delta\} \supset y_0 + \{y \in Y \mid \| y \| < \lambda\} = \{y \in Y \mid \| y - y_0 \| < \lambda\},$$

即 y_0 是 $T(G)$ 的内点，因此 $T(G)$ 是开集. $\square$

如果巴拿赫空间之间的线性连续算子是满射的，则上述开映射定理说明它一定是开映射.

若 $T \in L(X \to Y)$ 且可逆，那么 $T^{-1} \in L(Y \to X)$ 吗？若 $T \in B(X \to Y)$ 且可逆，那么 $T^{-1} \in B(Y \to X)$ 吗？

性质 3.7.2　若 $T \in L(X \to Y)$ 且可逆，则 T^{-1} 是线性算子.

证明　$\forall y_1, y_2 \in Y$，$\alpha, \beta \in \mathbb{F}$，由 $T \in L(X \to Y)$ 知

$$T(T^{-1}(\alpha y_1 + \beta y_2) - \alpha T^{-1} y_1 - \beta T^{-1} y_2) = TT^{-1}(\alpha y_1 + \beta y_2) - \alpha TT^{-1} y_1 - \beta TT^{-1} y_2$$
$$= (\alpha y_1 + \beta y_2) - \alpha y_1 - \beta y_2 = 0.$$

由于 T 可逆，即 T 不是零算子，于是有 $T^{-1}(\alpha y_1 + \beta y_2) = \alpha T^{-1} y_1 + \beta T^{-1} y_2$，故 T^{-1} 是线性算子. $\square$

定理 3.7.2　逆算子定理 (Inverse Operator Theorem)

设 X, Y 是 Banach 空间，算子 $T \in B(X \to Y)$，若算子 T 是双射（既单射又满射），则 $T^{-1} \in B(Y \to X)$.

证明　由于算子 T 是双射，所以 T^{-1} 存在. 根据性质 3.7.2，只需证明 T^{-1} 是连续算子. 设 G 为 X 的任一开集，由开映射定理知 $T(G)$ 是 Y 中的开集. 由于 T 是双射，所以

$$(T^{-1})^{-1}(G) = \{y \mid T^{-1}(y) = x, x \in G\} = T(G)$$

是开集，由定理 1.3.3 得 T^{-1} 是连续算子. $\square$

推论 3.7.1　设线性赋范空间 X 上有两个范数 $\| \cdot \|_1$ 和 $\| \cdot \|_2$，如果 $(X, \| \cdot \|_1)$

和$(X, \| \cdot \|_2)$均是 Banach 空间，而且$\| \cdot \|_2$比$\| \cdot \|_1$强，那么范数$\| \cdot \|_1$和$\| \cdot \|_2$等价.

证明 设 I 是从$(X, \| \cdot \|_2)$到$(X, \| \cdot \|_1)$上的恒等映射，由于范数$\| \cdot \|_2$比$\| \cdot \|_1$强，所以存在 $M>0$，使得$\forall x \in X$有

$$\| Ix \|_1 = \| x \|_1 \leqslant M \| x \|_2.$$

于是，I 是线性有界算子，加之 I 既是单射又满射，因此根据逆算子定理知 I^{-1} 是线性有界算子，即存在 $M'>0$，使得$\forall x \in X$有

$$\| I^{-1}x \|_2 = \| x \|_2 \leqslant M' \| x \|_1.$$

故范数$\| \cdot \|_1$和$\| \cdot \|_2$等价. □

例 3.7.1 设 $X = \{(x_1, x_2, \cdots, x_n, 0, \cdots, 0, \cdots) | x_i \in \mathbb{R}, i=1, 2, \cdots, n\}$，定义范数$\| x \| = \sup\{|x_i|\}$，以及算子

$$Tx = T(x_1, x_2, \cdots, x_n, 0, \cdots, 0, \cdots) = \left(x_1, \frac{x_2}{2}, \cdots, \frac{x_n}{n}, 0, \cdots, 0, \cdots\right).$$

证明算子 $T \in B(X \to X)$，但 T^{-1} 非线性有界.

证明 易验证 $T \in L(X \to X)$，又由于$\forall x \in X$，$\| Tx \| \leqslant \| x \|$，可见 $T \in B(X \to X)$. 由算子 T 的定义可得 T 是双射，且有

$$T^{-1}x = T^{-1}(x_1, x_2, \cdots, x_n, 0, \cdots, 0, \cdots) = (x_1, 2x_2, \cdots, nx_n, 0, \cdots, 0, \cdots).$$

因为$\| T^{-1}(0, 0, \cdots, 0, 1, 0, \cdots, 0, \cdots) \| = \| (0, 0, \cdots, 0, n, 0, \cdots, 0, \cdots) \| = n$，所以 T^{-1} 非线性有界. □

根据逆算子定理知，只要例 3.7.1 中的线性赋范空间$(X, \| \cdot \|)$是 Banach 空间，T^{-1} 就是线性有界算子. 事实上，$x_n = \left(1, \frac{1}{2}, \cdots, \frac{1}{n}, 0, \cdots, 0, \cdots\right) \in (X, \| \cdot \|)$，可验证$\{x_n\}$是 X 的基本列，而非收敛列，即$(X, \| \cdot \|)$不是 Banach 空间，因此逆算子定理中的完备性条件必不可少. 关于逆算子还有下面的结论即定理 3.7.3.

定理 3.7.3 设 X, Y 是线性赋范空间，T 是从 X 到 Y 上的线性算子.

(1) 存在常数 $M>0$，使得$\forall x \in D(T)$有$\| Tx \| \geqslant M \| x \|$，则 T 可逆，$T^{-1} \in B(R(T) \to D(T))$，且$\forall y \in R(T)$有

$$\| T^{-1}y \| \leqslant \frac{1}{M} \| y \|.$$

(2) 如果 T^{-1} 存在且 $T^{-1} \in B(R(T) \to D(T))$，则存在常数 $M>0$，使得$\forall x \in D(T)$有

$$\| Tx \| \geqslant M \| x \|.$$

证明 (1) 由$\| Tx \| \geqslant M \| x \|$知，当$\| Tx \| = 0$时，$x=0$，所以 T 是单射，T^{-1} 存在. 由性质 3.7.2 知，T^{-1} 是线性算子. 设 $y = Tx$，则 $x = T^{-1}y$. 于是由$\| Tx \| \geqslant M \| x \|$知，$\forall y \in R(T)$有

$$\| T^{-1}y \| = \| x \| \leqslant \frac{1}{M} \| Tx \| = \frac{1}{M} \| y \|.$$

(2) 假设$\| Tx \| \geqslant M \| x \|$不成立，则$\forall n \in \mathbb{N}^+$，存在 $x_n \in D(T)$，使得$\| Tx_n \| < \frac{1}{n} \| x_n \|$. 令 $y_n = Tx_n$，即 $x_n = T^{-1}y_n$，于是有

$$\| y_n \| < \frac{1}{n} \| T^{-1} y_n \|,$$

这与 T^{-1} 线性有界相矛盾，故存在常数 $M>0$，使得 $\forall x\in D(T)$ 有 $\| Tx \| \geqslant M\| x \|$. $\square$

若存在常数 $M>0$，使得 $\forall x\in D(T)$ 有 $\| Tx \| \geqslant M\| x \|$，则称算子 T 是下方有界的. 由定理 3.7.3 知，若线性算子 T 下方有界，则 T 可逆且其逆算子线性有界.

3.8　线性泛函的延拓定理

设 M 为线性赋范空间 X 的子空间，对于定义在子空间 M 上的线性泛函 $f\in M^*$，若存在空间 X 上的线性泛函 $F\in X^*$，使得当 $x\in M$ 时，$F(x)=f(x)$，则称 F 是 f 在 X 上的延拓，f 是 F 在 M 上的限制，即记为 $F|_M=f$，其示意图如图 3.8.1 所示. 本节讨论这种线性延拓的存在性，而 Hahn-Banach 延拓定理能说明这种延拓不仅存在，而且存在最小延拓 F，即满足 $\| F \| = \| f \|$，但延拓 F 不唯一.

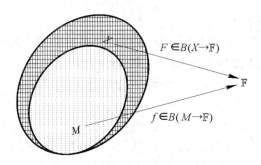

图 3.8.1　线性泛函延拓示意图

定理 3.8.1　设 $X=\mathrm{span}\{M, x_0\}$ 为实线性赋范空间，其中 M 为 X 的非空子空间，$x_0\notin M$，若 $f\in M^*$，则存在线性泛函 $F\in X^*$ 满足

(1) $F|_M=f$.

(2) $\| F \| = \| f \|$.

证明　如果 $f=0$，结论显然成立，所以不失一般性，假设 $f\neq 0$ 且 $\| f \| =1$. $\forall x\in X$，易证具有唯一的表示 $x=\lambda x_0+y$，其中 $\lambda\in\mathbb{R}$，$y\in M$. 现定义 $F(x)=F(\lambda x_0+y)=\lambda c_0+f(y)$，下面只需选择合适的常数 c_0，使得 $|F(x)|\leqslant\| x \|$，即满足

$$-\| \lambda x_0+y \| \leqslant \lambda c_0+f(y) \leqslant \| \lambda x_0+y \|,$$

就可使 F 满足条件. 当 $\lambda=0$ 时，上式显然成立；当 $\lambda\neq 0$ 时，上式可化为

$$-\left\| x_0+\frac{y}{\lambda} \right\| -f\left(\frac{y}{\lambda}\right) \leqslant c_0 \leqslant \left\| x_0+\frac{y}{\lambda} \right\| -f\left(\frac{y}{\lambda}\right),$$

即 $\forall z\in M$ 有 $-\| x_0+z \| -f(z)\leqslant c_0\leqslant\| x_0+z \| -f(z)$. 由于 $\| f \| =1$，所以 $\forall z_1, z_2\in M$ 有

$$f(z_2)-f(z_1)=f(z_2-z_1)\leqslant\| z_2-z_1 \| \leqslant\| x_0+z_1 \| +\| x_0+z_2 \|.$$

于是有

$$-\| x_0+z_1 \| -f(z_1)\leqslant\| x_0+z_2 \| -f(z_2).$$

因此可令 $c_0\in[\alpha, \beta]$，其中 $\alpha=\sup\limits_{z_1\in M}\{-\| x_0+z_1 \| -f(z_1)\}$，$\beta=\inf\limits_{z_2\in M}\{\| x_0+z_2 \| -f(z_2)\}$. $\square$

定理 3.8.1 是特殊情形 $X=\mathrm{span}\{M, x_0\}$ 下的线性泛函延拓. 由于 M 非空，这样的常

数 c_0 一定存在,特别当 $\alpha \neq \beta$ 时,c_0 的选择不唯一,所以此时线性延拓不唯一.

例 3.8.1 设 $X = \mathbb{R}^2$,$M = \mathbb{R} \times \{0\}$,显然 M 为线性赋范空间 X 的线性子空间,其中范数定义为 $\| w \| = |x| + |y|$,这里 $w = (x, y) \in \mathbb{R}^2$. $\forall u = (x, 0) \in M$,$f \in M^*$ 定义 $f(u) = x$. 设 $\alpha \in [-1, 1]$,$\forall w = (x, y) \in X$,$F_\alpha \in X^*$ 定义 $F_\alpha(w) = x + \alpha y$. 证明 $F_\alpha |_M = f$ 及 $\| F_\alpha \| = \| f \| = 1$.

证明 由于 $\forall u = (x, 0) \in M$,$F(u) = x = f(u)$,即 $F_\alpha |_M = f$,而且 $\| F_\alpha \| \geqslant \| f \| = 1$. 又因为 $\forall w = (x, y) \in X$,有
$$|F_\alpha(w)| = |x + \alpha y| \leqslant |x| + |\alpha| \, |y| \leqslant |x| + |y| = \| w \|,$$
所以 $\| F_\alpha \| \leqslant 1$,可见 $\| F_\alpha \| = \| f \| = 1$. $\square$

定义 3.8.1 次线性泛函(Sublinear Functional)

设 X 是数域 $\mathbb{F}$ 上的线性空间,如果实值泛函 $p: X \to \mathbb{R}$,$\forall x, y \in X$ 及 $\alpha \geqslant 0$,满足

(1) $p(x+y) \leqslant p(x) + p(y)$;

(2) $p(\alpha x) = \alpha p(x)$,

则称 p 是 X 上的次线性泛函. $\square$

线性空间 X 上的范数、线性泛函 $f(x)$、线性泛函的模 $|f(x)|$ 均是 X 上的次线性泛函.

定理 3.8.2 (实线性空间上的 Hahn-Banach 定理) 设 M 为实线性空间 X 的子空间,$g: X \to \mathbb{R}$ 为次线性泛函,以及 $\forall x \in M$ 线性泛函 $f: M \to \mathbb{R}$,满足 $f(x) \leqslant g(x)$,则存在线性泛函 $F: X \to \mathbb{R}$,使得
$$\forall x \in M \text{ 有 } F(x) = f(x); \quad \forall x \in X \text{ 有 } F(x) \leqslant g(x).$$

证明 (1) 假设 $X = \operatorname{span}\{M, x_0\}$,其中 $x_0 \in X \backslash M$. $\forall x \in M$,$\lambda \in \mathbb{R}$,令
$$F(x + \lambda x_0) = f(x) + \lambda c,$$
其中 c 是满足下列条件的常数:
$$\sup_{x \in M} \{f(x) - g(x - x_0)\} \leqslant c \leqslant \inf_{y \in M} \{g(y + x_0) - f(y)\}.$$
因为 $\forall x, y \in M$,有
$$f(x) + f(y) = f(x+y) \leqslant g(x+y) = g(x - x_0 + y + x_0) \leqslant g(x - x_0) + g(y + x_0),$$
所以 $\forall x, y \in M$ 得
$$f(x) - g(x - x_0) \leqslant g(y + x_0) - f(y),$$
即证明了上述常数 c 的存在性.

根据 $F(x + \lambda x_0) = f(x) + \lambda c$ 可知,$F: X \to \mathbb{R}$ 为线性泛函. 下面只需证明:
$$\forall x \in M, \lambda \in \mathbb{R}, \text{ 有 } f(x) + \lambda c \leqslant g(x + \lambda x_0).$$
当 $\lambda = 0$ 时,$f(x) + \lambda c \leqslant g(x + \lambda x_0)$ 显然成立. 当 $\lambda > 0$ 时,根据上述常数 c 满足的条件知
$$c \leqslant g\left(\frac{1}{\lambda} x + x_0\right) - f\left(\frac{1}{\lambda} x\right) = \frac{1}{\lambda} [g(x + \lambda x_0) - f(x)],$$
进而可得 $f(x) + \lambda c \leqslant g(x + \lambda x_0)$. 当 $\lambda < 0$ 时,根据上述常数 c 满足的条件,同理可得
$$c \geqslant f\left(-\frac{1}{\lambda} x\right) - g\left(-\frac{1}{\lambda} - x_0\right) = -\frac{1}{\lambda} [f(x) - g(x + \lambda x_0)],$$
于是得 $f(x) + \lambda c \leqslant g(x + \lambda x_0)$.

(2) 假设存在 X 的线性子空间序列 $M = M_0 \subset M_1 \subset M_2 \subset \cdots \subset M_n \subset \cdots$,使得 $X = \bigcup_{n=1}^{\infty} M_n$,其中 $M_n = \operatorname{span}\{M_{n-1}, x_n\}$,$x_n \in M_n \backslash M_{n-1}$.

利用上述(1)的结论并归纳可得,存在 f 的线性泛函延拓 $F_n:M_n\to\mathbb{R}$,使得 $\forall x\in M_n$,有 $F_n(x)\leqslant g(x)$. 构造线性泛函 $F:X\to\mathbb{R}$,$\forall x\in M_n$ 定义 $F(x)=F_n(x)$,则 F 满足命题要求.

(3) 如果 X 不满足上述(2)的条件,下面利用 Zorn 引理证明结论成立. 令
$$C=\{p\mid p:D(p)\to\mathbb{R},\ D(p)\subset X\},$$
其中 p 是 f 的线性泛函延拓且满足:$\forall x\in D(p)$,$p(x)\leqslant g(x)$.

为了书写方便,记 $p\leqslant q$ 当且仅当 $q:D(q)\to\mathbb{R}$ 是 $p:D(p)\to\mathbb{R}$ 的线性泛函延拓. 于是上述定义的集合 C,在"$\leqslant$"意义下是一个序集. 设 S 是 C 的一个全序子集,即当 $p,q\in S$ 时,必有 $p\leqslant q$ 或者 $q\leqslant p$ 成立. 设 h 是由 S 中的元素确定的一个线性泛函 $h:D(h)\to\mathbb{R}$,其中
$$D(h)=\bigcup_{p\in S}D(p);\ \forall x\in D(p),\ h(x)=p(x).$$
显然 $\forall x\in D(h)$,有 $h(x)\leqslant g(x)$.

应用 Zorn 引理可知,在集合 C 上存在极大元 F,即线性泛函 $F:D(F)\to\mathbb{R}$. 因为 F 是不存在延拓的极大元,所以这里的 $D(F)=X$(否则,如果 $D(F)\neq X$,则由(1)可知 F 一定存在线性延拓,即与 F 的极大元相矛盾),而且满足 $\forall x\in X$,$F(x)\leqslant g(x)$. □

引理 3.8.1　设 X 为复数域 $\mathbb{C}$ 上的线性赋范空间,

(1) 若 $g:X\to\mathbb{R}$ 是实线性泛函,且 $\forall x\in X$,$f(x)=g(x)-\mathrm{i}g(\mathrm{i}x)$,则 $f:X\to\mathbb{C}$ 是复线性泛函.

(2) 若 $f:X\to\mathbb{C}$ 是复线性泛函,则存在唯一的实线性泛函 $g:X\to\mathbb{R}$,使得 $\forall x\in X$ 有 $f(x)=g(x)-\mathrm{i}g(\mathrm{i}x)$.

(3) 若 $f(x)=g(x)-\mathrm{i}g(\mathrm{i}x)$,$f,g$ 为线性泛函,则 $f:X\to\mathbb{C}$ 是复线性有界泛函当且仅当 $g:X\to\mathbb{R}$ 是实线性有界泛函,且 $\|g\|=\|f\|$.

证明　(1) 对于任意的 $x\in X$,由 $f(x)=g(x)-\mathrm{i}g(\mathrm{i}x)$ 得
$$f(\mathrm{i}x)=g(\mathrm{i}x)+\mathrm{i}g(x)=\mathrm{i}f(x).$$
$\forall x,y\in X$ 及 $\alpha,\beta\in\mathbb{R}$,由于 g 是实线性泛函,所以有
$$g(\alpha x+\beta y)=\alpha g(x)+\beta g(y).$$
于是有
$$f(x+y)=g(x+y)-\mathrm{i}g(\mathrm{i}x+\mathrm{i}y)=g(x)+g(y)-\mathrm{i}[g(\mathrm{i}x)+g(\mathrm{i}y)]=f(x)+f(y),$$
$$f(\alpha x)=g(\alpha x)-\mathrm{i}g(\mathrm{i}\alpha x)=\alpha g(x)-\mathrm{i}\alpha g(\mathrm{i}x)=\alpha f(x)$$
及对任意复数 $\lambda=\alpha+\mathrm{i}\beta\in\mathbb{C}$ 有
$$f(\lambda x)=f(\alpha x+\mathrm{i}\beta x)=f(\alpha x)+f(\mathrm{i}\beta x)=\lambda f(x).$$
因此,$f:X\to\mathbb{C}$ 是复线性泛函.

(2) 对于线性泛函 $f:X\to\mathbb{C}$ 可写成如下形式:
$$\forall x\in X,\ f(x)=g(x)+\mathrm{i}\varphi(x),$$
其中 $g,\varphi:X\to\mathbb{R}$ 为实线性泛函. $\forall x\in X$,因为
$$f(\mathrm{i}x)=g(\mathrm{i}x)+\mathrm{i}\varphi(\mathrm{i}x)=\mathrm{i}f(x)=\mathrm{i}g(x)-\varphi(x)=-\varphi(x)+\mathrm{i}g(x),$$
所以 $g(\mathrm{i}x)=-\varphi(x)$,即 $\mathrm{i}\varphi(x)=-\mathrm{i}g(\mathrm{i}x)$. 因此有 $f(x)=g(x)-\mathrm{i}g(\mathrm{i}x)$.

(3) 一方面,由于 $f(x)=g(x)-\mathrm{i}g(\mathrm{i}x)$,即 $\forall x\in X$ 有 $|f(x)|^2=|g(x)|^2+|g(\mathrm{i}x)|^2$,所以 $|g(x)|\leqslant|f(x)|$,于是由 f 线性有界可得 g 线性有界且 $\|g\|\leqslant\|f\|$. 另一方面,当 g 为线性有界泛函时,$\forall x\in X$ 有 $\|g(x)\|\leqslant\|g\|\|x\|$,并且对于复数 $f(x)$,存在复数

$\lambda = \dfrac{\overline{f(x)}}{|f(x)|}$，$|\lambda| = 1$，使得 $|f(x)| = \lambda f(x) = f(\lambda x)$. 又知 $f(\lambda x) = g(\lambda x) - \mathrm{i}g(\mathrm{i}\lambda x)$，可见 $f(\lambda x)$ 的虚部 $-\mathrm{i}g(\mathrm{i}\lambda x)$ 只能为零，于是有

$$|f(x)| = |g(\lambda x)| \leqslant \|g\| \|x\|,$$

即 f 线性有界且 $\|f\| \leqslant \|g\|$. 因此可得 $\|g\| = \|f\|$. □

引理 3.8.1 中泛函 f 和 g 的定义域均是复线性赋范空间 X，如果将 X 看成一个集合，其上的加法、数乘和范数均继承原来"复线性赋范空间 X"上的加法、数乘和范数，只是"数乘"仅限于实数，因此可以将 g 看成一个实线性赋范空间 X 的实线性泛函. 引理 3.8.1 也告诉我们通过实线性泛函的延拓可获得复线性泛函的延拓.

定理 3.8.3 （**线性赋范空间上的 Hahn-Banach 定理**）设 X 为数域 $\mathbb{F}$ 上的线性赋范空间，M 是 X 的线性子空间，常数 $\alpha \geqslant 0$，$\forall x \in M$，线性泛函 $f: M \to \mathbb{F}$ 满足 $|f(x)| \leqslant \alpha \|x\|$，则存在线性连续泛函 $F: X \to \mathbb{F}$，使得

$$\forall x \in M \text{ 有 } F(x) = f(x); \quad \forall x \in X \text{ 有 } |F(x)| \leqslant \alpha \|x\|.$$

证明 （1）数域 $\mathbb{F} = \mathbb{R}$. 定义次线性泛函 $g: X \to \mathbb{R}$ 如下：

$$\forall x \in X, \ g(x) = \alpha \|x\|.$$

根据实线性空间上的 Hahn-Banach 定理即定理 3.8.2 知，存在 $f: M \to \mathbb{R}$ 的线性泛函延拓 $F: X \to \mathbb{R}$，使得 $\forall x \in X$，$F(x) \leqslant \alpha \|x\|$. 显然，$F$ 为线性连续泛函.

（2）数域 $\mathbb{F} = \mathbb{C}$. 由引理 3.8.1 知，存在实线性泛函 $g: M \to \mathbb{R}$，使得

$$g(x) = \mathrm{Re}[f(x)], \ f(x) = g(x) - \mathrm{i}g(\mathrm{i}x),$$

以及 $\forall x \in M$，$|g(x)| \leqslant |f(x)| \leqslant \alpha \|x\|$.

此时，我们将 X 看成实线性赋范空间，由上述（1）知，存在 g 的实线性连续泛函延拓 $G: X \to \mathbb{R}$，且满足

$$\forall x \in M, \ G(x) = g(x); \quad \forall x \in X, \ |G(x)| \leqslant \alpha \|x\|.$$

由引理 3.8.1 知，存在复线性连续泛函 $F: X \to \mathbb{F}$，其中

$$F(x) = G(x) - \mathrm{i}G(\mathrm{i}x), \ G(x) = \mathrm{Re}[F(x)].$$

当 $x \in M$ 时，

$$F(x) = G(x) - \mathrm{i}G(\mathrm{i}x) = g(x) - \mathrm{i}g(\mathrm{i}x) = f(x).$$

对于每一个 $x \in X$，可将 $F(x)$ 表示为 $F(x) = re^{\mathrm{i}\theta}$，其中 $r \geqslant 0$. 于是有

$$|F(x)| = r = \mathrm{Re}[e^{-\mathrm{i}\theta}F(x)] = \mathrm{Re}[F(e^{-\mathrm{i}\theta}x)] = G(e^{-\mathrm{i}\theta}x) \leqslant \alpha \|e^{-\mathrm{i}\theta}x\| = \alpha \|x\|.$$

因此 F 是 f 的线性连续泛函延拓且满足 $|F(x)| \leqslant \alpha \|x\|$. □

上述 Hahn-Banach 延拓定理的简洁叙述如下：

定理 3.8.4 Hahn-Banach 延拓定理（Hahn-Banach Extension Theorem）

设 M 为线性赋范空间 X 的子空间，$f \in M^*$，则存在 $F \in X^*$，使得 $F|_M = f$ 及 $\|F\| = \|f\|$. □

推论 3.8.1 设 X 为一线性赋范空间，对任何 $x_0 \in X$，$x_0 \neq 0$，必存在 X 上的线性连续泛函 f，满足 $f(x_0) = \|x_0\|$ 及 $\|f\| = 1$.

证明 设 $M = \mathrm{span}\{x_0\}$，$\forall x = tx_0 \in M$，定义 $\varphi(x) \overset{\Delta}{=} t\|x_0\|$，显然有

$$\varphi(x_0) = \|x_0\|, \ |\varphi(x)| = |\varphi(tx_0)| = |t|\|x_0\| = \|tx_0\| = \|x\|.$$

于是，φ 是 M 上的一个线性有界泛函，且

$$\parallel \varphi \parallel = \sup_{\parallel x \parallel \neq 0} \frac{\mid \varphi(x) \mid}{\parallel x \parallel} = 1.$$

由 Hahn-Banach 延拓定理 3.8.4 知，存在 X 上的线性有界泛函 f，使得 $f(x_0) = \parallel x_0 \parallel$ 及 $\parallel f \parallel = \parallel \varphi \parallel = 1$. □

由推论 3.8.1 知，任何一个非空的线性赋范空间 X，只要包含了非零元素，就存在非零线性连续泛函. 所以要判别 $x_0 \in X$ 是否为零元素，只要判别对于 X 上的所有线性有界泛函 f，是否满足 $f(x_0) = 0$ 即可.

推论 3.8.2　设 M 是线性赋范空间 X 的子空间，$x_0 \in X$，$d(x_0, M) = d > 0$，则必存在 X 上的线性有界泛函 f，满足 $\forall x \in M$，$f(x) = 0$，以及 $f(x_0) = d$，$\parallel f \parallel = 1$.

证明　设 $M_1 = \mathrm{span}\{M, x_0\}$，由于 $x_0 \notin M$，所以 M_1 中的元素 y 可唯一的表示为 $y = x + tx_0$，其中 $x \in M$. 在 M_1 上定义泛函 $\varphi: M_1 \rightarrow \mathbb{R}$，其中

$$\varphi(x + tx_0) = td.$$

易验证 φ 是 M_1 上的线性泛函，且 $\varphi(x_0) = d$，以及当 $x \in M$ 时，$\varphi(x) = 0$. 下面证明 $\parallel \varphi \parallel_{M_1} = 1$.

一方面，$\forall y = x + tx_0 \in M_1$，其中 $x \in M$，$t \neq 0$，因为

$$\mid \varphi(y) \mid = \mid \varphi(x + tx_0) \mid = \mid t \mid d \leqslant \mid t \mid \left\parallel x_0 - \left(-\frac{1}{t}x\right) \right\parallel = \parallel x + tx_0 \parallel = \parallel y \parallel,$$

于是 $\parallel \varphi \parallel_{M_1} \leqslant 1$.

另一方面，由 $d(x_0, M) = d$ 可知，存在 $\{x_n\} \subset M$，使得 $d = \lim_{n \to \infty} \parallel x_0 - x_n \parallel$. 于是有

$$d = \mid \varphi(x_0) \mid = \mid \varphi(x_0 - x_n) \mid \leqslant \parallel \varphi \parallel_{M_1} \parallel x_0 - x_n \parallel.$$

令 $n \to \infty$，可得 $d \leqslant \parallel \varphi \parallel_{M_1} d$，即 $\parallel \varphi \parallel_{M_1} \geqslant 1$.

故 $\parallel \varphi \parallel_{M_1} = 1$，根据 Hahn-Banach 延拓定理知，$\varphi$ 可延拓成空间 X 上的线性有界泛函 f，满足 $\forall x \in M$，$f(x) = \varphi(x) = 0$，以及 $f(x_0) = \varphi(x_0) = d$，$\parallel f \parallel_X = \parallel \varphi \parallel_{M_1} = 1$. □

推论 3.8.3　设 M 是线性赋范空间 X 的子空间，$x_0 \in X$，那么 $x_0 \in \overline{M}$ 的充要条件是：$\forall f \in X^*$，若 $\forall x \in M$，有 $f(x) = 0$，则必有 $f(x_0) = 0$. □

推论 3.8.3 的证明留作练习题，其等价结论为：设 M 是线性赋范空间 X 的子空间，$x_0 \in X$，那么 x_0 可用 M 中元素的线性组合任意精度逼近当且仅当 $\forall f \in X^*$，若 $\forall x \in M$，有 $f(x) = 0$，则必有 $f(x_0) = 0$.

线性赋范空间 X 的全体线性有界泛函组成 X 的对偶空间 X^*，X^* 不仅是线性赋范空间，而且是完备的度量空间，即 Banach 空间，我们称 X^* 的对偶空间 $(X^*)^*$ 为 X 的二次对偶空间（the Second Dual Space），表示为 $X^{**} = (X^*)^*$，线性赋范空间与其对偶空间、二次对偶空间示意图如图 3.8.2 所示. 下面利用延拓定理研究 X^{**} 与 X 的关系.

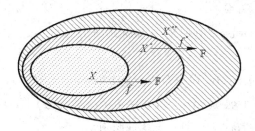

图 3.8.2　线性赋范空间与其对偶空间、二次对偶空间示意图

定义 3.8.2   自反空间(Reflexive Space)

设 X 为线性赋范空间,如果在线性等距同构意义下 $X = X^{**}$,则称 X 是自反空间. □

由 Riesz 表示定理知,Hilbert 空间是自反、自共轭空间,例如 $\mathbb{R}^n$、l^2 及 $L^2[a, b]$ 均是自反、自共轭空间. 然而,对于一般的线性赋范空间 X 而言,下面的定理 3.8.5 刻画了 X 与 X^{**} 的关系.

定理 3.8.5   设 X 为线性赋范空间,则 X 与它的二次共轭空间 X^{**} 的某个子空间 $\widetilde{X}$ 线性等距同构.

证明   (1) $\forall x \in X$,定义一个 $\widetilde{x} \in X^{**}$.

设 x 是 X 中的元素,$f \in X^*$,即 f 是 X 上的线性有界泛函. 现定义 X^* 上的一个泛函 $\widetilde{x}: X^* \to F$,即 $\forall f \in X^*$ 定义

$$\widetilde{x}(f) \overset{\Delta}{=\!=} f(x).$$

下面验证 $\widetilde{x}$ 是 X^* 上的线性有界泛函,即 $\widetilde{x} \in X^{**}$.

$\forall f, g \in X^*$,$\alpha, \beta \in \mathbb{F}$,因为

$$\widetilde{x}(\alpha f + \beta g) = (\alpha f + \beta g)(x) = \alpha f(x) + \beta g(x) = \alpha \widetilde{x}(f) + \beta \widetilde{x}(g),$$

$$|\widetilde{x}(f)| = |f(x)| \leqslant \|f\| \cdot \|x\| = M\|f\|,$$

其中 $M = \|x\|$,所以 $\widetilde{x}$ 是 X^* 上的线性有界泛函.

(2) 证明 $\|x\| = \|\widetilde{x}\|$.

一方面,由于 $|\widetilde{x}(f)| = |f(x)| \leqslant \|f\| \cdot \|x\|$,所以有

$$\|\widetilde{x}\| \leqslant \|x\|.$$

另一方面,当 $x \neq 0$ 时,由 Hahn - Banach 延拓定理的推论 3.8.1 知,存在 $g \in X^*$,使得

$$|g(x)| = \|x\|, \quad \|g\| = 1.$$

于是有

$$\|\widetilde{x}\| = \sup_{\|f\| = 1}\{|\widetilde{x}(f)|\} \geqslant |\widetilde{x}(g)| = |g(x)| = \|x\|,$$

因此 $\|x\| = \|\widetilde{x}\|$.

(3) 建立线性等距同构映射.

设 $\widetilde{X} = \{\widetilde{x} \mid x \in X\} \subset X^{**}$,令 $\varphi: X \to \widetilde{X}(x \to \widetilde{x})$.

① 证明 φ 是线性映射.

$\forall x, y \in X$,$\alpha, \beta \in \mathbb{F}$,有

$$\varphi(\alpha x + \beta y) = \widetilde{\alpha x + \beta y} \in X^{**}, \quad \alpha\varphi(x) + \beta\varphi(y) = \alpha\widetilde{x} + \beta\widetilde{y} \in X^{**}.$$

因为 $\forall f \in X^*$,有

$$\widetilde{\alpha x + \beta y}(f) = f(\alpha x + \beta y) = \alpha f(x) + \beta f(y),$$

$$(\alpha\widetilde{x} + \beta\widetilde{y})(f) = \alpha\widetilde{x}(f) + \beta\widetilde{y}(f) = \alpha f(x) + \beta f(y),$$

所以 $\varphi(\alpha x + \beta y) = \alpha\varphi(x) + \beta\varphi(y)$,即 φ 是线性映射.

② 证明 φ 是等距映射.

由上述（2）的证明知 $\|x\| = \|\tilde{x}\|$.

③ 证明 φ 是 $1-1$ 映射.

当 $x, y \in X$，且 $x \neq y$ 时，

$$\|\varphi(x) - \varphi(y)\| = \|\varphi(x-y)\| = \|\widetilde{x-y}\| = \|x-y\| \neq 0.$$

于是有 φ 是单映射，加之它为满射，故 φ 是 $1-1$ 映射. □

由定理 3.8.5 知，$\varphi: X \to \tilde{X}$ 是从 X 到 X^{**} 的子集 $\tilde{X}$ 上的线性等距同构映射，即 $X \cong \tilde{X}$，这意味着将 X 可以嵌入到 X^{**} 中，也称映射 φ 是从 X 到 X^{**} 上的自然映射或嵌入映射. 这一结论也可看成是 Hahn-Banach 延拓定理的应用. 事实上，延拓定理还有更多的应用，我们将在第五章第三节专门讨论延拓定理的应用.

定理 3.8.6 任何线性赋范空间必有完备化空间. □

定理 3.8.6 的证明留作练习题. 该定理表明任给线性赋范空间 X，存在 Banach 空间 Y，使得 X 与 Y 的稠密子空间 $\tilde{Y}$ 线性等距同构.

3.9　闭图像定理

学习微积分时，我们知道闭区间 $[a, b]$ 上的函数 $y = f(x)$ 的图形是 XOY 平面上的一条曲线，即为 $\mathbb{R}^2$ 中的一个点集 $G(f) = \{(x, y) \mid y = f(x), x \in [a, b]\}$. 特别当 $f(x)$ 连续时，这个点集 $G(f)$ 为 $\mathbb{R}^2$ 中的闭集，如图 3.9.1 所示. 现在将此结论推广到更一般的线性赋范空间上.

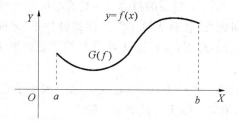

图 3.9.1　连续函数图像为平面上的闭集示意图

设 X 和 Y 是同一数域 $\mathbb{F}$ 上的线性赋范空间，记 $X \times Y = \{(x, y) \mid x \in X, y \in Y\}$，在 $X \times Y$ 上定义加法和数乘，具体如下：$\forall (x_1, y_1), (x_2, y_2) \in X \times Y$ 以及 $\forall \alpha \in \mathbb{F}$，有

$$(x_1, y_1) + (x_2, y_2) = (x_1 + x_2, y_1 + y_2),\ \alpha(x_1, y_1) = (\alpha x_1, \alpha y_1),$$

那么 $X \times Y$ 构成线性空间. 设 $x \in X$, $y \in Y$，其范数分别为 $\|x\|$, $\|y\|$，于是在 $X \times Y$ 上可定义范数

$$\|(x, y)\|_p = (\|x\|^p + \|y\|^p)^{\frac{1}{p}},\ 1 \leqslant p < +\infty,$$
$$\|(x, y)\|_\infty = \max\{\|x\|, \|y\|\}.$$

最常用的是 $\|(x, y)\|_1 = \|x\| + \|y\|$, $\|(x, y)\|_2 = (\|x\|^2 + \|y\|^2)^{\frac{1}{2}}$, $\|(x, y)\|_\infty = \max\{\|x\|, \|y\|\}$，可证明这些范数都是 $X \times Y$ 上的等价范数，此时称 $X \times Y$ 为 X 和 Y 的**乘积空间**（**Product Space**）.

通过上述范数的定义可知乘积空间 $X \times Y$ 是线性赋范空间，于是在 $X \times Y$ 中就有了开

集、闭集、列紧集、收敛列、完备性等概念和相应的结论. 例如, 点列 $\{(x_n, y_n)\} \subset X \times Y$ 收敛于 (x_0, y_0) 当且仅当

$$\|(x_n, y_n) - (x_0, y_0)\| = \|(x_n - x_0, y_n - y_0)\| \to 0.$$

同时, 易证

$$(x_n, y_n) \to (x_0, y_0) \text{ 等价于 } x_n \to x_0, y_n \to y_0.$$

因此, 对于 $X \times Y$ 的子集 F 而言, F 为闭集当且仅当对于任意的点列 $\{A_n\} \subset F$, 其中 $A_n = (x_n, y_n)$, 且 $x_n \to x$, $y_n \to y$, 有 $(x, y) \in F$.

定义 3.9.1 **闭线性算子**(Closed Linear Operator)

设 X 和 Y 是同一数域 $\mathbb{F}$ 上的线性赋范空间, 若算子 T 的**图像**(Graph)

$$G(T) = \{(x, y) \mid y = Tx, x \in D(T)\}$$

是乘积空间 $X \times Y$ 的闭子集, 则称 T 为闭线性算子, 简称**闭算子**(Closed Operator). □

引理 3.9.1 设 X 和 Y 是同一数域 $\mathbb{F}$ 上的线性赋范空间, $T: D(T)(\subset X) \to Y$ 是线性算子, 那么 T 为闭线性算子的充要条件是: $\forall \{x_n\} \subset D(T)$, 当 $x_n \to x \in X$, $Tx_n \to y \in Y$ 时, 必有 $x \in D(T)$ 且 $Tx = y$.

证明 如果 T 为闭线性算子, 那么当 $x_n \in D(T)$, $x_n \to x \in X$, $Tx_n \to y \in Y$ 时, 显然有 $\{(x_n, Tx_n)\} \subset G(T)$, 而且在乘积空间 $X \times Y$ 中有 $(x_n, Tx_n) \to (x, y)$. 由于 $G(T)$ 是 $X \times Y$ 中的闭集, 故 $(x, y) \in G(T)$, 即 $x \in D(T)$, $Tx = y$.

$\forall (x_n, Tx_n) \in G(T)$, 当 $(x_n, Tx_n) \to (x, y)$ 时, 显然有 $x_n \to x$, $Tx_n \to y$. 由条件知 $x \in D(T)$ 且 $Tx = y$. 于是有 $(x, y) = (x, Tx) \in G(T)$, 即 $G(T)$ 中的每一收敛点列的极限都在 $G(T)$ 中, 所以 $G(T)$ 是闭集, 即 T 为闭线性算子. □

对于线性算子而言, 已有三个重要的概念: 连续性、有界性和闭性, 其中连续性和有界性等价, 因此, 在此需要研究"线性有界算子"与"闭线性算子"之间的关系.

定理 3.9.1 设 $T: D(T)(\subset X) \to Y$ 是线性有界算子, 如果 $D(T)$ 是 X 的闭线性子空间, 那么 T 为闭线性算子.

证明 设 $x_n \in D(T)$ 且有 $x_n \to x \in X$, $Tx_n \to y \in Y$. 因为 $D(T)$ 是 X 的闭线性子空间, 所以 $x \in D(T)$. 又因为 T 有界, 即为连续算子, 所以

$$y = \lim_{n \to \infty} Tx_n = T \lim_{n \to \infty} x_n = Tx.$$

故根据引理 3.9.1 可得 T 为闭线性算子. □

当 $D(T) = X$ 时, 若 $T: X \to Y$ 是线性有界算子, 则由定理 3.9.1 知 T 为闭算子.

定理 3.9.2 **闭图像定理**(Closed Graph Theorem)

设 X 和 Y 都是 Banach 空间, $T: D(T)(\subset X) \to Y$ 是闭线性算子, $D(T)$ 是 X 的闭线性子空间, 那么 T 为线性有界算子.

证明 由于 T 为闭线性算子, 以及 $D(T)$ 是闭子空间, 易验证 $G(T)$ 是乘积空间 $X \times Y$ 的闭子空间. 因为 X 和 Y 都是 Banach 空间, 所以 $X \times Y$ 是 Banach 空间, 于是知 $G(T)$ 是 Banach 空间. 又知 $D(T)$ 是 Banach 空间 X 的闭线性子空间, 所以 $D(T)$ 是 Banach 空间. 定义线性算子 $P: G(T) \to D(T)$ 为

$$P(x, Tx) = x,$$

其中 $(x, Tx) \in G(T)$. 由于 $\|P(x, Tx)\| = \|x\| \leqslant \|x\| + \|Tx\| = \|(x, Tx)\|$, 所以 $P \in B(G(T) \to D(T))$. 由逆算子定理知 $P^{-1} \in B(D(T) \to G(T))$. 于是 $\forall x \in D(T)$, 有

$$\|Tx\| \leqslant \|x\| + \|Tx\| = (x, Tx) = \|P^{-1}(x)\| \leqslant \|P^{-1}\| \|x\|,$$

因此 T 为线性有界算子. $\square$

推论 3.9.1 设 X 和 Y 都是 Banach 空间，$T \in L(X \to Y)$，那么 T 为线性有界算子当且仅当 T 为闭算子. $\square$

例 3.9.1 设 $X = C[0, 1]$，$D(T) = C^{(1)}[0, 1]$，微分算子 $T: D(T) \to X$，$Tx = \dfrac{\mathrm{d}}{\mathrm{d}t} x(t)$，证明 T 是闭的无界算子.

证明 由例 3.2.1 知 T 是线性无界的. 下证 T 是闭线性算子.

设 $x_n \in D(T)$，且 $x_n \to x$，$Tx_n \to y$. 由 $x_n'(t) = Tx_n(t) \to y(t)$，依据习题 1 中第 12 题的结论知 $x_n'(t)$ 在 $C[0, 1]$ 上一致收敛到 $y(t)$，所以有

$$\int_0^t y(\tau) \mathrm{d}\tau = \int_0^t \lim_{n \to \infty} x_n'(\tau) \mathrm{d}\tau = \lim_{n \to \infty} \int_0^t x_n'(\tau) \mathrm{d}\tau = \lim_{n \to \infty} [x_n(t) - x_n(0)] = x(t) - x(0),$$

即 $x(t) = x(0) + \displaystyle\int_0^t y(\tau) \mathrm{d}\tau$，从而 $x(t) \in D(T)$，且 $Tx = x'(t) = y(t)$. 由引理 3.9.1 知，T 是闭算子. $\square$

例 3.9.1 说明算子的闭性不蕴含有界，下面的例子则说明有界也不蕴含闭性.

例 3.9.2 设 $X = C[a, b]$，$T: D(T) \to C[a, b]$ 是恒等算子，其中 $D(T)$ 是 $[a, b]$ 上的实系数多项式函数的全体 $P(a, b)$，证明 T 是线性有界算子，但 T 不是闭算子.

证明 因为 $\forall x \in D(T)$，$\|Tx\| = \|x\|$，所以显然有 T 是线性有界算子.

令 $x(t) = \sin t$，显然 $x(t) \in X$，但 $x(t) \notin D(T)$. 由于 $P[a, b]$ 在 $C[a, b]$ 中稠密，所以存在点列 $\{x_n\} \subset D(T)$，使得 $x_n \to x$，$n \to \infty$，即 $Tx_n = x_n \to x$，但是由于 $(x, Tx) = (\sin t, \sin t) \notin G(T)$，故 T 不是闭算子. $\square$

例 3.9.3 设无穷矩阵

$$A = \begin{bmatrix} a_{11} & a_{12} & \cdots & a_{1j} & \cdots \\ a_{21} & a_{22} & \cdots & a_{2j} & \cdots \\ \vdots & \vdots & & \vdots & \vdots \\ a_{i1} & a_{i2} & \cdots & a_{ij} & \cdots \\ \vdots & \vdots & \vdots & \vdots & \vdots \end{bmatrix}$$

满足 $\displaystyle\sum_{i=1}^{\infty} |a_{ij}|^2 < \infty$，$j = 1, 2, 3, \cdots$，并对任何 $x = (x_1, x_2, \cdots, x_i, \cdots) \in l^2$ 有

$$Tx = xA = (x_1, x_2, \cdots, x_i, \cdots) \begin{bmatrix} a_{11} & a_{12} & \cdots & a_{1j} & \cdots \\ a_{21} & a_{22} & \cdots & a_{2j} & \cdots \\ \vdots & \vdots & & \vdots & \vdots \\ a_{i1} & a_{i2} & \cdots & a_{ij} & \cdots \\ \vdots & \vdots & \vdots & \vdots & \vdots \end{bmatrix}$$

$$= (y_1, y_2, \cdots, y_j, \cdots) = y \in l^2,$$

其中 $y_j = \displaystyle\sum_{i=1}^{\infty} x_i a_{ij}$，$j = 1, 2, \cdots$，证明算子 T 是线性连续算子.

证明 显然，$T \in L(l^2 \to l^2)$，即 T 是线性算子，又知 l^2 是 Banach 空间，所以由闭图像定理知，算子 T 连续等价于 T 是闭算子. 设 $\{x_n\} \subset l^2$，$x_n \to x$，$n \to \infty$，$Tx_n \to y \in l^2$，下面证

明 $y = Tx$. 记

$$x = (x_1, x_2, \cdots, x_i, \cdots); \quad Tx = (y_1^0, y_2^0, \cdots, y_j^0, \cdots); \quad y = (y_1, y_2, \cdots, y_j, \cdots);$$

$$x_n = (x_1^n, x_2^n, \cdots, x_i^n, \cdots); \quad Tx_n = (y_1^n, y_2^n, \cdots, y_j^n, \cdots).$$

一方面，由 $Tx_n \to y$ 知，对每一个 j 而言，有

$$|y_j^n - y_j| \leqslant \left(\sum_{j=1}^{\infty} |y_j^n - y_j|^2\right)^{\frac{1}{2}} \to 0, \quad n \to \infty;$$

另一方面，对每一个 j 有

$$|y_j^n - y_j^0| = \left|\sum_{i=1}^{\infty}(x_i^n - x_i)a_{ij}\right| \leqslant \sum_{i=1}^{\infty} |(x_i^n - x_i)a_{ij}|$$

$$\leqslant \left(\sum_{i=1}^{\infty} |a_{ij}|^2\right)^{\frac{1}{2}} \left(\sum_{i=1}^{\infty} |x_i^n - x_i|^2\right)^{\frac{1}{2}}$$

$$= \left(\sum_{i=1}^{\infty} |a_{ij}|^2\right)^{\frac{1}{2}} \|x_n - x\| \to 0, \quad n \to \infty,$$

所以有 $y_j = y_j^0$，即 $y = Tx$. 由闭算子的等价条件推论 3.9.1 知 T 是闭线性算子. □

闭图像定理告诉我们，在 Banach 空间中，判定线性算子的连续性（线性有界性）问题，可以转化为算子的闭性判定. 事实上，在很多情形下，闭性往往更容易判定. 设线性算子 $T: X \to Y$，考虑下面三条：

$$(1)\ x_n \to x; \quad (2)\ Tx_n \to y; \quad (3)\ y = Tx.$$

通常判定线性算子 T 连续，需要从(1)推出(2)和(3)；判定线性算子 T 闭，只需要从(1)和(2)推出(3). 可见，验证线性算子 T 闭比验证 T 连续多了一个条件，少了一个结论，自然较为方便.

3.10 一致有界定理

在数学中，常常会遇到一族算子的有界问题，而不是仅仅考虑某一个算子的有界问题，即需要讨论这一族线性有界算子在什么条件下一致有界？要回答这一问题，涉及**一致有界定理**或**一致有界原理**（Uniform Boundedness Principle），也称其为**共鸣定理**. 它是由 S. Banach 和 H. Steinhaus 于 1927 年提出，所以也称为 Banach - Steinhaus 定理.

定义 3.10.1 一致有界(Uniform Boundedness)

设 X 和 Y 是同一数域 $\mathbb{F}$ 上的线性赋范空间，$F \subset B(X \to Y)$，如果 $\{\|T\| \mid T \in F\}$ 是有界集，则称算子族 F 为**一致有界**.

定理 3.10.1 一致有界定理(Uniform Boundedness Theorem)

设 X 是 Banach 空间，Y 是线性赋范空间，算子族 $F \subset B(X \to Y)$，那么算子族 F 一致有界当且仅当 $\forall x \in X$，$\{\|Tx\| \mid T \in F\}$ 为有界集.

证明 (1)必要性. 因为 $\{\|T\| \mid T \in F\}$ 是有界集，所以存在 $M > 0$，对于任意的 $T \in F$，有 $\|T\| \leqslant M$. 于是 $\forall x \in X$，不妨设 $\|x\| = a$，那么有 $\|Tx\| \leqslant \|T\| \|x\| \leqslant M \|x\| = M \cdot a$，因此 $\{\|Tx\| \mid T \in F\}$ 为有界集.

(2)充分性. $\forall x \in X$，定义 $\|x\|_F \overset{\Delta}{=\!=} \|x\| + \sup_{T \in F} \|Tx\|$，显然 $\|\cdot\|_F$ 是 X 上的范数，且比 $\|\cdot\|$ 强. 下面证明 $(X, \|\cdot\|_F)$ 完备.

如果 $\|x_m - x_n\|_F = \|x_m - x_n\| + \sup\limits_{T \in F} \|T(x_m - x_n)\| \to 0$，$m$，$n \to \infty$，那么由 X 是 Banach 空间知存在 $x \in X$，使得

$$\|x_n - x\| \to 0, \quad n \to \infty.$$

又因为 $\forall \varepsilon > 0$，$\exists N \in \mathbb{N}$，使得当 m，$n \geqslant N$ 时，有

$$\sup\limits_{T \in F} \|Tx_m - Tx_n\| < \varepsilon,$$

从而 $\forall T \in F$ 有

$$\|Tx_n - Tx\| = \|Tx_n - Tx_m + Tx_m - Tx\| \leqslant \|Tx_n - Tx_m\| + \|T\| \|x_m - x\| \to 0, \quad m, n \to \infty.$$

因此得 $\|x_n - x\| + \sup\limits_{T \in F} \|T(x_n - x)\| \to 0$，$n \to \infty$，即 $\|x_n - x\|_F \to 0$，可见 $(X, \|\cdot\|_F)$ 完备.

根据推论 3.7.1 知范数 $\|\cdot\|_F$ 和 $\|\cdot\|$ 等价，从而存在 $M > 0$，使得 $\forall x \in X$ 有

$$\sup\limits_{T \in F} \|Tx\| \leqslant \|x\| + \sup\limits_{T \in F} \|Tx\| = \|x\|_F \leqslant M\|x\|.$$

于是可得 $\forall T \in F$ 有 $\|T\| \leqslant M$. $\square$

由一致有界定理知，当 F 不一致有界时，即 $\sup\{\|T\| \mid T \in F\}$ 无界，存在 $x_0 \in X$，使得 $\sup\{\|Tx_0\| \mid T \in F\}$ 无界，称 x_0 为算子族 F 的共鸣点，故也称一致有界定理为共鸣定理. 例 3.10.1 说明一致有界定理中的条件"X 是 Banach 空间"不能缺少，否则结论不成立.

例 3.10.1 设 X 为所有实系数多项式构成的线性空间，对于

$$p_n(t) = a_0 + a_1 t + a_2 t^2 + \cdots + a_n t^n \in X,$$

定义范数

$$\|p_n(t)\| = \max\{|a_0|, |a_1|, |a_2|, \cdots, |a_n|\},$$

可验证 $(X, \|\cdot\|)$ 为线性赋范空间. 令 $k \geqslant 1$，定义 X 上的线性泛函 $f_k(p_n(t)) = \sum\limits_{i=0}^{k-1} a_i$，其中当 $k \geqslant n+2$ 时，取 $a_i = 0$，$n+1 \leqslant i \leqslant k$. 设 $F = \{f_1, f_2, \cdots, f_k, \cdots\}$，验证

(1) $\forall x \in X$，$\{|f(x)| \mid f \in F\}$ 为有界集.

(2) $\{\|f\| \mid f \in F\}$ 是无界集.

(3) X 不是 Banach 空间.

证明 (1) 因为 $\forall p_n(t) = a_0 + a_1 t + a_2 t^2 + \cdots + a_n t^n \in X$，$f_k \in F$，有

$$|f_k(p_n(t))| = \left| \sum_{i=0}^{k-1} a_i \right| \leqslant \left| \sum_{i=0}^{n} a_i \right|,$$

所以 $\{|f(p_n(t))| \mid f \in F\}$ 为有界集.

(2) 令 $p_n(t) = 1 + t + t^2 + \cdots + t^n$，则 $\|p_n(t)\| = 1$. 当 $k \leqslant n$ 时，

$$|f_k(p_n(t))| = k = k\|p_n(t)\|, \quad \|f_k\| \geqslant \frac{|f_k(p_n(t))|}{\|p_n(t)\|} = k,$$

所以 $\{\|f\| \mid f \in F\}$ 是无界集.

(3) 令 $p_n(t) = 1 + \frac{1}{2} t + \frac{1}{3} t^2 + \cdots + \frac{1}{n+1} t^n$，当 $m > n$ 时，$\|p_m(t) - p_n(t)\| = \frac{1}{n+2}$，所以点列 $\{p_n(t)\}$ 是 Cauchy 列. 假设点列 $\{p_n(t)\}$ 收敛到 $p_s(t) = a_0 + a_1 t + a_2 t^2 + \cdots + a_s t^s$，则当 $n > s+1$ 时，

$$\|p_n(t) - p_s(t)\| \geqslant \frac{1}{s+2}$$

产生矛盾，故 Cauchy 列 $\{p_n(t)\}$ 不收敛. 因此，X 不是 Banach 空间. $\square$

由例 2.1.2 知 $C[0, 2\pi]$ 是 Banach 空间，$[0, 2\pi]$ 上的周期连续函数（Periodic Function）记为

$$C_{\mathrm{per}}[0, 2\pi] = \{f(t) \mid f(t) \in C[0, 2\pi], f(0) = f(2\pi)\}.$$

可验证 $C_{\mathrm{per}}[0, 2\pi]$ 是 $C[0, 2\pi]$ 的闭子空间，所以 $C_{\mathrm{per}}[0, 2\pi]$ 也是 Banach 空间. $f \in C_{\mathrm{per}}[0, 2\pi]$ 导出的 Fourier 级数为

$$\frac{1}{2}a_0 + \sum_{n=1}^{\infty}(a_n \cos nt + b_n \sin nt),$$

其中 $a_n = \dfrac{1}{\pi}\displaystyle\int_0^{2\pi} f(t)\cos nt\,\mathrm{d}t$, $n = 0, 1, 2, \cdots$; $b_n = \dfrac{1}{\pi}\displaystyle\int_0^{2\pi} f(t)\sin nt\,\mathrm{d}t$, $n = 1, 2, 3, \cdots$. 那么，便产生一个问题，即 $\forall t \in [0, 2\pi]$,

$$\lim_{n\to\infty}\left[\frac{1}{2}a_0 + \sum_{m=1}^{n}(a_m\cos mt + b_m\sin mt)\right] = f(t)$$

是否也成立？

例 3.10.2　（**Fourier 级数的发散问题**）

证明存在一个周期为 2π 的实值连续函数，它的 Fourier 级数在 $t = 0$ 点发散.

证明　设 $f \in C_{\mathrm{per}}[0, 2\pi]$, f 导出的 Fourier 级数为 $\dfrac{1}{2}a_0 + \displaystyle\sum_{n=1}^{\infty}(a_n\cos nt + b_n\sin nt)$. 当 $t = 0$ 时，级数为 $\dfrac{1}{2}a_0 + \displaystyle\sum_{n=1}^{\infty}a_n$, 前 $n+1$ 项部分和为

$$S_n(f) = \frac{1}{2}a_0 + \sum_{m=1}^{n}a_m = \frac{1}{2\pi}\int_0^{2\pi} f(t)\left[1 + 2\sum_{m=1}^{n}\cos mt\right]\mathrm{d}t.$$

连续应用积化和差公式 $\sin\alpha\cos\beta = \dfrac{1}{2}[\sin(\alpha+\beta) + \sin(\alpha-\beta)]$, 可得

$$\begin{aligned}
\sin\frac{t}{2}\left(1 + 2\sum_{m=1}^{n}\cos mt\right) &= \sin\frac{t}{2} + 2\sin\frac{t}{2}\cos t + 2\sin\frac{t}{2}\sum_{m=2}^{n}\cos mt \\
&= \sin\frac{t}{2} + \left[\sin\frac{3t}{2} - \sin\frac{t}{2}\right] + 2\sin\frac{t}{2}\sum_{m=2}^{n}\cos mt \\
&= \sin\frac{3t}{2} + \left[\sin\frac{5t}{2} - \sin\frac{3t}{2}\right] + 2\sin\frac{t}{2}\sum_{m=3}^{n}\cos mt \\
&= \cdots \\
&= \sin\frac{(2n+1)t}{2}.
\end{aligned}$$

于是令 $K_n(t) = 1 + 2\displaystyle\sum_{m=1}^{n}\cos mt$, 可得 $K_n(t) = \dfrac{\sin\left(n+\dfrac{1}{2}\right)t}{\sin\dfrac{1}{2}t}$, 即

$$S_n(f) = \frac{1}{2\pi}\int_0^{2\pi} f(t)K_n(t)\,\mathrm{d}t.$$

下面证明存在 $f \in C_{\mathrm{per}}[0, 2\pi]$, 使得 $\{S_n(f)\}$ 发散. 显然，$S_n: C_{\mathrm{per}}[0, 2\pi] \to \mathbb{R}$ 是线性泛函. 又因为

$$| S_n(f) | \leqslant \max_{t \in [0, 2\pi]} \{ | f(t) | \} \cdot \frac{1}{2\pi} \int_0^{2\pi} | K_n(t) | \, dt = M_n \cdot \| f \|,$$

其中 $M_n = \frac{1}{2\pi} \int_0^{2\pi} | K_n(t) | \, dt$，所以 S_n 是线性连续泛函，即 $\| S_n \| \leqslant M_n$. 下面证明 $\| S_n \| = M_n$.

令 $| K_n(t) | = y(t) K_n(t)$，其中当 $K_n(t) \geqslant 0$ 时，$y(t) = 1$；当 $K_n(t) < 0$ 时，$y(t) = -1$. 函数 $y(t)$ 不一定连续，但因为 $K_n(t)$ 在 $[0, 2\pi]$ 上仅有有限个零点，所以 $\forall \varepsilon > 0$，存在一个连续函数 $x(t) \in C_{\text{per}}[0, 2\pi]$ 且 $-1 \leqslant x(t) \leqslant 1$，使得

$$\frac{1}{2\pi} \left| \int_0^{2\pi} [x(t) - y(t)] K_n(t) \, dt \right| < \varepsilon,$$

即

$$\frac{1}{2\pi} \left| \int_0^{2\pi} x(t) K_n(t) \, dt - \int_0^{2\pi} y(t) K_n(t) \, dt \right| = \left| \frac{1}{2\pi} \int_0^{2\pi} x(t) K_n(t) \, dt - \frac{1}{2\pi} \int_0^{2\pi} | K_n(t) | \, dt \right| < \varepsilon.$$

所以有

$$| S_n(x) | = \left| \frac{1}{2\pi} \int_0^{2\pi} x(t) K_n(t) \, dt \right| \geqslant \frac{1}{2\pi} \int_0^{2\pi} | K_n(t) | \, dt - \varepsilon = M_n - \varepsilon.$$

由于 $\| x(t) \| \leqslant 1$，所以 $\| S_n \| \geqslant M_n$.

由于 $C_{\text{per}}[0, 2\pi]$ 是 Banach 空间，为了证明存在 $f \in C_{\text{per}}[0, 2\pi]$，使得 $\{ S_n(f) \}$ 无界，根据一致有界定理，只需证 $\{ \| S_n \| \}$ 无界. 因为当 $t \in (0, 2\pi)$ 时，$\left| \sin \frac{1}{2} t \right| < \frac{1}{2} t$，有

$$\| S_n \| = \frac{1}{2\pi} \int_0^{2\pi} \left| \frac{\sin \left(n + \frac{1}{2} \right) t}{\sin \frac{1}{2} t} \right| \, dt \geqslant \frac{1}{\pi} \int_0^{2\pi} \frac{\left| \sin \left(n + \frac{1}{2} \right) t \right|}{t} \, dt$$

$$= \frac{1}{\pi} \int_0^{(2n+1)\pi} \frac{| \sin u |}{u} \, du,$$

$$= \frac{1}{\pi} \sum_{k=0}^{2n} \int_{k\pi}^{(k+1)\pi} \frac{| \sin u |}{u} \, du$$

$$\geqslant \frac{1}{\pi} \sum_{k=0}^{2n} \frac{1}{(k+1)\pi} \int_{k\pi}^{(k+1)\pi} | \sin u | \, du$$

$$= \frac{2}{\pi^2} \sum_{k=0}^{2n} \frac{1}{k+1} \to \infty, \quad n \to \infty,$$

所以 $\{ \| S_n \| \}$ 无界. $\square$

有关线性有界算子的主要定理如表 3.10.1 所示.

表 3.10.1　线性有界算子的主要定理

章节	定理名称	前提条件			结论
		X	Y	其他条件	
3.4	Riesz 表示定理	Hilbert 空间	$\mathbb{F}$	$f \in B(X \to \mathbb{F})$	存在唯一的 $z \in X$，使得 $f(x) = (x, z)$，$\| f \| = \| z \|$
3.8	Hahn - Banach 延拓定理	线性赋范空间		M 为 X 的子空间，$f \in B(M \to \mathbb{F})$	存在 $F \in X^*$，使得 $F|_M = f$，$\| F \| = \| f \|$

续表

章节	定理名称	前提条件			结论
		X	Y	其他条件	
3.7	开映射定理	Banach 空间	Banach 空间	$T \in B(X{\rightarrow}Y)$; $R(T)=Y$	T 为开映射
3.7	逆算子定理			T 为双射	$T^{-1} \in B(Y{\rightarrow}X)$
3.9	闭图像定理			T 为闭线性算子，$D(T)$ 为闭子空间	$T \in B(X{\rightarrow}Y)$
3.10	一致有界定理		线性赋范空间	$F \subset B(X{\rightarrow}Y)$	F 一致有界等价于 $\forall x \in X \{ \| Tx \| \mid T \in F \}$ 有界

3.11　点列的弱极限

设 X 是线性赋范空间，点列 $\{x_n\} \subset X$，若存在 $x \in X$ 使得 $\lim\limits_{n \to \infty} \| x_n - x \| = 0$ 成立，则这是我们前面所说的点列 $\{x_n\}$ 依范数收敛到 x. 有时，为了区别于其他形式的收敛，也称其为点列的强收敛，即 $\{x_n\}$ 强收敛到（或收敛于）x，记为 $\lim\limits_{n \to \infty} x_n = x$，或者 $s - \lim\limits_{n \to \infty} x_n = x$，或者 $x_n \to x$.

定义 3.11.1　弱收敛 (Weak Convergence)

设 X 是线性赋范空间，点列 $\{x_n\} \subset X$. 若存在 $x \in X$，使得 $\forall f \in X^*$，有 $\lim\limits_{n \to \infty} f(x_n) = f(x)$ 成立，则称点列 $\{x_n\}$ 弱收敛到 x，记为 $w - \lim\limits_{n \to \infty} x_n = x$ 或者 $x_n \xrightarrow{w} x$. □

性质 3.11.1　若线性赋范空间 X 中的点列 $\{x_n\}$ 强收敛（或者弱收敛），则极限点唯一.

证明　若点列依范数收敛，则极限必唯一，所以强收敛点列 $\{x_n\}$ 的极限点 x 唯一. 下面证明弱收敛点列的极限也唯一. 假设线性赋范空间 X 中的点列 $\{x_n\}$ 弱收敛到 x，同时也弱收敛到 x'，那么 $\forall f \in X^*$，有 $\lim\limits_{n \to \infty} f(x_n) = f(x)$ 与 $\lim\limits_{n \to \infty} f(x_n) = f(x')$ 成立，即得

$$\forall f \in X^*, \text{ 有 } f(x) = f(x').$$

如果 $x - x' \neq 0$，根据 Hahn - Banach 延拓定理可得，存在线性有界泛函 $f_0 \in X^*$，使得 $\| f_0 \| = 1$ 以及 $f_0(x - x') = \| x - x' \| \neq 0$，即 $f_0(x) - f_0(x') \neq 0$ 产生矛盾，故 $x = x'$，即弱极限点 x 也唯一. □

性质 3.11.2　设 X 是数域 $\mathbb{F}$ 上的线性赋范空间，$\{x_n\}$，$\{y_n\} \subset X$，x，$y \in X$，α_n，β_n，α，$\beta \in \mathbb{F}$ 且 $n \to \infty$ 时，$\alpha_n \to \alpha$，$\beta_n \to \beta$.

(1) 若 $s - \lim\limits_{n \to \infty} x_n = x$，$s - \lim\limits_{n \to \infty} y_n = y$，则 $s - \lim\limits_{n \to \infty} (\alpha_n x_n + \beta_n y_n) = \alpha x + \beta y$.

(2) 若 $w - \lim\limits_{n \to \infty} x_n = x$，$w - \lim\limits_{n \to \infty} y_n = y$，则 $w - \lim\limits_{n \to \infty} (\alpha_n x_n + \beta_n y_n) = \alpha x + \beta y$.

证明　因为

$$\| (\alpha_n x_n + \beta_n y_n) - (\alpha x + \beta y) \| \leqslant \| \alpha_n x_n - \alpha x \| + \| \beta_n y_n - \beta y \|$$

$$\leqslant \| \alpha_n x_n - \alpha_n x + \alpha_n x - \alpha x \| + \| \beta_n y_n - \beta_n y + \beta_n y - \beta y \|$$

$$\leqslant |\alpha_n| \| x_n - x \| + |\alpha_n - \alpha| \| x \| + |\beta_n| \| y_n - y \| + |\beta_n - \beta| \| y \| \to 0,$$

所以(1)成立.

$\forall f \in X^*$，因为

$$
\begin{aligned}
|f(\alpha_n x_n + \beta_n y_n) - f(\alpha x + \beta y)| \leqslant & |f(\alpha_n x_n) - f(\alpha x)| + |f(\beta_n y_n) - f(\beta y)| \\
\leqslant & |f(\alpha_n x_n) - f(\alpha_n x) + f(\alpha_n x) - f(\alpha x)| \\
& + |f(\beta_n y_n) - f(\beta_n y) + f(\beta_n y) - f(\beta y)| \\
\leqslant & |\alpha_n||f(x_n) - f(x)| + |\alpha_n - \alpha||f(x)| \\
& + |\beta_n||f(y_n) - f(y)| + |\beta_n - \beta||f(y)| \\
& \to 0,
\end{aligned}
$$

所以(2)成立. □

性质 3.11.3 若线性赋范空间 X 中的点列 $\{x_n\}$ 强收敛到 x，则必弱收敛到 x.

证明 因为 $\forall f \in X^*$，有 $|f(x_n) - f(x)| \leqslant \|f\|\|x_n - x\|$，所以当 $\lim\limits_{n \to \infty} \|x_n - x\| = 0$，必有 $\lim\limits_{n \to \infty} |f(x_n) - f(x)| = 0$. □

下面的例 3.11.1 说明性质 3.11.3 的逆命题不成立，即弱收敛的点列未必强收敛.

例 3.11.1 设内积空间 X 是一 Hilbert 空间，$\{e_n\}$ 为 X 的标准正交系，证明 $w - \lim\limits_{n \to \infty} e_n = 0$，但 $\{e_n\}$ 不强收敛.

证明 因为当 $m \neq n$ 时，有 $\|e_m - e_n\|^2 = (e_m - e_n, e_m - e_n) = 2$，所以点列 $\{e_n\}$ 并不强收敛. 下面证明它弱收敛到 0.

$\forall f \in X^*$，由 Riesz 表示定理知，存在唯一的 $z \in X$，使得 $\forall x \in X$ 有 $f(x) = (x, z)$. 于是 $f(e_n) = (e_n, z)$，根据 Bessel 不等式知

$$
\sum_{n=1}^{\infty} |(e_n, z)|^2 \leqslant \|z\|^2,
$$

所以级数 $\sum\limits_{n=1}^{\infty} |(e_n, z)|^2$ 收敛. 可见，$f(e_n) = (e_n, z) \to 0 = f(0)$，即 $\forall f \in X^*$ 有 $\lim\limits_{n \to \infty} f(e_n) = f(0)$，故点列 $\{e_n\}$ 弱收敛到 0. □

性质 3.11.4 若线性赋范空间 X 中的点列 $\{x_n\}$ 弱收敛到 x，则数列 $\{\|x_n\|\}$ 有界.

证明 因为 $\forall f \in X^*$，数列 $\{f(x_n)\}$ 收敛，所以 $\{f(x_n)\}$ 有界，即存在 $M_f \geqslant 0$，使得 $\forall n \in N$ 有 $|f(x_n)| \leqslant M_f$. 由定理 3.8.5 知，X 与它的二次共轭空间 X^{**} 的子空间 $\tilde{X}$ 线性等距同构，即存在 $1-1$ 映射 $T: X \to \tilde{X} \subset X^{**}$ 将 x 映射为 $\tilde{x} \in X^{**}$，其中 $\forall f \in X^*$，$\tilde{x}(f) = f(x)$ (也称这种映射 T 为自然嵌入映射). 于是，对于所有的 n 而言，$T: x_n \to \tilde{x}_n$，可见 $|\tilde{x}_n(f)| = |f(x_n)| \leqslant M_f$，因此 $\forall f \in X^*$，数列 $\{\tilde{x}_n(f)\}$ 有界. 因为 X^* 是 Banach 空间，由共鸣定理可得数列 $\{\|\tilde{x}_n\|\}$ 有界，根据 T 的保距性可得数列 $\{\|x_n\|\}$ 有界. □

显然，当数列 $\{\|x_n\|\}$ 有界时，点列 $\{x_n\}$ 的强极限未必存在，那弱极限自然也很难保证存在. 例如，有界的点列 $\{(-1)^n\} \subset \mathbb{R}$，它的强极限不存在，弱极限也不存在. 下面的定理 3.11.1 说明在有限维空间上强极限与弱极限的存在性等价.

定理 3.11.1 设 X 为有限维线性赋范空间，点列 $\{x_n\} \subset X$ 及点 $x \in X$，则 $s - \lim\limits_{n \to \infty} x_n = x$ 当且仅当 $w - \lim\limits_{n \to \infty} x_n = x$.

证明 由性质 3.11.3 知必要性必然成立，下仅证充分性成立.

设 X 是 k 维线性赋范空间，$w-\lim\limits_{n\to\infty}x_n=x$，以及 e_1，e_2，$\cdots$，e_k 是 X 的一组基. 于是可假设

$$x=a_1e_1+a_2e_2+\cdots+a_ke_k,\ x_n=a_1^{(n)}e_1+a_2^{(n)}e_2+\cdots+a_k^{(n)}e_k,$$

令 $G_i=\text{span}\{e_1,\ e_2,\ \cdots,\ e_{i-1},\ e_{i+1},\ \cdots,\ e_k\}$，显然 G_i 是 X 的 $k-1$ 维闭子空间. 记 $d_i=d(e_i,\ G_i)>0$，其中 $i=1,2,\cdots,k$，由 Hahn-Banach 延拓定理的推论知，存在 $f_i\in X^*$，使得

$$f_i(e_i)=d_i>0,$$
$$f_i(e_j)=0,\ j\neq i.$$

记 $\overline{f}_i=\dfrac{1}{d_i}f_i$，$i=1,2,\cdots,k$，于是 $\overline{f}_i(e_i)=1$，$\overline{f}_i(e_j)=0$，$j\neq i$，所以 $\overline{f}_i(x_n)=a_i^{(n)}$，$\overline{f}_i(x)=a_i$，从而对于 $i=1,2,\cdots,k$ 有

$$\overline{f}_i(x_n)\to\overline{f}_i(x),\ n\to\infty\ 等价于\ a_i^{(n)}\to a_i,\ n\to\infty.$$

因此，由 $w-\lim\limits_{n\to\infty}x_n=x$ 可得 $a_i^{(n)}\to a_i$，$n\to\infty$. 可见

$$\|x_n-x\|=\left\|\sum_{i=1}^k(a_i^{(n)}-a_i)e_i\right\|\leqslant\sum_{i=1}^k|a_i^{(n)}-a_i|\ \|e_i\|\to0$$

即得 $s-\lim\limits_{n\to\infty}x_n=x$. □

在 $\mathbb{R}^n$ 中，强极限与弱极限等价. 下面讨论弱极限存在的充要条件.

定理 3.11.2 设 X 为线性赋范空间，点列 $\{x_n\}\subset X$ 及点 $x_0\in X$，则 $w-\lim\limits_{n\to\infty}x_n=x_0$ 当且仅当以下两条同时成立：

(1) 数列 $\{\|x_n\|\}$ 有界；

(2) 存在 X^* 的一个稠密子集 M^*，使得 $\forall f\in M^*$，有 $\lim\limits_{n\to\infty}f(x_n)=f(x_0)$.

证明 由性质 3.11.4 及弱收敛的定义易知必要性成立. 下面由条件（1）和（2）证明 $\forall f\in X^*$，数列 $\{f(x_n)\}$ 收敛且收敛到 $f(x_0)$.

因为 M^* 是 X^* 的一个稠密子集，所以 $\forall\varepsilon>0$，$\exists f_\varepsilon\in M^*$，使得 $\|f-f_\varepsilon\|\leqslant\varepsilon$. 由数列 $\{\|x_n\|\}$ 有界知，存在常数 $k>0$，使得 $\|x_n\|\leqslant k$，$n=1,2,\cdots$. 于是有

$$|f(x_n)-f(x_0)|\leqslant|f(x_n)-f_\varepsilon(x_n)|+|f_\varepsilon(x_n)-f_\varepsilon(x_0)|+|f_\varepsilon(x_0)-f(x_0)|$$
$$\leqslant\|f-f_\varepsilon\|\ \|x_n\|+|f_\varepsilon(x_n)-f_\varepsilon(x_0)|+\|f-f_\varepsilon\|\ \|x_0\|$$
$$\leqslant\varepsilon k+|f_\varepsilon(x_n)-f_\varepsilon(x_0)|+\varepsilon\|x_0\|.$$

由 $f_\varepsilon\in M^*$ 知 $f_\varepsilon(x_n)-f_\varepsilon(x_0)\to0$，$n\to\infty$，因此 $f(x_n)-f(x_0)\to0$，$n\to\infty$，即得

$$w-\lim_{n\to\infty}x_n=x_0.\ \square$$

推论 3.11.1 设 H 为 Hilbert 空间，$\{e_n\}$ 是 H 的完全标准正交系，则 H 中的点列弱收敛到 $w-\lim\limits_{n\to\infty}x_n=x_0$ 当且仅当以下两条同时成立：

(1) 数列 $\{\|x_n\|\}$ 有界；

(2) $\lim\limits_{n\to\infty}(x_n,\ e_i)=(x_0,\ e_i)$，其中 $i=1,2,\cdots$. □

推论 3.11.1 的证明留作练习题.

定理 3.11.3 设 X 为内积空间，点列 $\{x_n\}\subset X$ 及点 $x_0\in X$，则 $s-\lim\limits_{n\to\infty}x_n=x_0$ 当且仅当

$$w-\lim_{n\to\infty}x_n=x_0,\ \lim_{n\to\infty}\|x_n\|=\|x_0\|.$$

证明　必要性由性质 3.11.3 及性质 3.11.4 知成立. 下面仅证明充分性.

由 $\lim\limits_{n\to\infty}\|x_n\|=\|x_0\|$ 可得 $\lim\limits_{n\to\infty}\|x_n\|^2=\|x_0\|^2$；由 $w-\lim\limits_{n\to\infty}x_n=x_0$ 及内积是连续映射可得

$$\lim_{n\to\infty}(x_0,x_n)=(x_0,x_0),\ \lim_{n\to\infty}(x_n,x_0)=(x_0,x_0).$$

所以根据

$$\|x_n-x_0\|^2=(x_n-x_0,x_n-x_0)=\|x_n\|^2-(x_0,x_n)-(x_n,x_0)+\|x_0\|^2$$

可得 $\lim\limits_{n\to\infty}\|x_n-x_0\|^2=\|x_0\|^2-2(x_0,x_0)+\|x_0\|^2=0$，即 $s-\lim\limits_{n\to\infty}x_n=x_0$. $\square$

例 3.11.2　设 X 是线性赋范空间，M 是 X 的闭线性子空间，点列 $\{x_n\}\subset M$ 及 $w-\lim\limits_{n\to\infty}x_n=x_0$，证明 $x_0\in M$.

证明　如果 $x_0\notin M$，由于 M 是 X 的闭线性子空间，所以 $d=d(x_0,M)>0$. 由 Hahn-Banach 延拓定理知，$\exists f\in X^*$，使得

$$f(x_0)=d;\ \forall x\in M,\ f(x)=0.$$

于是 $f(x_n)=0$，又知 $w-\lim\limits_{n\to\infty}x_n=x_0$，所以 $f(x_0)=\lim\limits_{n\to\infty}f(x_n)=0$ 产生矛盾，故 $x_0\in M$. $\square$

对于线性赋范空间的线性子空间 M 而言，如果它包含了所有强收敛点列的极限点，则必然也包含所有弱收敛点列的极限点.

定理 3.11.4　设 X,Y 为线性赋范空间，$T\in L(X\to Y)$，则下列命题成立：

(1) 若 $T\in B(X\to Y)$，则 $\forall\{x_n\}\subset X$，当 $w-\lim\limits_{n\to\infty}x_n=x_0$ 时，有 $w-\lim\limits_{n\to\infty}Tx_n=Tx_0$.

(2) 当 X,Y 为 Banach 空间时，$T\in B(X\to Y)$ 当且仅当 $\forall\{x_n\}\subset X$，$w-\lim\limits_{n\to\infty}x_n=x_0$ 时，有 $w-\lim\limits_{n\to\infty}Tx_n=Tx_0$. $\square$

定理 3.11.4 的证明留作练习题.

定义 3.11.2　**弱有界**(Weak Boundedness)**集**

设 X 是线性赋范空间，集合 $E\subset X$，若对于每个 $f\in X^*$，存在常数 $M_f>0$，使得 $\forall x\in E$ 有 $|f(x)|\leqslant M_f$ 成立，则称 E 是 X 的**弱有界集**(或者 w-有界集). $\square$

定理 3.11.5　设 X 为线性赋范空间，E 是 X 的弱有界集当且仅当 E 是 X 的有界集.

证明　若 E 是 X 的有界集，即存在常数 $M>0$，使得 $\forall x\in E$，有 $\|x\|\leqslant M$，那么 $\forall f\in X^*$，有

$$|f(x)|\leqslant\|f\|\|x\|\leqslant M\|f\|.$$

于是由定义知，E 是 X 的弱有界集.

若 E 是 X 的弱有界集，则对于每个 $f\in X^*$，存在常数 $M_f>0$，使得 $\forall x\in E$，$|f(x)|\leqslant M_f$ 成立. 由定理 3.8.5 知，X 与它的二次共轭空间 X^{**} 的子空间 $\widetilde{X}$ 线性等距同构，即存在自然嵌入映射 $T:X\to\widetilde{X}\subset X^{**}$ 将 x 映射为 $\widetilde{x}\in X^{**}$，其中 $\forall f\in X^*$，有 $\widetilde{x}(f)=f(x)$. 于是 $\forall\widetilde{x}\in X^{**}$ 有

$$|\widetilde{x}(f)|=|f(x)|\leqslant M_f,\ \forall x\in E.$$

因此，$\forall f\in X^*$，集合 $\{\widetilde{x}(f)\,|\,\widetilde{x}\in X^*\}$ 有界. 因为 X^* 是 Banach 空间，所以由共鸣定理可得 $\{\|\widetilde{x}_n\|\,|\,\widetilde{x}\in X^*\}$ 有界. 根据 T 的保距性可得数列 $\{\|x_n\|\,|\,x\in E\}$ 有界. $\square$

3.12 算子列的极限

定义 3.12.1 弱 * 收敛(Weak * Convergence)

设 X 是线性赋范空间,X^* 是其共轭空间,$\{f_n\} \subset X^*$. 若存在 $f \in X^*$,使得 $\forall x \in X$ 有 $\lim\limits_{n \to \infty} |f_n(x) - f(x)| = 0$,则称泛函列 $\{f_n\}$ 弱 * 收敛于 f,记为 $w^* - \lim\limits_{n \to \infty} f_n = f$ 或者 $f_n \xrightarrow{w^*} f$. □

若存在 $f \in X^*$,使得 $\lim\limits_{n \to \infty} \|f_n - f\| = 0$,则称泛函列 $\{f_n\}$ 强收敛于 f,记为 $f_n \to f$ 或者 $s - \lim\limits_{n \to \infty} f_n = f$. 对于泛函列而言,由于 $|f_n(x) - f(x)| \leqslant \|f_n - f\| \|x\|$,所以若 $\{f_n\}$ 强收敛于 f,则有 $\{f_n\}$ 弱 * 收敛于 f;反之命题不真.

性质 3.12.1 设 X 为线性赋范空间,$\{f_n\} \subset X^*$,则下列命题成立.

(1) 若 $w - \lim\limits_{n \to \infty} f_n = f$,则 $w^* - \lim\limits_{n \to \infty} f_n = f$.

(2) 若 X 为自反空间,则 $w^* - \lim\limits_{n \to \infty} f_n = f$ 当且仅当 $w - \lim\limits_{n \to \infty} f_n = f$. □

性质 3.12.1 的证明留作练习题.

定理 3.12.1 设 X 为 Banach 空间,$\{f_n\} \subset X^*$ 及 $f \in X_*$,则 $w^* - \lim\limits_{n \to \infty} f_n = f$ 当且仅当以下两条同时成立:

(1) 数列 $\{\|f_n\|\}$ 有界;

(2) 存在 X 的一个稠密子集 Y,使得 $\forall x \in Y$,有 $\lim\limits_{n \to \infty} f_n(x) = f(x)$.

证明 必要性. 因为 $\forall x \in X$,数列 $\{f_n(x)\}$ 收敛,所以 $\{f_n(x)\}$ 有界,即存在 $M_x \geqslant 0$,使得 $\forall n \in \mathbb{N}$ 有 $|f_n(x)| \leqslant M_x$. 因为 X 是 Banach 空间,由共鸣定理可得数列 $\{\|f_n\|\}$ 有界.

充分性. $\forall x \in X$,因为 Y 是 X 的一个稠密子集,所以 $\forall \varepsilon > 0$,$\exists x_\varepsilon \in Y$,使得 $\|x - x_\varepsilon\| \leqslant \varepsilon$. 由数列 $\{\|f_n\|\}$ 有界知,存在常数 $k > 0$,使得 $\|f_n\| \leqslant k$,$n = 1, 2, \cdots$. 于是有

$$|f_n(x) - f(x)| \leqslant |f_n(x) - f_n(x_\varepsilon)| + |f_n(x_\varepsilon) - f(x_\varepsilon)| + |f(x_\varepsilon) - f(x)|$$
$$\leqslant \|f_n\| \|x - x_\varepsilon\| + |f_n(x_\varepsilon) - f(x_\varepsilon)| + \|f\| \|x_\varepsilon - x\|$$
$$\leqslant k\varepsilon + |f_n(x_\varepsilon) - f(x_\varepsilon)| + \|f\| \varepsilon.$$

由 $x_\varepsilon \in Y$ 知,$f_n(x_\varepsilon) - f(x_\varepsilon) \to 0$,故 $w^* - \lim\limits_{n \to \infty} f_n = f$. □

定义 3.12.2 设 X 和 Y 是同一数域 $\mathbb{F}$ 上的线性赋范空间,$T_n \subset B(X \to Y)$.

(1) 若存在 $T \in B(X \to Y)$,使得 $\lim\limits_{n \to \infty} \|T_n - T\| = 0$,则称算子列 $\{T_n\}$ **一致收敛(Uniform Convergence)** 于 T,记为 $T_n \to T$.

(2) 若存在 $T \in B(X \to Y)$,使得 $\forall x \in X$ 有 $\lim\limits_{n \to \infty} \|T_n(x) - T(x)\| = 0$,则称算子列 $\{T_n\}$ **强收敛(Strong Convergence)** 于 T,记为 $T_n \xrightarrow{s} T$ 或者 $s - \lim\limits_{n \to \infty} T_n = T$.

(3) 若存在 $T \in B(X \to Y)$,使得 $\forall x \in X$,$f \in Y^*$,有 $\lim\limits_{n \to \infty} |f(T_n(x)) - f(T(x))| = 0$,则称算子列 $\{T_n\}$ **弱收敛(Weak Convergence)** 于 T,记为 $w - \lim\limits_{n \to \infty} T_n = T$ 或者 $T_n \xrightarrow{w} T$. □

对于算子列而言,由于

$$|f(T_n(x)) - f(T(x))| \leqslant \|f\| \|T_n(x) - T(x)\| \leqslant \|f\| \|T_n - T\| \|x\|,$$

所以若 $\{T_n\}$ 一致收敛于 T,则 $\{T_n\}$ 强收敛于 T;若 $\{T_n\}$ 强收敛于 T,则 $\{T_n\}$ 弱收敛于 T.

然而，逆命题却不成立.

定理 3.12.2 设 X 为 Banach 空间，Y 是线性赋范空间，$T_n \subset B(X \to Y)$，若算子列 $\{T_n\}$ 强收敛于 T，则数列 $\{\|T_n\|\}$ 有界.

证明 $\forall x \in X$，由于算子列 $\{T_n\}$ 强收敛于 T，所以 $\{T_n(x)\}$ 是 Y 中的收敛点列. 于是知 $\{T_n(x)\}$ 是 Y 中的有界点列. 因为 X 是 Banach 空间，所以由共鸣定理可得 $\{T_n\}$ 一致有界，即存在常数 $k > 0$，使得 $\forall n \in \mathbb{N}$ 有 $\|T_n\| \leqslant k$. $\square$

定理 3.12.3 有界线性算子序列收敛定理

设 X, Y 为线性赋范空间，$\{T_n\} \subset B(X \to Y)$，则 $\lim\limits_{n \to \infty} T_n = T$ 当且仅当 $\{T_n\}$ 在 X 中的任意有界集上都一致收敛，即对于任意的有界集 $A \subset X$，$\forall \varepsilon > 0$，$\exists N \in \mathbb{N}$，当 $n > N$ 时，$\forall x \in A$ 有 $\|T_n x - Tx\| < \varepsilon$.

证明 必要性. 由 $A \subset X$ 为有界集知，存在常数 $c > 0$，使得 $\sup\{\|x\| \mid x \in A\} \leqslant c$. 当 $\lim\limits_{n \to \infty} T_n = T$ 时，$\forall x \in A$，由于

$$\|T_n x - Tx\| \leqslant \|T_n - T\| \|x\| \leqslant c \|T_n - T\| \to 0 \quad (n \to \infty),$$

所以 $\forall \varepsilon > 0$，$\exists N \in \mathbb{N}$，当 $n > N$ 时，$\forall x \in A$ 有 $\|T_n x - Tx\| < \varepsilon$.

充分性. 取有界集 $A = \{x \in X \mid \|x\| = 1\}$，因为 $\forall \varepsilon > 0$，$\exists N \in \mathbb{N}$，当 $n > N$ 时，$\forall x \in A$ 有 $\|T_n x - Tx\| < \varepsilon$，所以

$$\|T_n - T\| = \sup_{\|x\|=1}\{\|(T_n - T)x\|\} = \sup_{\|x\|=1}\{\|(T_n x - Tx)\|\} \leqslant \varepsilon,$$

因此 $\lim\limits_{n \to \infty} T_n = T$. $\square$

引理 3.12.1 设 X 为线性赋范空间且 $X \neq \{\theta\}$，则 $\forall x \in X$，有

$$\|x\| = \sup\{|f(x)| \mid f \in X^*, \|f\| = 1\}. \square$$

引理 3.12.1 的证明留作练习题.

定理 3.12.4 设 X, Y 为线性赋范空间且 X 完备，$\{T_n\} \subset B(X \to Y)$，$w\text{-}\lim\limits_{n \to \infty} T_n = T$，则

$$\|T\| \leqslant \sup\{\|T_n\| \mid n = 1, 2, \cdots\} < \infty.$$

证明 取 $x \in X$，$\forall f \in Y^*$，由 $w\text{-}\lim\limits_{n \to \infty} T_n = T$ 知

$$\lim_{n \to \infty} |f(T_n(x)) - f(T(x))| = 0.$$

设 φ 是从 Y 到 Y^{**} 上的自然映射，上式意味着

$$\forall f \in Y^*, \quad \varphi(T_n(x))(f) \to \varphi(T(x))(f).$$

由于 Y^* 完备，由一致有界定理知，

$$\sup\{\|T_n x\| \mid n = 1, 2, \cdots\} = \sup\{\|\varphi(T_n x)\| \mid n = 1, 2, \cdots\} < \infty.$$

由于 X 完备，再次利用一致有界定理，故有 $c = \sup\{\|T_n\| \mid n = 1, 2, , \cdots\} < \infty$.

$\forall x \in X$，$f \in Y^*$，有

$$\|f(T_n(x))\| \leqslant \|f\| \|T_n\| \|x\| \leqslant c \|f\| \|x\|,$$

令 $n \to \infty$，有 $\|f(Tx)\| \leqslant c \|f\| \|x\|$. 根据引理 3.12.1，有

$$\|Tx\| = \sup\{|f(Tx)| \mid f \in Y^*, \|f\| = 1\} \leqslant c \|x\|,$$

因此 $\|T\| \leqslant \sup\{\|T_n\| \mid n = 1, 2, \cdots\} < \infty$. $\square$

例 3.12.1 在 l^2 上引入左移位算子 Left Shift Operator T_{left}，$\forall x = (x_1, x_2, x_3, \cdots) \in l^2$，$T_{\text{left}} x = (x_2, x_3, \cdots) \in l^2$. 记 $A = T_{\text{left}}$ 及

$$A_n = AA \cdots A = A^n,$$

证明算子列 $\{A_n\}$ 强收敛于 0，却并不一致收敛于 0．

证明 由于 $A_nx = A_n(x_1, x_2, \cdots, x_n, x_{n+1}, \cdots) = (x_{n+1}, x_{n+2}, \cdots)$，所以

$$\|A_nx\| = \Big(\sum_{i=n+1}^{\infty} |x_i|^2\Big)^{\frac{1}{2}} \to 0 \quad (n \to \infty),$$

即得算子列 $\{A_n\}$ 强收敛于 0．对于每个 n，记 e_n 是 l^2 中第 n 个分量为 1、其余分量为 0 的元素，则 $Ae_{n+1} = e_n$，$A_ne_{n+1} = e_1$．于是有

$$1 = \|e_1\| = \|A_ne_{n+1}\| \leqslant \|A_n\| \|e_{n+1}\| = \|A_n\|.$$

可见，算子列 $\{A_n\}$ 并不一致收敛于 0．□

设 $\{T_n\} \subset B(l^2, l^2)$，$\forall x = (x_1, x_2, x_3, \cdots) \in l^2$，$T_nx = x_1e_n$，其中 e_n 是 l^2 中第 n 个分量为 1、其余分量为 0 的元素．那么算子列 $\{T_n\}$ 弱收敛于 0，却并不强收敛于 0，其证明留作练习题．

本 章 小 结

本章主要内容分为三部分，首先是线性算子的定义和基本性质，并以此建立了线性有界算子空间及其对偶空间，本书主要涉及的就是线性有界算子这一类常用而重要的算子．其次是本章的核心内容，即有关线性算子的主要定理，Riesz 表示定理、Hahn-Banach 延拓定理、开映射定理、逆算子定理、闭图像定理以及一致有界定理，这些定理的条件和结论如表 3.10.1 所示，这些定理是泛函分析发展的支柱和基础，在此基础上发展并出现了众多的研究成果．最后是有关算子列的强极限、弱极限，算子列一致收敛必强收敛，算子列强收敛必弱收敛等命题，其逆命题却不成立，并通过点列的强、弱收敛以及算子的强、弱收敛研究，将算子的定义域空间、对偶空间以及算子的性质等相关知识紧密相连．

习 题 3

1. 设 X, Y 为线性赋范空间，$V \subset X$ 和 $W \subset Y$ 均是线性子空间，$T: X \to Y$ 是线性算子，证明 $T(V)$ 和 $T^{-1}(W)$ 分别是 Y 和 X 的子空间．

2. 设 $x \in \mathbb{C}^n$，$y \in \mathbb{C}^m$，这里 $x = (x_1, x_2, \cdots, x_n)^T$，$y = (y_1, y_2, \cdots, y_m)^T$，$A$ 是 $m \times n$ 矩阵，算子 $T: \mathbb{C}^n \to \mathbb{C}^m$ 定义为 $y = Tx = Ax$，证明 T 为线性连续算子．

3*. 设函数 $f(x)$ 在 $(-\infty, +\infty)$ 上有定义，且对任何 x_1, x_2 有 $f(x_1 + x_2) = f(x_1) + f(x_2)$．证明：若 $f(x)$ 在 $x = 0$ 处连续，则

(1) $f(x)$ 在 $(-\infty, +\infty)$ 上连续；

(2) $f(x): \mathbb{R} \to \mathbb{R}$ 为线性连续算子；

(3) $\forall x \in \mathbb{R}$，有 $|f(x)| \leqslant M|x|$，其中 $M \geqslant |f(1)|$．

4. 设 X, Y 是线性赋范空间，$T \in L(X \to Y)$，$\forall x \in X$ 定义 $\|x\|_1 = \|x\| + \|Tx\|$．证明 $\|\cdot\|_1$ 是 X 上的范数．

5. 设 f, g 是线性赋范空间 X 上的两个非零线性泛函，证明若 $\ker(f) = \ker(g)$，则存在常数 $k \in \mathbb{F}$，使得 $f = kg$．

6. 证明在 $C[-1, 1]$ 上线性泛函 $f(x) = \int_{-1}^{0} x(t)dt - \int_{0}^{1} x(t)dt$ 的范数为 2．

7*. 在 $C[0,1]$ 上定义线性泛函 f 为 $f(x)=\int_0^{\frac{1}{2}}x(t)\mathrm{d}t-\int_{\frac{1}{2}}^1 x(t)\mathrm{d}t$，证明 $\|f\|=1$.

8. 对于任意的 $x=(x_1,x_2,\cdots,x_n,\cdots)\in l^\infty$，定义映射

$$T(x)=\left(x_1,\frac{x_2}{2},\cdots,\frac{x_n}{n},\cdots\right),$$

证明 T 是线性有界算子且 $\|T\|=1$.

9. 设 X 是由定义在实数 $\mathbb{R}$ 上的有界连续函数集构成的线性赋范空间，其中范数为 $\|x\|=\sup_{t\in\mathbb{R}}|x(t)|$，$c>0$ 为常数，定义映射 $T:X\to X$ 为 $Tx(t)=x(t-c)$，证明 T 是线性有界算子且 $\|T\|=1$.

10. 设 $X=C[a,b]$，其范数为 $\|x\|=\max_{t\in[a,b]}|x(t)|$，定义映射 $T:X\to X$ 为 $T[x(t)]=tx(t)$，证明 T 是线性有界算子且 $\|T\|=\max\{|a|,|b|\}$.

11. 设 $x\in C[a,b]$，范数为 $\|x\|=\max_{t\in[a,b]}|x(t)|$，定义 $C[a,b]$ 上的线性算子 T：若 $f\in C[a,b]$，$(Tf)(t)=x(t)f(t)$，$t\in C[a,b]$。证明 T 是线性有界算子且 $\|T\|=1$.

12. 设 z 是内积空间 X 的任一固定元素，证明 $f(x)=(x,z)$ 在 X 上定义了一个有界线性泛函，其范数为 $\|z\|$.

13. $\forall x=\{x_n\}\in l^2$，设 $T_n x=(x_1,x_2,\cdots,x_n,0,0,\cdots)$，证明 $T_n\in B(l^2\to l^2)$，求 $\|T_n\|$.

14. 计算线性赋范空间 $L^2[0,1]$ 上的泛函 $f(x)=\int_0^1\sqrt{t}x(t^2)\mathrm{d}t$ 的范数.

15*. 设 X,Y 是线性赋范空间，证明如果 $B(X\to Y)$ 是 Banach 空间，那么 Y 是 Banach 空间.

16*. 设 P 为 Hilbert 空间 H 上的线性算子，证明 P 为投影算子的充要条件是

(1) $P=P^2$；

(2) $\forall x,y\in H$，有 $(Px,y)=(x,Py)$.

17. 设 X 为线性赋范空间，$M\subset X$，证明 $F=\{f\in X^*\mid\forall x\in M,f(x)=0\}$ 是 X^* 的闭子空间.

18*. 证明若 X 为无限维线性赋范空间，则对偶空间 X^* 也是无限维空间.

19. 证明若 f 是线性赋范空间 X 上的非零线性泛函，则

$$\|f\|=\frac{1}{\inf\{\|x\|\mid f(x)=1\}}.$$

20. 设 f 为 Hilbert 空间 H 上的实线性有界泛函，M 是 H 中的闭凸子集，且

$$\forall x\in M,\text{有}F(x)=\|x\|^2-2f(x).$$

证明存在 $z\in H$，使得 $\forall x\in M$，$F(x)=\|x-z\|^2-\|z\|^2$.

21*. 设 $f_1,f_2,\cdots,f_n$ 为 Hilbert 空间 H 上的一组线性有界泛函，记 $M=\bigcap_{i=1}^n\ker(f_i)$. $\forall x\in H$，x_0 是 x 在 M 上的正交投影，证明存在 $x_1,x_2,\cdots,x_n\in H$ 以及 $\alpha_1,\alpha_2,\cdots,\alpha_n\in\mathbb{F}$，使得 $x=x_0+\sum_{i=1}^n x_1\alpha_i$.

22. 设 H 为数域 $\mathbb{F}$ 上的 Hilbert 空间，M 为 H 的闭子空间，证明 M 是 H 上某线性连续泛函的零空间当且仅当 $M^\perp$ 为一维子空间.

23*. 设 X, Y 为 n 维实线性赋范空间，$T:X \to Y$ 是线性算子，证明 $R(T)=Y$ 当且仅当 T^{-1} 存在，其中 $D(T)$ 表示算子 T 的定义域，$R(T)$ 表示算子 T 的值域.

24. 设 X 为线性赋范空间，线性有界算子 T_n, T, S_n, $S \in B(X \to X)$, $n=1, 2, \cdots$. 证明若 $\lim_{n \to \infty} T_n = T$, $\lim_{n \to \infty} S_n = S$，那么 $\lim_{n \to \infty} T_n S_n = TS$.

25. 设 X, Y 为数域 $\mathbb{F}$ 上的两个线性赋范空间，$T:X \to Y$ 为线性算子，证明 $T^{-1}:R(T) \to D(T)$ 存在的充要条件是：若 $Tx=0$，则 $x=0$.

26. 设 X, Y 为数域 $\mathbb{F}$ 上的两个线性赋范空间，$T:X \to Y$ 为线性有界算子，$R(T)=Y$. 证明如果存在常数 $b>0$，使得 $\forall x \in X$，有 $\|Tx\| \geqslant b\|x\|$，那么 T^{-1} 存在且有界.

27. 设欧氏空间 $\mathbb{R}$ 的非空、可列集 M 为闭集，证明 M 中存在孤立点.

28*. 设 X 为 Banach 空间，Y 为线性赋范空间，算子列 $\{T_n\} \subset B(X \to Y)$，以及
$$M = \{x \in X \mid \lim_{n \to \infty} \|T_n x\| < \infty\},$$
证明 $M=X$，或者 M 为第一纲集.

29. 设映射 $T:\mathbb{R}^2 \to \mathbb{R}$ 为 $T(x_1, x_2)=x_1$，映射 $S:\mathbb{R}^2 \to \mathbb{R}^2$ 为 $S(x_1, x_2)=(x_1, 0)$，证明 T 为开映射，S 不是开映射.

30*. 设 X, Y 为 Banach 空间，单射 $T:X \to Y$ 是线性有界算子，证明 $T^{-1}:R(T) \to X$ 线性有界当且仅当 $R(T)$ 在 Y 中闭.

31. 设 X, Y 为两个 Banach 空间，证明若线性有界算子 $T:X \to Y$ 是双射，则存在正实数 a, b，使得 $\forall x \in X$ 有 $a\|x\| \leqslant \|Tx\| \leqslant b\|x\|$.

32*. 证明若线性赋范空间 X 的对偶空间 X^* 可分，则 X 可分.

33. 设 M 是线性赋范空间 X 的子空间，$x_0 \in X$，证明 $x_0 \in \overline{M}$ 的充要条件是：$\forall f \in X^*$，若 $\forall x \in M$，有 $f(x)=0$，则必有 $f(x_0)=0$.

34. 设 X 为线性赋范空间，x, $y \in X$. 证明若 $\forall f \in X^*$ 恒有 $f(x)=f(y)$，则 $x=y$.

35. 设 Y 为线性赋范空间 X 的闭线性子空间，$\forall f \in X^*$，当 f 在 Y 上限制 $f|_Y=0$ 时，必有 $f=0$，证明 $X=Y$.

36. 设 M 为线性赋范空间 X 的任一子集，x_0 为 X 中的非零元素. 证明 $x_0 \in \overline{\operatorname{span} M}$ 的充要条件是：$\forall f \in X^*$，若 $\forall x \in M$ 有 $f(x)=0$，则必有 $f(x_0)=0$.

37. 试证任何线性赋范空间必有完备化空间.

38*. 设 X 为线性赋范空间，线性算子 $A:X \to X$，$B:X^* \to X^*$. 证明如果 $\forall x \in X$，$f \in X^*$ 有 $(Bf)(x)=f(Ax)$，那么 A 与 B 均是线性有界算子.

39. 设 X 为线性赋范空间且 $X \neq \{0\}$，证明 $\forall x \in X$，有
$$\|x\| = \sup\{|f(x)| \mid f \in X^*, \|f\|=1\}.$$

40. 设 X_1, X_2 为 Banach 空间 X 的两个闭子空间，且 $\forall x \in X$ 有唯一的分解 $x=x_1+x_2$，其中 $x_1 \in X_1$，$x_2 \in X_2$. 证明存在常数 c，对于一切 $x \in X$，它的分解式 $x=x_1+x_2$ 中的元素 $\|x_1\| \leqslant c\|x\|$，$\|x_2\| \leqslant c\|x\|$ 成立.

41*. 设 $(X, \|\cdot\|_1)$ 与 $(Y, \|\cdot\|_2)$ 均是线性赋范空间，$T_1:X \to Y$ 是闭算子，$T_2:X \to Y$ 是线性有界算子，证明 T_1+T_2 是闭算子.

42*. 设 X 为线性赋范空间，$T \in L(X)$，$S \in L(X^*)$，以及 $D(T)=X$，$D(S)=X^*$. 证明若 $\forall x \in X$ 以及 $f \in X^*$ 有 $(Sf)(x)=f(Tx)$，证明 $T \in B(X)$，$S \in B(X^*)$.

43*. 设 X 为 Banach 空间，$\{x_n\} \subset X$ 且 $\forall f \in X^*$，$\sum\limits_{n=1}^{\infty} |f(x_n)| < \infty$，数列 $\{a_n\} \subset \mathbb{C}$，$\lim\limits_{n \to \infty} a_n = 0$，证明级数 $\sum\limits_{n=1}^{\infty} a_n x_n$ 收敛.

44*. 设 X 为 Banach 空间，$\{x_n\} \subset X$. 证明若 $\forall f \in X^*$，$\sum\limits_{n=1}^{\infty} |f(x_n)| < \infty$，则存在 $M > 0$，$\forall f \in X^*$，有 $\sum\limits_{n=1}^{\infty} |f(x_n)| \leqslant M \|f\|$.

45. 已知 $(l^1)^* = l^\infty$，即可和数列空间 l^1 的对偶空间为有界数列空间 l^∞. 证明若对于任给的 $x = (x_1, x_2, \cdots, x_n, \cdots) \in l^1$，级数 $\sum\limits_{n=1}^{\infty} a_n x_n$ 均收敛，则 $a = (a_1, a_2, \cdots, a_n, \cdots) \in l^\infty$.

46. 设 H 为 Hilbert 空间，$\{e_n\}$ 是 H 的完全标准正交系，证明 H 中的点列弱收敛 $w\text{-}\lim\limits_{n \to \infty} x_n = x_0$ 当且仅当以下两条同时成立：

(1) 数列 $\{\|x_n\|\}$ 有界；

(2) $\lim\limits_{n \to \infty} (x_n, e_i) = (x_0, e_i)$，其中 $i = 1, 2, \cdots$.

47. 设 X, Y 为线性赋范空间，$T \in B(X \to Y)$，证明 $\forall \{x_n\} \subset X$，当 $w\text{-}\lim\limits_{n \to \infty} x_n = x_0$ 时，有
$$w\text{-}\lim_{n \to \infty} T x_n = T x_0.$$

48. 设 X, Y 为 Banach 空间，$T \in L(X \to Y)$，证明 $T \in B(X \to Y)$ 当且仅当 $\forall \{x_n\} \subset X$，$w\text{-}\lim\limits_{n \to \infty} x_n = x_0$ 时，有 $w\text{-}\lim\limits_{n \to \infty} T x_n = T x_0$.

49. 设 X 为线性赋范空间，$\{x_n\} \subset X$. 证明若 $w\text{-}\lim\limits_{n \to \infty} x_n = x_0$，则 $x_0 \in \overline{\operatorname{span}\{x_n\}}$.

50*. 设 X 为数域 $\mathbb{F}$ 上的线性赋范空间，$\{x_n\} \subset X$，若 $\forall f \in X^*$，$\{f(x_n)\}$ 为数域 $\mathbb{F}$（$\mathbb{C}$ 或 $\mathbb{R}$）中的 Cauchy 列，则称 $\{x_n\}$ 为 X 中的弱 Cauchy 列. 证明线性赋范空间中的弱 Cauchy 列有界.

51. 设 H 为 Hilbert 空间，$\{x_n\} \subset H$，$x_0 \in H$，证明 $w\text{-}\lim\limits_{n \to \infty} x_n = x_0$ 当且仅当 $\forall y \in H$，有 $\lim\limits_{n \to \infty} (x_n, y) = (x_0, y)$.

52. 设 X 为实数域 $\mathbb{R}$ 上线性赋范空间，$\{x_n\} \subset X$ 且 $\lim\limits_{n \to \infty} x_n = x_0$，$\{f_n\}_{n=1}^{\infty} \subset X^* = B(X \to \mathbb{R})$ 且 $\sup\{\|f_n\| \mid n = 1, 2, \cdots\} \leqslant c$，其中 c 为常数. 证明若 $\forall k \in \mathbb{N}^+$，当 $n \to \infty$ 时，$f_n(x_k)$ 收敛，则 $f_n(x_0)$ 也收敛.

53. 设 X 为线性赋范空间，$(f_n) \subset X^*$，证明下列命题成立.

(1) 若 $w\text{-}\lim\limits_{n \to \infty} f_n = f$，则 $w^*\text{-}\lim\limits_{n \to \infty} f_n = f$.

(2) 若 X 为自反空间，则 $w^*\text{-}\lim\limits_{n \to \infty} f_n = f$ 当且仅当 $w\text{-}\lim\limits_{n \to \infty} f_n = f$.

54*. 设 X 为可分的线性赋范空间，证明若 $M \subset X^*$ 是有界集，则 M 中的每个点列含有弱 * 收敛子列.

55. 设 X, Y 为线性赋范空间，$\{T_n\} \subset B(X \to Y)$，证明 $\lim\limits_{n \to \infty} T_n = T$ 当且仅当 $\forall \varepsilon > 0$，$\exists N \in \mathbb{N}$，当 $n > N$ 时，$\forall x \in \{x \in X \mid \|x\| = 1\}$ 有 $\|T_n x - T x\| < \varepsilon$，即算子列 $\{T_n\}$ 按范数收敛的充要条件是它在单位球面上一致收敛于 T.

56. 设 $\{T_n\} \subset B(l^2, l^2)$，$\forall x = (x_1, x_2, \cdots) \in l^2$，$T_n x = T_n(x_1, x_2, \cdots) = x_1 e_n$，其中 e_n 是 l^2 中第 n 个分量为 1、其余分量为 0 的元素. 证明算子列 $\{T_n\}$ 弱收敛于 0，却并不强收敛于 0.

第四章　线性算子的谱分析

　　算子谱类似于矩阵特征值的概念，它是算子不变性的反映，已成为研究算子的主要工具．谱理论起源于代数方程、线性方程组、积分方程和微分方程的特征值问题，是泛函分析的重要研究课题之一．本章主要内容包括算子谱的基本概念和基本性质、算子谱的结构、谱半径、谱映射定理，以及投影算子、紧算子、自伴算子、自伴紧算子的谱分析．算子谱理论在近代物理学、量子力学以及信息领域有着重要的理论意义及应用价值．

4.1　算子谱的概念

　　特征值和特征向量在线性代数中扮演了重要的角色，那么它们具有什么特点呢？设 A 是 n 阶非奇异实矩阵，它表示了向量空间 X 到 Y 上的线性变换．若 $A-\lambda E$ 不可逆，λ 便是 A 的一个特征值，而不同的特征值对应的特征向量正交．若 A 具有 n 个互不相同的特征值 $\lambda_1, \lambda_2, \cdots, \lambda_n$，则对应的特征向量 $\xi_1, \xi_2, \cdots, \xi_n$ 就是 X 的一组基．由于原始空间 X 中的任何一个向量 x 都可由其特征向量线性表示，即

$$x = k_1\xi_1 + k_2\xi_2 + \cdots + k_n\xi_n,$$

所以在线性变换 A 的作用下有

$$Ax = k_1 A\xi_1 + k_2 A\xi_2 + \cdots + k_n A\xi_n = k_1\lambda_1\xi_1 + k_2\lambda_2\xi_2 + \cdots + k_n\lambda_n\xi_n.$$

显然，$\lambda_1\xi_1, \lambda_2\xi_2, \cdots, \lambda_n\xi_n$ 是 Y 的一组基，而且特征向量在线性变换 A 的作用下，只是改变了大小而其方向不变，即特征向量具有方向不变性，较大的特征值对应的特征向量就显得较为重要．如果 A 为样本的协方差矩阵，则特征值的大小就反映了变换后在特征向量方向上变换的幅度．幅度越大，说明这个方向上的元素差异也越大，换句话说即这个方向上的元素就更分散．

　　类似于特征向量的方向不变性，算子谱也反映了算子不变性．

　　定义 4.1.1　算子的特征值(Eigenvalue)与算子的点谱(Point Spectrum)

　　设 X 为复线性赋范空间，算子 $T \in B(X)$ 以及复数 $\lambda \in \mathbb{C}$，若存在非零元素 $x \in X$，使得

$$Tx = \lambda x,$$

则称 λ 是**算子 T 的特征值**，x 是 T 对应特征值 λ 的特征向量(Eigenvector)；称算子 T 的全体特征值为 **T 的点谱**，记作 $\sigma_p(T) = \{\lambda \in \mathbb{C} \mid \exists x \neq \theta,$ 使得 $Tx = \lambda x\}$．□

　　定理 4.1.1　设 X 是有限维复线性赋范空间，$T \in B(X)$ 以及 $\lambda \in \mathbb{C}$，则 $T-\lambda I$ 不可逆当且仅当 λ 是算子 T 的特征值．

　　证明　在复线性赋范空间 X 上，$T \in B(X)$，当 λ 是算子 T 的特征值时，由 $Tx = \lambda x$ 可知 $\ker(T-\lambda I) \neq \{\theta\}$，说明算子 $T-\lambda I$ 不是单射，所以算子 $T-\lambda I$ 不可逆．

若 X 为 n 维复线性赋范空间，则 X 与 $\mathbb{C}^n$ 线性等距同构，算子 $T\in B(X)$ 相当于某个 n 阶复矩阵 A，$T-\lambda I$ 不可逆相当于复矩阵 $A-\lambda E$ 不可逆，其中 E 表示 n 阶单位矩阵. 如果此时 λ 不是算子 T 的特征值，则 $\ker(T-\lambda I)=\{\theta\}$. 可见，$A-\lambda E$ 是单射，即 $A-\lambda E$ 存在左可逆矩阵，从而 $A-\lambda E$ 可逆. 因此，当算子 $T-\lambda I$ 不可逆时，λ 为算子 T 的特征值. □

下面的例子说明对于无限维空间，定理 4.1.1 却不一定成立.

例 4.1.1　Hilbert 空间 l^2 上的**右移位算子（Right Shift Operator）**T_{right} 定义为

$$T_{\text{right}}(x_1, x_2, \cdots, x_n, \cdots)=(0, x_1, x_2, \cdots, x_n, \cdots),$$

验证 $T_{\text{right}}-0\cdot I$ 不可逆，且 $0\notin\sigma_p(T)$.

证明　由 $\|T_{\text{right}}x\|^2=\sum_{i=1}^{\infty}|x_i|^2=\|x\|^2$ 易知 $\|T_{\text{right}}\|=1$ 及 $T_{\text{right}}\in B(l^2)$. 相应的左移位算子 T_{left} 为

$$T_{\text{left}}(x_1, x_2, \cdots, x_n, \cdots)=(x_2, x_3, \cdots, x_n, \cdots).$$

显然，$T_{\text{left}}T_{\text{right}}=I$，$T_{\text{right}}T_{\text{left}}\neq I$，所以 $T_{\text{right}}-0\cdot I$ 不可逆；由于不存在非零元素 $x\in l^2$，使得 $T_{\text{right}}x=0\cdot x=0$，所以 0 不是算子 T_{right} 的特征值. □

性质 4.1.1　设 $\lambda_1, \lambda_2, \cdots, \lambda_n$ 是线性算子 $T\in B(X)$ 的互不相同的特征值，对应的特征向量是 $x_1, x_2, \cdots, x_n$，则 $x_1, x_2, \cdots, x_n$ 线性无关.

证明　若 $x_1, x_2, \cdots, x_n$ 线性相关，不妨设 $x_1, x_2, \cdots, x_{m-1}$ 线性无关 $(1<m\leqslant n)$，则 x_m 可由它们线性表示，即

$$x_m=\alpha_1 x_1+\alpha_2 x_2+\cdots+\alpha_{m-1}x_{m-1}.$$

于是有

$$\begin{aligned}
\theta=(T-\lambda_m I)x_m &=\alpha_1(T-\lambda_m I)x_1+\alpha_2(T-\lambda_m I)x_2+\cdots+\alpha_{m-1}(T-\lambda_m I)x_{m-1}\\
&=\alpha_1(\lambda_1-\lambda_m)x_1+\alpha_2(\lambda_2-\lambda_m)x_2+\cdots+\alpha_{m-1}(\lambda_{m-1}-\lambda_m)x_{m-1},
\end{aligned}$$

由于 $x_1, x_2, \cdots, x_{m-1}$ 线性无关以及 $\lambda_m\neq\lambda_i(1\leqslant i\leqslant m-1)$，所以 $\alpha_1=\alpha_2=\cdots=\alpha_{m-1}=0$. 这与特征向量 $x_m\neq\theta$ 相矛盾，故 $x_1, x_2, \cdots, x_n$ 线性无关. □

定义 4.1.2　**算子的预解集（Resolvent Set）**和**算子谱（Spectrum of Operator）**

设 X 是复线性赋范空间，$T\in B(X)$ 及 $\lambda\in\mathbb{C}$，则称

$$\rho(T)=\{\lambda\in\mathbb{C}\mid(T-\lambda I)^{-1}\in B(X), \overline{R(T-\lambda I)}=X\}$$

为**算子 T 的预解集**或正则集，称 λ 是 T 的正则点或正则值（Regular Value），并称

$$R_\lambda(T)=(T-\lambda I)^{-1}$$

是 T 的预解算子（Resolvent Operator）或预解式；称正则集的补集

$$\sigma(T)=\{\lambda\in\mathbb{C}\mid\lambda\notin\rho(T)\}$$

为算子 T 的谱集（Spectral Set）或**算子谱**，称不是正则点的复数 λ 为算子 T 的**谱点（Spectral Point）**或**谱值（Spectral Value）**. □

算子 T 的预解集与其谱的并集，即 $\rho(T)\bigcup\sigma(T)$ 是整个复平面. 当 T 可逆且值域稠密时，$0\in\rho(T)$；否则 $0\in\sigma(T)$. 对于零算子 $\mathbf{0}$ 而言，$\sigma(\mathbf{0})=\{0\}$，$\rho(\mathbf{0})=\mathbb{C}-\{0\}$.

例 4.1.2　设 T 是 n 维空间 $\mathbb{C}^n$ 上的算子，其定义为下三角形矩阵：

$$T=\begin{bmatrix} a_{11} & 0 & \cdots & 0 \\ a_{21} & a_{22} & \cdots & 0 \\ \vdots & \vdots & & \vdots \\ a_{n1} & a_{n2} & \cdots & a_{nn} \end{bmatrix}.$$

证明 $\sigma(T) = \{a_{11}, a_{22}, \cdots, a_{nn}\}$.

证明 当 $\lambda \notin \{a_{11}, a_{22}, \cdots, a_{nn}\}$ 时，有

$$|T - \lambda E| = \begin{vmatrix} a_{11} - \lambda & 0 & \cdots & 0 \\ a_{21} & a_{22} - \lambda & \cdots & 0 \\ \vdots & \vdots & & \vdots \\ a_{n1} & a_{n2} & \cdots & a_{nn} - \lambda \end{vmatrix} \neq 0,$$

于是 $\lambda \in \rho(T)$. 当 $\lambda \in \{a_{11}, a_{22}, \cdots, a_{nn}\}$ 时，有 $|T - \lambda E| = 0$，即 $T - \lambda E$ 不可逆，所以 $\lambda \in \sigma(T)$. □

例 4.1.1 说明，0 不是算子 T_{right} 的特征值，但 $0 \in \sigma(T_{\text{right}})$，即在无限维空间存在不是特征值的谱点. 下面的性质进一步说明 $\sigma_p(T)$ 与 $\sigma(T)$ 的关系.

性质 4.1.2 设 X 是复线性赋范空间，$T \in B(X)$，则 $\sigma_p(T) \subset \sigma(T)$；当 X 是有限维空间时，$\sigma_p(T) = \sigma(T)$.

证明 由定理 4.1.1 的前半部分证明知，若 $\lambda \in \sigma_p(T)$，则算子 $T - \lambda I$ 不可逆. 于是根据定义知 $\lambda \in \sigma(T)$. 当 X 是有限维空间时，由定理 4.1.1 知，若 $\lambda \in \sigma(T)$，则 $\lambda \in \sigma_p(T)$. □

由性质 4.1.2 知，若 T 是有限维空间 $\mathbb{R}^n$ 上的线性算子，则 $\sigma(T) = \sigma_p(T)$.

4.2 算子谱的基本性质及谱结构

对于 Banach 空间 X 而言，当 $\|T\| < 1$ 时，由定理 3.5.2 知 $(T - I)$ 可逆，且 $(T - I)^{-1} = -\sum_{i=0}^{\infty} T^i$，所以由定义 4.1.2 知 $1 \in \rho(T)$. 下面是更一般的结论.

定理 4.2.1 设 X 是复 Banach 空间，$T \in B(X)$ 以及 $\lambda \in \mathbb{C}$，则当 $|\lambda| > \|T\|$ 时，有 $\lambda \in \rho(T)$.

证明 由于

$$\left\| \frac{1}{\lambda} T \right\| < 1,$$

所以根据定理 3.5.2 知 $\left(\frac{1}{\lambda} T - I \right)$ 可逆，且

$$\left(\frac{1}{\lambda} T - I \right)^{-1} = -\sum_{i=0}^{\infty} \left(\frac{1}{\lambda} T \right)^i.$$

因为

$$T - \lambda I = \lambda \left(\frac{1}{\lambda} T - I \right),$$

所以有

$$R_\lambda(T) = (T - \lambda I)^{-1} = -\frac{1}{\lambda} \sum_{i=0}^{\infty} \left(\frac{1}{\lambda} T \right)^i,$$

于是 $\lambda \in \rho(T)$. □

由定理 4.2.1 知，在复 Banach 空间中，对于算子 $T \in B(X)$，当 $|\lambda| > \|T\|$ 时，

$$\|R_\lambda(T)\| = \|(T - \lambda I)^{-1}\| = \left\| \sum_{i=0}^{\infty} \frac{T^i}{\lambda^{i+1}} \right\| \leqslant \sum_{i=0}^{\infty} \frac{\|T\|^i}{|\lambda|^{i+1}} = \frac{1}{|\lambda| - \|T\|}.$$

定理 4.2.2 设 X 是复 Banach 空间，$T \in B(X)$，则 T 的谱 $\sigma(T)$ 为闭集.

证明 由于 $\sigma(T) = \mathbb{C} - \rho(T)$，所以下面只需证明预解集 $\rho(T)$ 为开集. 对于任意的 $\lambda_0 \in \rho(T)$，$\lambda \in \mathbb{C}$，有

$$T - \lambda I = (T - \lambda_0 I) - (\lambda - \lambda_0) I = (T - \lambda_0 I)[I - (\lambda - \lambda_0)(T - \lambda_0 I)^{-1}].$$

根据定理 3.5.2 知，当 $\| (\lambda - \lambda_0)(T - \lambda_0 I)^{-1} \| < 1$，即

$$|\lambda - \lambda_0| < \| (T - \lambda_0 I)^{-1} \|^{-1}$$

时，算子 $I - (\lambda - \lambda_0)(T - \lambda_0 I)^{-1}$ 可逆. 于是有

$$(T - \lambda I)^{-1} = [I - (\lambda - \lambda_0)(T - \lambda_0 I)^{-1}]^{-1} (T - \lambda_0 I)^{-1}.$$

这表明，当 $|\lambda - \lambda_0| < \| (T - \lambda_0 I)^{-1} \|^{-1}$，即 $\lambda \in O(\lambda_0, \delta)$ 时，其中 $\delta = \| (T - \lambda_0 I)^{-1} \|^{-1}$，有 $\lambda \in \rho(T)$. 可见，λ_0 是 $\rho(T)$ 的内点，因此预解集 $\rho(T)$ 为开集. □

依据定理 4.2.1 和定理 4.2.2 知，在复 Banach 空间 X 中，线性有界算子 T 的谱 $\sigma(T)$ 为有界闭集，从而知 $\sigma(T)$ 是 $\mathbb{C}$ 中的紧集. 下面说明线性有界算子 T 的谱 $\sigma(T)$ 为非空集.

设 X 是复线性赋范空间，$T \in B(X)$，记 F 是从正则点集 $\rho(T)$ 映射到预解算子集 $\{R_\lambda(T)\}$ 的映射，即

$$F : \rho(T) \to \{R_\lambda(T) \mid \lambda \in \rho(T)\}, \quad F(\lambda) = R_\lambda(T).$$

显然，当 $\lambda \to \lambda_0$ 时，若 $R_\lambda(T)$ 依范数收敛到 $R_{\lambda_0}(T)$，映射 F 就在正则点 λ_0 处连续. 当 $\lambda \to \lambda_0$ 时，如果算子列

$$\frac{R_\lambda(T) - R_{\lambda_0}(T)}{\lambda - \lambda_0}$$

依范数收敛，则称映射 F 在正则点 λ_0 处**可微（Differentiable）**. 显然，当算子 T 给定时，映射 $F(\lambda) = R_\lambda(T)$. 为了叙述方便. 此时可将 $R_\lambda(T)$ 看成映射 F. 通常也称映射 F 为**算子值函数（Operator-valued Function）**.

性质 4.2.1 设 X 是复线性赋范空间，$T \in B(X)$，$\lambda, \mu \in \rho(T)$，则

$$R_\lambda(T) - R_\mu(T) = (\lambda - \mu) R_\lambda(T) R_\mu(T).$$

证明 由于

$$\begin{aligned}
R_\lambda(T) &= (T - \lambda I)^{-1} (T - \mu I)(T - \mu I)^{-1} \\
&= (T - \lambda I)^{-1} [(\lambda - \mu) I + (T - \lambda I)](T - \mu I)^{-1} \\
&= (\lambda - \mu)(T - \lambda I)^{-1}(T - \mu I)^{-1} + R_\mu(T) = (\lambda - \mu) R_\lambda(T) R_\mu(T) + R_\mu(T),
\end{aligned}$$

所以命题得证. □

对于 Banach 空间上的线性有界算子 $T \in B(X)$ 而言，若 $\| T \| < 1$，则根据定理 3.5.2 有

$$\| (I - T)^{-1} \| = \left\| \sum_{k=0}^{\infty} T^k \right\| \leqslant \sum_{k=0}^{\infty} \| T \|^k = \frac{1}{1 - \| T \|}.$$

定理 4.2.3 设 X 是复 Banach 空间，$T \in B(X)$，则 $\forall \lambda_0 \in \rho(T)$，$R_\lambda(T)$ 在正则点 λ_0 处连续、可微.

证明 （1）证 $R_\lambda(T)$ 在正则点 λ_0 处连续.

由定理 4.2.2 知，当 $|h| < \delta = \| (T - \lambda_0 I)^{-1} \|^{-1}$ 时，这里 $h = \lambda - \lambda_0$，有 $\lambda \in \rho(T)$. 于是 $\| h(T - \lambda_0 I)^{-1} \| < 1$，根据定理 3.5.2 知，$I - h(T - \lambda_0 I)^{-1}$ 是有界可逆算子. 又因为

$$T - (\lambda_0 + h) I = (T - \lambda_0 I)[I - h(T - \lambda_0 I)^{-1}],$$

所以

$$R_\lambda(T) = R_{\lambda_0+h}(T) = [T-(\lambda_0+h)I]^{-1} = [I-h(T-\lambda_0 I)^{-1}]^{-1}(T-\lambda_0 I)^{-1}$$
$$= [I-hR_{\lambda_0}(T)]^{-1}R_{\lambda_0}(T).$$

当 $|h| < \dfrac{1}{2\|R_{\lambda_0}(T)\|}$ 时，有

$$\|R_\lambda(T)\| = \|[I-hR_{\lambda_0}(T)]^{-1}R_{\lambda_0}(T)\|$$
$$\leqslant \frac{1}{1-\|hR_{\lambda_0}(T)\|}\|R_{\lambda_0}(T)\| < 2\|R_{\lambda_0}(T)\|.$$

根据性质 4.2.1 知，当 $\lambda \to \lambda_0$ 时，有

$$\|R_\lambda(T)-R_{\lambda_0}(T)\| = \|hR_\lambda(T)R_{\lambda_0}(T)\| \leqslant 2|h|\|R_{\lambda_0}(T)\|^2 \to 0.$$

（2）证 $R_\lambda(T)$ 在正则点 λ_0 处可微.

根据性质 4.2.1 以及 $R_\lambda(T)$ 的连续性知，当 $\lambda \to \lambda_0$ 时，有

$$\frac{R_\lambda(T)-R_{\lambda_0}(T)}{\lambda-\lambda_0} = \frac{(\lambda-\lambda_0)R_\lambda(T)R_{\lambda_0}(T)}{\lambda-\lambda_0} = R_\lambda(T)R_{\lambda_0}(T) \to [R_{\lambda_0}(T)]^2.$$

因此，$\forall \lambda_0 \in \rho(T)$，$R_\lambda(T)$ 在正则点 λ_0 处连续、可微. □

在复变函数论中，如果函数 $f(z)$ 在 z_0 及 z_0 的某邻域内处处可微，则称 $f(z)$ 在 z_0 处解析. 如果函数 $f(z)$ 在区域 D 内每一点解析，则称 $f(z)$ 在区域 D 内解析（在 D 上处处解析），或称 $f(z)$ 是区域 D 内的一个**解析函数**（Analytic Function），也称 $f(z)$ 为**正则函数**或**全纯函数**. 由于预解集 $\rho(T)$ 为开集，依据定理 4.2.3 知，$R_\lambda(T)$ 在 $\rho(T)$ 上处处解析.

下列定理的证明需要应用复变函数论中的一个重要结论，即著名的刘维尔（J. Liouville）定理：在整个复平面 $\mathbb{C}$ 上解析的有界函数 $f(z)$ 必为常数.

定理 4.2.4 设 X 是含有非零元素的复 Banach 空间，则 $\forall T \in B(X)$，$\sigma(T)$ 非空.

证明 假设存在线性有界算子 T，使 $\sigma(T) = \phi$. 由定理 4.2.3 知，$R_\lambda(T)$ 在整个复平面 $\rho(T) = \mathbb{C} - \sigma(T) = \mathbb{C}$ 上处处解析. 任取 $B(X)$ 上的有界线性泛函 $f: B(X) \to \mathbb{C}$，于是

$$f(R_\lambda(T)): \mathbb{C} \to \mathbb{C}$$

在整个复平面 $\mathbb{C}$ 上处处解析.

由定理 4.2.1 知，当 $|\lambda| > \|T\|$ 时，有

$$\|R_\lambda(T)\| = \|(T-\lambda I)^{-1}\| = \frac{1}{|\lambda|-\|T\|},$$

于是有

$$\|f(R_\lambda(T))\| \leqslant \|f\|\|(R_\lambda(T))\| \leqslant \frac{\|f\|}{|\lambda|-\|T\|}.$$

因此，$\lim\limits_{\lambda \to \infty} f(R_\lambda(T)) = 0$. 由刘维尔定理知，$f(R_\lambda(T)) = 0$ 在整个复平面内恒成立. 根据 f 的任意性知，$R_\lambda(T) = \mathbf{0}$ 在整个复平面内恒成立. 于是 $\forall x \in X$ 有

$$x = (T-\lambda I)R_\lambda(T)x = \mathbf{0},$$

这与 X 含有非零元素相矛盾，故 $\sigma(T)$ 非空. □

根据算子的谱点破坏正则性的方式，可将谱点分为三类（见图 4.2.1），即有如下定义.

定义 4.2.1 谱结构（Spectral Structure）

设 X 是复线性赋范空间，$T \in B(X)$，$\sigma(T)$ 是 T 的谱集，那么

（1）若 $T-\lambda I$ 不可逆，即 $\ker(T-\lambda I) \neq \{\theta\}$，则 λ 是算子 T 的特征值，全体特征值构成算子 T 的**点谱**（Point Spectrum），记作 $\sigma_p(T)$.

（2）若 $T-\lambda I$ 可逆，其值域在 X 中不稠密，则称这样的 λ 的全体是算子 T 的**剩余谱** (**Residual Spectrum**)，记作 $\sigma_r(T)$.

（3）若 $T-\lambda I$ 可逆，其值域在 X 中稠密，但逆算子 $(T-\lambda I)^{-1}$ 不连续，则称这样的 λ 的全体是算子 T 的**连续谱**(**Continuous Spectrum**)，记作 $\sigma_c(T)$. □

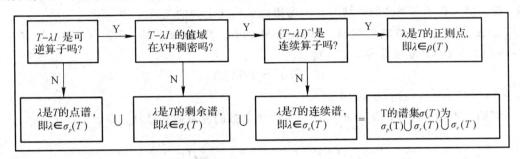

图 4.2.1 算子的谱点判断和关系示意图

由定义 4.2.1 可知，$\sigma_p(T)$、$\sigma_c(T)$ 和 $\sigma_r(T)$ 互不相交，且 $\sigma(T)=\sigma_p(T)\bigcup\sigma_c(T)\bigcup\sigma_r(T)$. 由性质 4.1.2 知，若 T 是有限维空间 X 上的线性算子，则 $\sigma_p(T)=\sigma(T)$. 此时，$\sigma_r(T)$、$\sigma_c(T)$ 均为空集.

定义 4.2.2 近似点谱(**Approximate Point Spectrum**)

设 X 是复线性赋范空间，$T\in B(X)$，$\lambda\in\mathbb{C}$，若存在点列 $\{x_n\}$，其中 $\|x_n\|=1$，使得

$$\lim_{n\to\infty}\|(T-\lambda I)x_n\|=0,$$

则称 λ 为 T 上的近似点谱，记 T 的全体近似点谱为 $\sigma_a(T)$. □

根据定理 3.7.3 知，$\lambda\in\sigma_a(T)$ 当且仅当算子 $T-\lambda I$ 不是下方有界的. 若 $\lambda\in\rho(T)$，即 $(T-\lambda I)^{-1}\in B(X)$，则根据定理 3.7.3(2) 知，算子 $T-\lambda I$ 是下方有界的，所以 $\lambda\notin\sigma_a(T)$，即 $\lambda\in\mathbb{C}\backslash\sigma_a(T)$，故 $\sigma_a(T)\subset\sigma(T)$，即有下面的性质 4.2.2.

性质 4.2.2 设 X 是复线性赋范空间，$T\in B(X)$，则

（1）$\lambda\in\sigma_a(T)$ 当且仅当算子 $T-\lambda I$ 不是下方有界的.

（2）$\sigma_a(T)\subset\sigma(T)$. □

定理 4.2.5 设 X 是复线性赋范空间，$T\in B(X)$，则

（1）$\sigma_p(T)\bigcup\sigma_c(T)\subset\sigma_a(T)$.

（2）当 $\sigma_r(T)=\phi$ 时，$\sigma_a(T)=\sigma(T)$.

证明 （1）若 $\lambda\in\sigma_p(T)$，则 λ 是算子 T 的特征值，即存在非零元素 x，使得 $Tx=\lambda x$. 于是令 $x'=\dfrac{x}{\|x\|}$，有 $\|Tx'-\lambda x'\|=\|(T-\lambda I)x'\|=0$，所以 $\sigma_p(T)\subset\sigma_a(T)$. 若 $\lambda\in\sigma_c(T)$，则 $(T-\lambda I)$ 可逆. 但逆算子 $(T-\lambda I)^{-1}$ 非"线性有界"，根据定理 3.7.3(1) 知，算子 $T-\lambda I$ 不是下方有界的. 由性质 4.2.2 知 $\lambda\in\sigma_a(T)$. 因此综合可得 $\sigma_p(T)\bigcup\sigma_c(T)\subset\sigma_a(T)$.

（2）根据性质 4.2.2 知 $\sigma_a(T)\subset\sigma(T)$. 当 $\sigma_r(T)=\phi$ 时，$\sigma(T)=\sigma_p(T)\bigcup\sigma_c(T)$，因此由 (1) 证明知 $\sigma_a(T)=\sigma(T)$. □

定理 4.2.6 设 X 是复线性赋范空间，$T\in B(X)$，则 $\sigma_a(T)$ 是 $\sigma(T)$ 中的非空闭子集. □

定理 4.2.6 的证明留作练习题.

4.3 谱映射定理及谱半径

谱映射定理是谱理论中的重要结论之一. 本节主要讨论多项式的谱映射问题, 简单地说, 就是揭示算子多项式的谱集与算子谱集的多项式之间的关系.

定理 4.3.1 (谱映射定理 (Spectral Mapping Theorem)) 设 X 为复 Banach 空间, $T \in B(X)$, $f(z)$ 是复系数多项式, 则

$$\sigma(f(T)) = f(\sigma(T)),$$

其中 $f(\sigma(T)) = \{f(\lambda) \mid \lambda \in \sigma(T)\}$.

证明 不失一般性, 设 $f(z)$ 是任意一个非常数的复系数多项式, 即

$$f(z) = a_0 z^0 + a_1 z^1 + a_2 z^2 + \cdots + a_n z^n = \sum_{i=0}^{n} a_i z^i, \ n \geqslant 1, \ a_n \neq 0.$$

对于任意的 $\lambda \in \mathbb{C}$, 考虑因子分解式 $f(z) - \lambda = c \prod_{i=1}^{n} (z - \lambda_i)$, 其中 λ_i 是方程 $f(z) - \lambda = 0$ 的根, 于是有

$$f(T) - \lambda I = c \prod_{i=1}^{n} (T - \lambda_i I).$$

(1) 证明 $\sigma(f(T)) \subset f(\sigma(T))$. 若每个 $\lambda_i \in \rho(T)$, $i = 1, 2, \cdots, n$, 依据正则点的定义知 $\lambda \in \rho(f(T))$. 因此, 如果 $\lambda \in \sigma(f(T))$, 则存在某个 $\lambda_j \in \sigma(T)$, 其中 $1 \leqslant j \leqslant n$. 由 λ_j 是方程 $f(z) - \lambda = 0$ 的根知

$$f(\lambda_j) - \lambda = c \prod_{i=1}^{n} (\lambda_j - \lambda_i) = 0,$$

可见 $f(\lambda_j) = \lambda$. 于是由 $\lambda \in \sigma(f(T))$ 知

$$\lambda = f(\lambda_j) \in \{f(\lambda) \mid \lambda \in \sigma(T)\} = f(\sigma(T)),$$

因此 $\sigma(f(T)) \subset f(\sigma(T))$.

(2) 证明 $f(\sigma(T)) \subset \sigma(f(T))$. 如果 $\lambda \in f(\sigma(T)) = \{f(\lambda) \mid \lambda \in \sigma(T)\}$, 那么存在某个 $\lambda_j \in \sigma(T)$, 使得 $f(\lambda_j) - \lambda = 0$, $1 \leqslant j \leqslant n$, 且满足

$$f(T) - \lambda I = c \prod_{i=1}^{n} (T - \lambda_i I) = c \prod_{i=1, \, i \neq j}^{n} (T - \lambda_i I)(T - \lambda_j I),$$

$T - \lambda_j I$ 与其他算子 $T - \lambda_i I$ 相乘满足交换率.

假设 $\lambda \in \rho(f(T))$, 则算子 $f(T) - \lambda I$ 是线性有界可逆算子, 且其值域在 X 中稠密. 于是有

$$(T - \lambda_j I) \left[c \prod_{i=1, \, i \neq j}^{n} (T - \lambda_i I) \, (f(T) - \lambda I)^{-1} \right] = [f(T) - \lambda I][f(T) - \lambda I]^{-1} = I,$$

$$I = [f(T) - \lambda I]^{-1}[f(T) - \lambda I] = \left[[f(T) - \lambda I]^{-1} c \prod_{i=1, \, i \neq j}^{n} (T - \lambda_i I) \right] (T - \lambda_j I),$$

可见 $T - \lambda_j I$ 为可逆算子, 所以 $\lambda_j \in \rho(T)$, 但这与 $\lambda_j \in \sigma(T)$ 相矛盾, 故 $\lambda \notin \rho(f(T))$, 即 $\lambda \in \sigma(f(T))$. □

依据定理 4.3.1, 可得下述特殊情形下的结论:

(1) 对于任意的正整数 n, $\lambda \in [\sigma(T)]^n = \{\lambda^n \mid \lambda \in \sigma(T)\}$ 当且仅当 $\lambda \in \sigma(T^n)$, 即

$$\sigma(T^n)=[\sigma(T)]^n.$$

（2）对于任意的复数 $\alpha\in\mathbb{C}$，$\lambda\in\alpha\sigma(T)=\{\alpha\lambda\,|\,\lambda\in\sigma(T)\}$ 当且仅当 $\lambda\in\sigma(\alpha T)$，即

$$\sigma(\alpha T)=\alpha\sigma(T).$$

定理 4.3.2　设 X 为复 Banach 空间，$T\in B(X)$，则 $\lambda\in\sigma(T)^{-1}=\{\lambda^{-1}\,|\,\lambda\in\sigma(T),\lambda\neq0\}$ 当且仅当 $\lambda\in\sigma(T^{-1})$，即

$$\sigma(T^{-1})=\sigma(T)^{-1}.$$

证明　由于 T 是可逆算子，可知 $0\in\rho(T)$，那么 $\forall\lambda\in\mathbb{C}$ 且 $\lambda\neq0$，有

$$-\lambda T^{-1}(T-\lambda^{-1}I)=T^{-1}-\lambda I,$$

因此 $\lambda\in\rho(T^{-1})$ 当且仅当 $\lambda^{-1}\in\rho(T)$，即 $\sigma(T^{-1})=\sigma(T)^{-1}$. $\square$

在复 Banach 空间 X 中，线性有界算子 T 的谱 $\sigma(T)$ 为有界闭集，所以有如下的谱半径概念.

定义 4.3.1　谱半径(Spectral Radius)

设 X 为复 Banach 空间，算子 $T\in B(X)$，则称 $r_\sigma(T)=\sup\{|\lambda|\,|\,\lambda\in\sigma(T)\}$ 为 T 的谱半径. $\square$

性质 4.3.1　设 X 为复 Banach 空间，算子 $T\in B(X)$，则算子 T 的谱半径 $r_\sigma(T)\leqslant\|T\|$.

证明　依据定理 4.2.1，有 $\sigma(T)\subset\{\lambda\,|\,|\lambda|\leqslant\|T\|\}$，所以 $r_\sigma(T)\leqslant\|T\|$. $\square$

引理 4.3.1　设 X 为 Banach 空间，算子 $\{T_n\}\subset B(X)$，若 $\lim\limits_{n\to\infty}\|T_n\|^{\frac{1}{n}}<1$，则级数 $\sum\limits_{n=0}^{\infty}T_n$ 收敛.

证明　记 $\rho=\lim\limits_{n\to\infty}\|T_n\|^{\frac{1}{n}}$，则存在足够小的正数 ε，使得 $\rho+\varepsilon=q<1$. 于是由极限的定义知，存在自然数 m，当 $n\geqslant m$ 时有不等式

$$\|T_n\|^{\frac{1}{n}}<\rho+\varepsilon=q,$$

因此

$$\|T_{m+1}\|<q^{m+1},\ \|T_{m+2}\|<q^{m+2},\cdots.$$

由于级数 $\sum\limits_{n=1}^{\infty}q^{m+n}$ 收敛，所以级数 $\sum\limits_{n=0}^{\infty}\|T_n\|$ 收敛. 由于 X 为 Banach 空间，故级数 $\sum\limits_{n=0}^{\infty}T_n$ 收敛. $\square$

对于给定的算子列 $\{T_n\}\subset B(X)$，$\lim\limits_{n\to\infty}\|T_n\|^{\frac{1}{n}}$ 是否存在？回顾一下数列的上、下极限的概念. 简单地说，有界数列 $\{x_n\}$ 的上、下极限分别就是数列 $\{x_n\}$ 的最大聚点 $\overline{A}$ 与最小聚点 $\underline{A}$，即

$$\overline{A}=\varlimsup_{n\to\infty}x_n,\quad\underline{A}=\varliminf_{n\to\infty}x_n.$$

对于任何数列而言，必有 $\varliminf\limits_{n\to\infty}x_n\leqslant\varlimsup\limits_{n\to\infty}x_n$，并且有界数列 $\{x_n\}$ 存在极限的充要条件就是 $\varliminf\limits_{n\to\infty}x_n=\varlimsup\limits_{n\to\infty}x_n$.

$\varlimsup\limits_{n\to\infty}x_n=A$ 的严格定义是：$\forall\varepsilon>0$，（1）$\exists N\in\mathbb{N}$，当 $n>N$ 时，$x_n<A+\varepsilon$；（2）$\exists\{x_{n_k}\}$，使得 $x_{n_k}>A-\varepsilon$，$k=1,2,\cdots$. 类似地，也有"下极限"的严格定义.

定理 4.3.3　设 X 为 Banach 空间，算子 $T\in B(X)$，则 $\lim\limits_{n\to\infty}\|T^n\|^{\frac{1}{n}}$ 存在，且

$$\lim_{n\to\infty} \| T^n \|^{\frac{1}{n}} = \inf\{ \| T^n \|^{\frac{1}{n}} \}.$$

证明　记 $r = \inf_n \{ \| T^n \|^{\frac{1}{n}} \}$，显然有 $\varliminf_{n\to\infty} \| T^n \|^{\frac{1}{n}} \geqslant r$. 因此仅需证 $\varlimsup_{n\to\infty} \| T^n \|^{\frac{1}{n}} \leqslant r$. 根据下确界的定义，$\forall \varepsilon > 0$，$\exists m \in \mathbb{N}^+$，使得 $\| T^m \|^{\frac{1}{m}} < r + \varepsilon$.

对于任何正整数 n，必存在非负整数（包含零）k, j，其中 $0 \leqslant j < m$，使得 $n = km + j$. 所以
$$\| T^n \| = \| T^{km+j} \| \leqslant \| T^{km} \| \| T^j \| \leqslant \| T^m \|^k \| T \|^j,$$
于是有
$$\| T^n \|^{\frac{1}{n}} \leqslant \| T^m \|^{\frac{k}{n}} \| T \|^{\frac{j}{n}} \leqslant (r + \varepsilon)^{\frac{km}{n}} \| T \|^{\frac{j}{n}}.$$

当 $n \to \infty$ 时，$\dfrac{j}{n} \to 0$ 及 $\dfrac{km}{n} \to 1$，因此有
$$\varlimsup_{n\to\infty} \| T^n \|^{\frac{1}{n}} \leqslant r + \varepsilon,$$
由 ε 的任意性知 $\varlimsup_{n\to\infty} \| T^n \|^{\frac{1}{n}} \leqslant r$. □

定理 4.3.4　设 X 为 Banach 空间，算子 $T \in B(X)$，$|\lambda| > \lim_{n\to\infty} \| T^n \|^{\frac{1}{n}}$，则级数 $\displaystyle\sum_{n=0}^{\infty} \dfrac{T^n}{\lambda^{n+1}}$ 依范数收敛，且 $R_\lambda(T) = -\displaystyle\sum_{n=0}^{\infty} \dfrac{T^n}{\lambda^{n+1}}$.

证明　设 $r = \lim_{n\to\infty} \| T^n \|^{\frac{1}{n}}$，则 $\forall \varepsilon > 0$，不妨令 $|\lambda| \geqslant r + \varepsilon$，则当正整数 n 充分大时，有
$$\| T^n \|^{\frac{1}{n}} \leqslant r + \frac{\varepsilon}{2}.$$
于是有
$$\| \lambda^{-(n+1)} T^n \| \leqslant |\lambda^{-(n+1)}| \| T^n \| \leqslant (r + \varepsilon)^{-(n+1)} \left(r + \frac{\varepsilon}{2} \right)^n = k p^n,$$
其中 $p = \dfrac{r + \dfrac{\varepsilon}{2}}{r + \varepsilon} < 1$，$k = (r + \varepsilon)^{-1}$，所以级数 $\displaystyle\sum_{n=0}^{\infty} \dfrac{T^n}{\lambda^{n+1}}$ 在 $|\lambda| > r$ 处绝对收敛. 又由于 $B(X)$ 完备，故级数 $\displaystyle\sum_{n=0}^{\infty} \dfrac{T^n}{\lambda^{n+1}}$ 收敛. 可验证
$$(T - \lambda I) \left(-\sum_{n=0}^{\infty} \frac{T^n}{\lambda^{n+1}} \right) = \left(-\sum_{n=0}^{\infty} \frac{T^n}{\lambda^{n+1}} \right)(T - \lambda I) = I,$$
因此 $R_\lambda(T) = -\displaystyle\sum_{n=0}^{\infty} \dfrac{T^n}{\lambda^{n+1}}$. □

定理 4.3.5　谱半径公式(Gelfand's Spectral Radius Formula)

设 X 为复 Banach 空间，算子 $T \in B(X)$，则算子 T 的谱半径为
$$r_\sigma(T) = \lim_{n\to\infty} \| T^n \|^{\frac{1}{n}}.$$

证明　设 $r = \lim_{n\to\infty} \| T^n \|^{\frac{1}{n}}$，由定理 4.3.4 知，当 $|\lambda| > r$ 时，$\lambda \in \rho(T)$，所以有 $r_\sigma(T) \leqslant r$. 下面只需证明 $r \leqslant r_\sigma(T)$.

依据定理 4.2.3 知，$R_\lambda(T)$ 在 $\rho(T)$ 上处处解析. 对于任意的有界线性泛函 $f : B(X) \to \mathbb{C}$，由定理 4.3.4 得

$$f[R_\lambda(T)]=-\sum_{n=0}^{\infty}\frac{f(T^n)}{\lambda^{n+1}},$$

上式左端 $f[R_\lambda(T)]$ 在 $\{\lambda\,|\,\lambda\in\mathbb{C},\ |\lambda|>r_\sigma(T)\}$ 上处处解析. 根据复值解析函数洛朗(A. Laurent)展开式的唯一性知, 上式右端在 $\{\lambda\,|\,\lambda\in\mathbb{C},\ |\lambda|>r_\sigma(T)\}$ 内收敛. 于是对于任意满足 $|\lambda|>r_\sigma(T)$ 的复数 λ 而言, $\left\{\dfrac{f(T^n)}{\lambda^{n+1}}\right\}$ 是有界数列. 由 f 的任意性, 依据共鸣定理知, $\left\{\dfrac{T^n}{\lambda^{n+1}}\right\}$ 一致有界. 所以存在 $M_\lambda>0$, 对于任意的非负整数 n, 有 $\left\|\dfrac{T^n}{\lambda^{n+1}}\right\|\leqslant M_\lambda$, 进而有

$$\|T^n\|^{\frac{1}{n}}\leqslant M_\lambda^{\frac{1}{n}}|\lambda|^{\frac{n+1}{n}}.$$

当 $n\to\infty$ 时, 有 $\lim\limits_{n\to\infty}\|T^n\|^{\frac{1}{n}}\leqslant|\lambda|$, 因此 $r\leqslant r_\sigma(T)$. □

4.4　伴随算子及其谱分析

定理 4.4.1　设 H 和 K 是两个 Hilbert 空间, $T\in B(H\to K)$, 则存在唯一的算子 $S\in B(K\to H)$, $\forall x\in H$ 和 $y\in K$, $(Tx,y)=(x,Sy)$ 成立, 且 $\|T\|=\|S\|$.

证明　对于任意的 $y\in K$, 定义 H 上的一个线性泛函 $f_y(x)=(Tx,y)$, 于是 $\forall x\in H$ 有

$$|f_y(x)|=|(Tx,y)|\leqslant\|Tx\|\|y\|\leqslant\|T\|\|x\|\|y\|,$$

所以 $\|f_y\|\leqslant\|T\|\|y\|$. 依据 Riesz 引理知, 存在唯一的 $z_y\in H$, 使得

$$f_y(x)=(Tx,y)=(x,z_y),\quad\|f_y\|=\|z_y\|.$$

因此可定义从 K 到 H 上的映射 S 为: $\forall y\in K$, $S(y)=z_y$. 显然, S 是线性算子. 又由于 $\forall x\in H$ 和 $y\in K$ 有

$$(Tx,y)=f_y(x)=(x,z_y)=(x,Sy),$$

于是有 $\|Sy\|=\|f_y\|\leqslant\|T\|\|y\|$, 可得 $\|S\|\leqslant\|T\|$. 同理可证 $\|T\|\leqslant\|S\|$, 所以 $\|T\|=\|S\|$, S 的唯一性由 $(Tx,y)=f_y(x)=(x,z_y)=(x,Sy)$ 确定. □

定义 4.4.1　内积空间上的伴随算子(Adjoint Operator)

设 H 和 K 是两个 Hilbert 空间, $T\in B(H\to K)$, 且存在从 K 到 H 上的唯一映射 T^*, $\forall x\in H$ 和 $y\in K$ 满足 $(Tx,y)=(x,T^*y)$, 则称 T^* 是 T 的 H 伴随算子或伴随算子, 或**共轭算子**(Conjugate Operator), 或**对偶算子**(Dual Operator). □

关于 T 的伴随算子 T^* 的伴随算子 $(T^*)^*$, 通常记为 T^{**}, 即 $T^{**}=(T^*)^*$.

例 4.4.1　设 $T\in B(\mathbb{C}^2)$, 证明若 $T=\begin{bmatrix}a_{11}&a_{12}\\a_{21}&a_{22}\end{bmatrix}$, 则 $T^*=\begin{bmatrix}\overline{a_{11}}&\overline{a_{21}}\\\overline{a_{12}}&\overline{a_{22}}\end{bmatrix}$.

证明　$\forall x=\begin{bmatrix}x_1\\x_2\end{bmatrix}$, $y=\begin{bmatrix}y_1\\y_2\end{bmatrix}\in\mathbb{C}^2$, 因为

$$(Tx,y)=\left(\begin{bmatrix}a_{11}&a_{12}\\a_{21}&a_{22}\end{bmatrix}\begin{bmatrix}x_1\\x_2\end{bmatrix},\begin{bmatrix}y_1\\y_2\end{bmatrix}\right)=\left(\begin{bmatrix}a_{11}x_1+a_{12}x_2\\a_{21}x_1+a_{22}x_2\end{bmatrix},\begin{bmatrix}y_1\\y_2\end{bmatrix}\right)$$

$$=(a_{11}x_1+a_{12}x_2)\overline{y_1}+(a_{21}x_1+a_{22}x_2)\overline{y_2}$$

$$=a_{11}x_1\overline{y_1}+a_{12}x_2\overline{y_1}+a_{21}x_1\overline{y_2}+a_{22}x_2\overline{y_2},$$

$$(x,\ T^*y)=\left[\begin{bmatrix}x_1\\x_2\end{bmatrix},\ \begin{bmatrix}\overline{a_{11}}&\overline{a_{21}}\\\overline{a_{12}}&\overline{a_{22}}\end{bmatrix}\begin{bmatrix}y_1\\y_2\end{bmatrix}\right]=\left[\begin{bmatrix}x_1\\x_2\end{bmatrix},\ \begin{bmatrix}\overline{a_{11}}\,y_1+\overline{a_{21}}\,y_2\\\overline{a_{12}}\,y_1+\overline{a_{22}}\,y_2\end{bmatrix}\right]$$

$$=x_1(\overline{\overline{a_{11}}\,y_1+\overline{a_{21}}\,y_2})+x_2(\overline{\overline{a_{12}}\,y_1+\overline{a_{22}}\,y_2})$$

$$=a_{11}x_1\,\overline{y_1}+a_{12}x_2\,\overline{y_1}+a_{21}x_1\,\overline{y_2}+a_{22}x_2\,\overline{y_2},$$

所以$(Tx,\ y)=(x,\ T^*y)$成立. $\square$

性质 4.4.1 设 H 和 K 是两个 Hilbert 空间，$S,T\in B(H{\to}K)$，$\alpha,\beta\in\mathbb{C}$，则

(1) $T^{**}=T$.

(2) $(\alpha S+\beta T)^*=\bar{\alpha}S^*+\bar{\beta}T^*$.

(3) $\parallel T^*\parallel^2=\parallel T^*T\parallel=\parallel TT^*\parallel=\parallel T\parallel^2$.

证明 (1) 由于 $\forall x\in H$ 和 $y\in K$，$(Tx,\ y)=(x,\ T^*y)$，所以有 $(T^*y,\ x)=(y,\ Tx)$. 依据定义 4.4.1 知 $T^{**}=T$.

(2) 由于 $\forall x\in H$ 和 $y\in K$，有

$$((\alpha S+\beta T)x,\ y)=(\alpha Sx,\ y)+(\beta Tx,\ y)=\alpha(Sx,\ y)+\beta(Tx,\ y)$$

$$=\alpha(x,\ S^*y)+\beta(x,\ T^*y)$$

$$=(x,\ \bar{\alpha}S^*y)+(x,\ \bar{\beta}T^*y)=(x,\ (\bar{\alpha}S^*+\bar{\beta}T^*)y),$$

因此 $(\alpha S+\beta T)^*=\bar{\alpha}S^*+\bar{\beta}T^*$.

(3) 由定理 4.4.1 知，$\parallel T\parallel=\parallel T^*\parallel$. 对于任意的 $x\in H$ 且 $\parallel x\parallel\leqslant 1$，由于

$$\parallel Tx\parallel^2=(Tx,\ Tx)=(x,\ T^*Tx)\leqslant\parallel x\parallel\parallel T^*Tx\parallel\leqslant\parallel T^*Tx\parallel\leqslant\parallel T^*T\parallel,$$

可得 $\parallel T\parallel^2\leqslant\parallel T^*T\parallel\leqslant\parallel T^*\parallel\parallel T\parallel\leqslant\parallel T\parallel^2$，所以 $\parallel T^*T\parallel=\parallel T\parallel^2=\parallel T^*\parallel^2$. 由算子 T 的任意性及 $\parallel T^*T\parallel=\parallel T\parallel^2$ 可得 $\parallel (T^*)^*T^*\parallel=\parallel TT^*\parallel=\parallel T^*\parallel^2$，因此 $\parallel T^*\parallel^2=\parallel T^*T\parallel=\parallel TT^*\parallel=\parallel T\parallel^2$. $\square$

性质 4.4.2 设 H 是 Hilbert 空间，$S,T\in B(H)$，$\alpha,\beta\in\mathbb{C}$，则

(1) $(ST)^*=T^*S^*$.

(2) T 可逆当且仅当 T^* 可逆，且 $(T^{-1})^*=(T^*)^{-1}$.

(3) $\overline{R(T)}=\ker(T^*)^{\perp}$，$\overline{R(T^*)}=\ker(T)^{\perp}$.

证明 (1) $\forall x,y\in H$，由于

$$((ST)y,\ x)=(S(Ty),\ x)=(Ty,\ S^*x)=(Ty,\ T^*S^*x),$$

所以 $(ST)^*=T^*S^*$.

(2) 设 T 可逆，则 $TT^{-1}=T^{-1}T=I$. 于是有

$$(TT^{-1})^*=(T^{-1})^*T^*=I^*=I=I^*=(T^{-1}T)^*I=T^*(T^{-1})^*,$$

所以 $(T^*)^{-1}=(T^{-1})^*$. 同理可证，逆命题成立，因此 T 可逆当且仅当 T^* 可逆，且

$$(T^{-1})^*=(T^*)^{-1}.$$

(3) $z\in R(T)^{\perp}$ 当且仅当 $\forall x\in H$ 有 $(z,\ Tx)=0$，于是有 $(T^*z,\ x)=(z,\ Tx)=0$，即得 $T^*z=\mathbf{0}$. 所以 $z\in R(T)^{\perp}$ 当且仅当 $T^*z=\mathbf{0}$，即

$$R(T)^{\perp}=\ker(T^*).$$

因此 $\overline{R(T)}=[R(T)^{\perp}]^{\perp}=\ker(T^*)^{\perp}$，应用 $T^{**}=T$ 可得 $\overline{R(T^*)}=\ker(T)^{\perp}$. $\square$

设 A 是复数域 $\mathbb{C}$ 的一个子集，记 $A^*=\{\bar{\lambda}\,|\,\lambda\in A\}$，其中 $\bar{\lambda}$ 表示复数 λ 的共轭，显然有

$$A^{**}=A,\ (\mathbb{C}-A)^*=\mathbb{C}-A^*,\ (A_1\cup A_2)^*=A_1^*\cup A_2^*.$$

定理 4.4.2 设 H 为复 Hilbert 空间，$T \in B(H)$，则

(1) $\rho(T) = \rho(T^*)^*$，$\sigma(T^*) = \sigma(T)^*$.

(2) $\sigma(T^*) = \sigma_p(T^*) \bigcup \sigma_a(T)^* = \sigma_a(T^*) \bigcup \sigma_p(T)^*$.

(3) $\sigma(T) = \sigma_p(T) \bigcup \sigma_a(T^*)^* = \sigma_a(T) \bigcup \sigma_p(T^*)^*$.

证明 (1) $\forall \lambda \in \mathbb{C}$，由于 $(T - \lambda I)^* = T^* - \bar{\lambda} I$，以及 $T - \lambda I$ 可逆当且仅当算子 $T^* - \bar{\lambda} I$ 可逆，所以 $\rho(T) = [\rho(T^*)]^*$. 于是有

$$\sigma(T)^* = [\mathbb{C} - \rho(T)]^* = \mathbb{C} - [\rho(T)]^* = \mathbb{C} - \rho(T^*) = \sigma(T^*).$$

(2) 与 (3) 的证明留作练习题. □

推论 4.4.1 设 H 为复 Hilbert 空间，$T \in B(H)$，则 $r_\sigma(T) = r_\sigma(T^*)$.

证明 依据定理 4.4.2 和谱半径定义 4.3.1，知 $r_\sigma(T) = r_\sigma(T^*)$. □

性质 4.4.3 设 X 和 Y 是数域 $\mathbb{F}$ 上的两个线性赋范空间，$T \in B(X \to Y)$，$\forall f \in Y^*$，定义 $f^*(x) = f(T(x))$，则 $f^* \in X^*$.

证明 $\forall x, y \in X$ 以及 $\alpha, \beta \in \mathbb{F}$，因为

$$f^*(\alpha x + \beta y) = f(T(\alpha x + \beta y)) = f(\alpha T(x) + \beta T(y))$$
$$= \alpha f(T(x)) + \beta f(T(y)) = \alpha f^*(x) + \beta f^*(y),$$

所以 f^* 是线性泛函. 由于 $\forall x \in X$，有

$$|f^*(x)| = |f(T(x))| \leqslant \|f\| \|T(x)\| \leqslant \|f\| \|T\| \|x\|,$$

所以 $f^* \in X^*$. □

根据性质 4.4.3，可定义一个从 Y^* 到 X^* 的算子 T^*：$T^*(f) = f^* = f \circ T$，其中 $T \in B(X \to Y)$，$f \in Y^*$，$f^* \in X^*$，易验证 $T^* \in B(Y^* \to X^*)$，因此在线性赋范空间上也有伴随算子的定义.

定义 4.4.2 线性赋范空间上的伴随算子 (Adjoint Operator)

设 X 和 Y 是数域 $\mathbb{F}$ 上的两个线性赋范空间，$T \in B(X \to Y)$，定义 $T^*(f) = f^* = f \circ T$，其中 $f \in Y^*$，$f^* \in X^*$，$T^* \in B(Y^* \to X^*)$，则称 T^* 是 T 的伴随算子或共轭算子或对偶算子. □

已知 Hilbert 空间为线性赋范空间，那么两个 Hilbert 空间 H 和 K 之间的线性有界算子 $T \in B(H \to K)$，在定义 4.4.1 和定义 4.4.2 下对应的伴随算子有何不同？为了在表示上区别，T 在定义 4.4.1 下对应的伴随算子记为 T_h^*；T 在定义 4.4.2 下对应的伴随算子仍记为 T^*，即 $T^* \in B(K^* \to H^*)$，如图 4.4.1 所示.

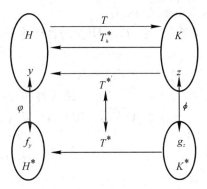

图 4.4.1 内积空间上的伴随算子 T_h^* 与其作为线性赋范空间上的伴随算子 T^* 的关系示意图

由于 H 与 H^* 线性保范同构 $(\varphi: y \to f_y)$，K 和 K^* 也线性保范同构 $(\phi: z \to g_z)$，假定 $T^* \in B(K^* \to H^*)$ 为 $T^*(g_z) = f_y$，由同构关系自然诱导出从 K 到 H 上的映射 $T^{*\prime}(z) = y: K \to H$. 于是 $\forall x \in H$ 和 $\forall z \in K$，有

$$(x, T^{*\prime}(z)) = (x, y) = f_y(x) = T^*(g_z)(x) = g_z(Tx) = (Tx, z) = (x, T_h^*(z)),$$

即得 $T^{*\prime} = T_h^*$. 可见，定义 4.4.1 的伴随算子 T_h^* 就是定义 4.4.2 的伴随算子 T^* 所诱导出的算子 $T^{*\prime}$. 然而，Hilbert 空间上的伴随算子具有性质 4.4.1(1)(2)，线性赋范空间上的伴随算子却不具有这样的性质，性质 4.4.1(2) 与性质 4.4.4 明显不同. 如不特别说明，内积空间上的伴随算子指定义 4.4.1 给出的情形.

性质 4.4.4 设 X 和 Y 是数域 $\mathbb{F}$ 上的两个线性赋范空间，$T, S \in B(X \to Y)$，$\alpha, \beta \in \mathbb{F}$，则 $(\alpha T + \beta S)^* = \alpha T^* + \beta S^*$.

证明 $\forall f \in Y^*$，由定义知 $\forall x \in X$ 有

$$\begin{aligned}
[(\alpha T + \beta S)^* f](x) &= [f \circ (\alpha T + \beta S)](x) = [f \circ (\alpha T)](x) + [f \circ \beta S)](x) \\
&= \alpha(f \circ T)(x) + \beta(f \circ S)(x),
\end{aligned}$$

$$\begin{aligned}
(\alpha T^* + \beta S^*)f(x) &= (\alpha T^*)f(x) + (\beta S^*)f(x) = \alpha(T^* f)(x) + \beta(S^* f)(x) \\
&= \alpha(f \circ T)(x) + \beta(f \circ S)(x),
\end{aligned}$$

所以 $(\alpha T + \beta S)^* = \alpha T^* + \beta S^*$. □

性质 4.4.5 设 X, Y, Z 是数域 $\mathbb{F}$ 上的线性赋范空间，$T \in B(X \to Y)$，$S \in B(Y \to Z)$，则

(1) $\| T^* \| = \| T \|$.

(2) $(ST)^* = T^* S^*$.

(3) 当 $T^{-1} \in B(Y \to X)$ 时，有 $(T^*)^{-1} = (T^{-1})^*$. □

性质 4.4.5 的证明留作练习题.

4.5 自伴算子的谱分析

定义 4.5.1 自伴算子(Self-adjoint Operator)

设 H 是 Hilbert 空间，$T \in B(H)$，如果 $T = T^*$，即 $\forall x, y \in H$ 有 $(Tx, y) = (x, Ty)$，则称 T 为 H 上的自伴算子或自共轭算子. □

恒等算子 $I \in B(H)$ 为自伴算子. 若 T 为 H 上的自伴算子，$\lambda \in \mathbb{C}$，则 $\forall x, y \in H$，有

$$((T \pm \lambda I)x, y) = (Tx, y) \pm (\lambda x, y) = (x, Ty) \pm (x, \bar{\lambda}y) = (x, (T \pm \bar{\lambda})y).$$

可见，此时 $T \pm \lambda I$ 为自伴算子的充要条件为 $\lambda \in \mathbb{R}$.

例 4.5.1 设 T 为由方阵 $A = (a_{ij})_{n \times n}$ 定义的线性算子，$T: \mathbb{C}^n \to \mathbb{C}^n$，$\forall x \in \mathbb{C}^n$，$Tx = Ax$，证明 T 为自伴算子当且仅当 $A^T = \bar{A}$，其中 A^T 为 A 的转置矩阵，$\bar{A}$ 为 A 的共轭矩阵.

证明 由于 $\forall x, y \in \mathbb{C}^n$，有

$$(Tx, y) = (Ax, y) = (Ax)^T \bar{y} = x^T A^T \bar{y}, \quad (x, Ty) = (x, Ay) = x^T \overline{Ay} = x^T \bar{A}\bar{y},$$

所以 $(Tx, y) = (x, Ty)$ 当且仅当 $A^T = \bar{A}$. □

例 4.5.1 中满足 $A^T = \bar{A}$ 的矩阵 A 被称为埃尔米特矩阵(Hermitian Matrix)，即

$a_{ij} = \overline{a_{ji}}$，实 Hermitian 矩阵就是实对称阵.

性质 4.5.1 设 H 是复 Hilbert 空间，$T \in B(H)$，则 T 为自伴算子当且仅当 $\forall x \in H$ 有 $(Tx, x) \in \mathbb{R}$. □

性质 4.5.1 的证明留作练习题. 然而，性质 4.5.1 对于实 Hilbert 空间却不成立，例如

$$T = \begin{bmatrix} 0 & -1 \\ 1 & 0 \end{bmatrix},$$

$$T^* = \begin{bmatrix} 0 & 1 \\ -1 & 0 \end{bmatrix},$$

$T, T^* \in B(\mathbb{R}^2)$，以及 $\forall x \in \mathbb{R}^2$ 有 $(Tx, x) \in \mathbb{R}$，但是 $T \neq T^*$.

定义 4.5.2 数值半径(Numerical Radius)

设 H 是 Hilbert 空间，$T \in B(H)$，则称集合 $\omega(T) = \{|(Tx, x)| \mid \|x\| = 1, x \in H\}$ 为算子 T 的**数值域(Numerical Range)**，称 $r_\omega(T) = \sup \omega(T)$ 为算子 T 的**数值半径**. □

性质 4.5.2 设 T 是复 Hilbert 空间 H 上的线性有界算子，则 $\sigma(T) \subseteq \overline{\omega(T)}$. □

性质 4.5.2 的证明留作练习题.

性质 4.5.3 设 H 是复 Hilbert 空间，$T \in B(H)$ 为自伴算子，则 $\|T\| = r_\omega(T)$.

证明 $\forall x \in H$，当 $\|x\| = 1$ 时，有 $|(Tx, x)| \leqslant \|Tx\| \|x\| \leqslant \|T\|$，所以

$$r_\omega(T) \leqslant \|T\|.$$

$\forall x \in H$，当 $x \neq 0$ 时，由 $\left|\left(T \dfrac{x}{\|x\|}, \dfrac{x}{\|x\|}\right)\right| \leqslant r_\omega(T)$ 得 $|(Tx, x)| \leqslant r_\omega(T) \|x\|^2$.

显然，当 $x = \mathbf{0}$ 时，此式也成立，所以 $\forall x \in H$，有 $|(Tx, x)| \leqslant r_\omega(T) \|x\|^2$. 于是依据定理 2.6.1 和定理 2.6.2，$\forall x, y \in H$ 以及 $\|x\| = \|y\| = 1$，有

$$4|\mathrm{Re}(Tx, y)| = |(T(x+y), x+y) - (T(x-y), x-y)|$$
$$\leqslant |(T(x+y), x+y)| + |(T(x-y), x-y)|$$
$$\leqslant r_\omega(T) \|x+y\|^2 + r_\omega(T) \|x-y\|^2 = 2\omega_r(T)(\|x\|^2 + \|y\|^2) = 4r_\omega(T),$$

即 $|\mathrm{Re}(Tx, y)| \leqslant r_\omega(T)$. 由 $(Tx, y) = \mathrm{e}^{\mathrm{i}\theta}|(Tx, y)|$ 得 $(T(\mathrm{e}^{-\mathrm{i}\theta}x), y) = |(Tx, y)|$，所以 $(T(\mathrm{e}^{-\mathrm{i}\theta}x), y)$ 为实数. 于是有

$$|(Tx, y)| = (T(\mathrm{e}^{-\mathrm{i}\theta}x), y) = \mathrm{Re}(T(\mathrm{e}^{-\mathrm{i}\theta}x), y) \leqslant r_\omega(T),$$

令 $y = \dfrac{Tx}{\|Tx\|}$，则有 $|(Tx, y)| = \|Tx\| \leqslant r_\omega(T)$，注意到 $\|x\| = 1$，因此

$$\|T\| \leqslant r_\omega(T). \quad \square$$

性质 4.5.4 设 H 是 Hilbert 空间，$T, S \in B(H)$ 为自伴算子，则

(1) $\ker(T) = R(T)^\perp$.

(2) $\forall x \in H, \lambda \in \mathbb{C}$，$\|(T - \lambda I)x\| = \|(T - \bar{\lambda}I)x\|$.

(3) TS 为自伴算子当且仅当 $TS = ST$. □

性质 4.5.4 的证明留作练习题. 由性质 4.5.4(1)知自伴算子 T 的值域的闭包为

$$\overline{R(T)} = (R(T)^\perp)^\perp = \ker(T)^\perp.$$

又由于线性算子的零空间是闭集，所以 $\ker(T) = (\ker(T)^\perp)^\perp = \overline{R(T)}^\perp$.

性质 4.5.5 设 H 是 Hilbert 空间，$T \in B(H)$ 为自伴算子，则 $T = 0$ 当且仅当 $\forall x \in H$ 有 $(Tx, x) = 0$. □

性质 4.5.5 的证明留作练习题.

定理 4.5.1 设 H 是复 Hilbert 空间，$T \in B(H)$ 为自伴算子，则 $\sigma_a(T) = \sigma(T) \subset \mathbb{R}$.

证明 由性质 4.2.2 知 $\sigma_a(T) \subseteq \sigma(T)$，下面证明 (1)$\sigma(T) \subseteq \sigma_a(T)$；(2)$\sigma(T) \subset \mathbb{R}$.

(1) 假设 $\lambda \notin \sigma_a(T)$，则由性质 4.2.2 知算子 $T - \lambda I$ 是下方有界的. 根据定理 3.7.3 得，$T - \lambda I$ 是单射，$(T - \lambda I)^{-1}$ 线性有界. 此时，$T - \lambda I$ 的伴随算子 $T - \bar{\lambda} I$ 也是单射，即 $\ker(T - \bar{\lambda} I) = \{\mathbf{0}\}$. 由性质 4.4.2 知，$T - \lambda I$ 的值域的闭包为

$$\overline{R(T - \lambda I)} = \ker(T - \bar{\lambda} I)^{\perp} = \{\mathbf{0}\}^{\perp} = H,$$

于是 $\lambda \in \rho(T)$. 因此 $\sigma(T) \subseteq \sigma_a(T)$.

(2) 对于任意的 $\lambda \in \mathbb{C}$ 以及 $x \in H$，由 T 的自伴性知，

$$(x, (T - \lambda I)x) - ((T - \lambda I)x, x) = (x, Tx) - \bar{\lambda}(x, x) - (Tx, x) + \lambda(x, x)$$
$$= 2\mathrm{i}\mathrm{Im}\lambda \| x \|^2,$$

$\mathrm{Im}\lambda$ 表示复数 λ 的虚部. 于是

$$2|\mathrm{Im}\lambda| \| x \|^2 \leqslant |(x, (T - \lambda I)x)| + |((T - \lambda I)x, x)| \leqslant 2 \| (T - \lambda I)x \| \| x \|,$$

即 $\| (T - \lambda I)x \| \geqslant |\mathrm{Im}\lambda| \| x \|$. 此时，若 $\delta = |\mathrm{Im}\lambda| > 0$，则算子 $T - \lambda I$ 是下方有界的，即 $\lambda \notin \sigma_a(T)$，进而由 (1) 的证明知 $\lambda \notin \sigma(T)$，因此 $\lambda \in \sigma(T)$ 意味着 $\mathrm{Im}\lambda = 0$，即 $\lambda \in \mathbb{R}$，得 $\sigma(T) \subset \mathbb{R}$. □

定理 4.5.2 设 H 是复 Hilbert 空间，$T \in B(H)$ 为自伴算子，则 T 的剩余谱 $\sigma_r(T)$ 为空集.

证明 依据定理 4.2.5 和定理 4.5.1，得

$$(\sigma_p(T) \bigcup \sigma_c(T)) \subseteq \sigma_a(T) = \sigma(T) = (\sigma_p(T) \bigcup \sigma_c(T) \bigcup \sigma_r(T)),$$

由定义 4.2.1 可知，$\sigma_p(T)$、$\sigma_c(T)$ 和 $\sigma_r(T)$ 互不相交，因此 T 的剩余谱 $\sigma_r(T)$ 为空集. □

根据性质 4.5.3 知自伴算子 T 的范数为 $\| T \| = r_\omega(T)$. 下面的定理 4.5.3 说明自伴算子 T 的谱半径 $r_\sigma(T) = \| T \|$.

定理 4.5.3 设 T 是复 Hilbert 空间 H 上的线性有界自伴算子，则 T 的谱半径

$$r_\sigma(T) = \| T \|.$$

证明 由性质 4.4.1 知 $\| T^2 \| = \| TT^* \| = \| T \|^2$. 于是当 $n = 2^m$ 时（m 为正整数），有 $\| T^{2^m} \| = \| T \|^{2^m}$. 根据定理 4.3.5 的谱半径公式有

$$r_\sigma(T) = \lim_{n \to \infty} \| T^n \|^{\frac{1}{n}} = \lim_{\substack{n \to \infty \\ n = 2^m}} \| T^{2^m} \|^{\frac{1}{2^m}} = \| T \|. \quad \square$$

由性质 4.5.1 知，若 T 是复 Hilbert 空间 H 上的自伴算子，则 $\forall x \in H$ 有 $(Tx, x) \in \mathbb{R}$. 于是根据性质 4.5.3 知 $-\| T \| \leqslant (Tx, x) | \| x \| = 1\} \leqslant \| T \|$. 下面的定理 4.5.4 说明自伴算子 T 的谱集与这个有界实数集 $\{(Tx, x) | \| x \| = 1\}$ 紧密相关.

定理 4.5.4 设 T 是复 Hilbert 空间 H 上的线性有界自伴算子，记

$$m = \inf\{(Tx, x) | \| x \| = 1\}, \quad M = \sup\{(Tx, x) | \| x \| = 1\},$$

则

(1) T 的谱集 $\sigma(T) \subset [m, M]$.

(2) $m, M \in \sigma(T)$.

证明 (1) 由定理 4.5.1 知 T 的谱集 $\sigma(T) \subset \mathbb{R}$. $\forall \varepsilon > 0$，下面证明 $\lambda = M + \varepsilon \in \rho(T)$.

$\forall\, x\in H,\ x\neq 0$,令 $x_0=\dfrac{x}{\parallel x\parallel}$,显然 $\parallel x_0\parallel=1$,则

$$(Tx,x)=\parallel x\parallel^2(Tx_0,x_0)\leqslant(x,x)M.$$

于是有

$$\varepsilon\parallel x\parallel^2=(\lambda-M)(x,x)\leqslant\lambda(x,x)-(Tx,x)$$
$$=((\lambda I-T)x,x)\leqslant\parallel(\lambda I-T)x\parallel\parallel x\parallel=\parallel(T-\lambda I)x\parallel\parallel x\parallel,$$

即 $\varepsilon\parallel x\parallel\leqslant\parallel(T-\lambda I)x\parallel$. 根据定理 4.5.1 的(1)的证明知,$\lambda\in\rho(T)$. $\forall\,\lambda<m$,同理可证 $\lambda\in\rho(T)$. 故自伴算子 T 的谱集 $\sigma(T)\subset[m,M]$.

(2) 依据定义 4.5.2、性质 4.5.1 及性质 4.5.3 知,$\parallel T\parallel=M$. 由 M 的定义知,存在点列 $\{x_n\}\subset H$ 且 $\parallel x_n\parallel=1$,使得 $\lim\limits_{n\to\infty}(Tx_n,x_n)=M$. 于是有

$$\parallel Tx_n-Mx_n\parallel^2=(Tx_n-Mx_n,Tx_n-Mx_n)=\parallel Tx_n\parallel^2-2M(Tx_n,x_n)+M^2\parallel x_n\parallel^2$$
$$\leqslant\parallel T\parallel^2\parallel x_n\parallel^2-2M(Tx_n,x_n)+M^2$$
$$=2M^2-2M(Tx_n,x_n)\to 0,\ n\to\infty,$$

由定义 4.2.2 及性质 4.2.2 知,$M\in\sigma(T)$. 同理可证 $m\in\sigma(T)$. $\square$

4.6 正规算子与酉算子的谱分析

定义 4.6.1 正规算子(Normal Operator)与酉算子(Unitary Operator)

设 H 是 Hilbert 空间,$T\in B(H)$,若 $TT^*=T^*T$,则称 T 为 H 上的**正规算子**或**正常算子**;若 T 是单射且 $T^*=T^{-1}$,则称 T 为 H 上的**酉算子**. $\square$

从定义 4.6.1 可知,T 为 H 上的正规算子当且仅当 T^* 为 H 上的正规算子. 由性质 4.4.1 知 $(T^{-1})^*=(T^*)^{-1}$,所以 T 为 H 上的酉算子,T^* 也为 H 上的酉算子. 对于 H 上的酉算子 T,显然有 $TT^*=T^*T=I$,所以酉算子是一类特殊的正规算子.

定理 4.6.1 设 H 是 Hilbert 空间,$T\in B(H)$,则称 T 为 H 上的正规算子当且仅当 $\forall\, x\in H,\ \parallel Tx\parallel=\parallel T^*x\parallel$.

证明 若 T 为正规算子,则 $\forall\, x\in H$,有

$$\parallel Tx\parallel^2=(Tx,Tx)=(T^*Tx,x)=(TT^*x,x)=(T^*x,T^*x)=\parallel T^*x\parallel^2.$$

若 $\forall\, x\in H,\ \parallel Tx\parallel=\parallel T^*x\parallel$ 成立,则

$$(T^*Tx,x)=(Tx,Tx)=\parallel Tx\parallel^2=\parallel T^*x\parallel^2=(T^*x,T^*x)=(TT^*x,x).$$

于是 $((TT^*-T^*T)x,x)=0$,依据性质 4.5.5 知 $TT^*=T^*T$. $\square$

定理 4.6.2 设 T 是复 Hilbert 空间 H 上的正规算子,则 T 的谱半径 $r_\sigma(T)=\parallel T\parallel$.

证明 由性质 4.3.1 知算子 T 的谱半径 $r_\sigma(T)\leqslant\parallel T\parallel$.

依据性质 4.4.1 知,$\parallel T^*T\parallel=\parallel T\parallel^2$,以及对于自伴算子 T^*T,依据归纳法有 $\parallel(T^*T)^{2n}\parallel=\parallel T^*T\parallel^{2n}$,其中 $n\in\mathbb{N}^+$. 依据定理 4.4.2 和谱半径定义 4.3.1 知

$$r_\sigma(T)=r_\sigma(T^*).$$

于是由定理 4.3.5 及定理 4.5.3 有

$$r_\sigma(T)^2=r_\sigma(T^*)r_\sigma(T)=\lim_{n\to\infty}\{\parallel(T^*)^{2n}\parallel\parallel(T)^{2n}\parallel\}^{\frac{1}{2n}}\geqslant\lim_{n\to\infty}\{\parallel(T^*)^{2n}T^{2n}\parallel\}^{\frac{1}{2n}}$$
$$=\lim_{n\to\infty}\{\parallel(T^*T)^{2n}\parallel\}^{\frac{1}{2n}}=r_\sigma(T^*T)=\parallel T^*T\parallel=\parallel T\parallel^2.$$

因此 $r_\sigma(T) \geqslant \|T\|$. $\square$

推论 4.6.1 设 T 是复 Hilbert 空间 H 上的正规算子，则存在 $\lambda_0 \in \sigma(T)$，使得 $|\lambda_0| = \|T\| = r_\sigma(T)$.

证明 由定理 4.2.1 和定理 4.2.2 知，线性有界算子 T 的谱 $\sigma(T)$ 为 $\mathbb{C}$ 中的紧集，所以存在 $\lambda_0 \in \sigma(T)$，使得

$$r_\sigma(T) = \sup\{|\lambda| \mid \lambda \in \sigma(T)\} = |\lambda_0|.$$

依据定理 4.6.2 知 T 的谱半径 $r_\sigma(T) = \|T\|$，即 $|\lambda_0| = \|T\| = r_\sigma(T)$. $\square$

定理 4.6.3 设 T 为 Hilbert 空间 H 上的正规算子，则

$$\|(T^*)^2\| = \|T^*\|^2 = \|T^*T\| = \|TT^*\| = \|T\|^2 = \|T^2\|.$$

证明 由于 T 为正规算子，所以 $\forall x \in H$，有

$$(T^2 x, T^2 x) = (T^*TTx, Tx) = (TT^*Tx, Tx) = (T^*Tx, T^*Tx),$$

即 $\|T^2 x\| = \|T^*Tx\|$. 于是 $\|T^2\| = \|T^*T\|$，由性质 4.4.1 知 $\|TT^*\| = \|T\|^2$，因此 $\|T\|^2 = \|T^2\|$. 由 T 为正规算子可知 T^* 也为正规算子，所以 $\|T^*\|^2 = \|(T^*)^2\|$. 由性质 4.4.1 可得

$$\|(T^*)^2\| = \|T^*\|^2 = \|T^*T\| = \|TT^*\| = \|T\|^2 = \|T^2\|. \quad \square$$

定理 4.6.4 Hilbert 空间 H 上的全体正规算子组成的集合是 $B(H)$ 中的闭集.

证明 设 $\{T_n\}$ 为 H 上的正规算子列，且 $\lim\limits_{n \to \infty} T_n = T$.

首先证明 $\lim\limits_{n \to \infty} T_n^* = T^*$. 由于 $\lim\limits_{n \to \infty} \|T_n - T\| = 0$，所以 $\forall x \in H$，有

$$((T_n - T)x, (T_n - T)x) = ((T_n^* - T^*)(T_n - T)x, x) \to 0, \quad n \to \infty.$$

由于 $(T_n^* - T^*)(T_n - T)$ 是自伴算子，依据性质 4.5.5 知 $\lim\limits_{n \to \infty} \|(T_n^* - T^*)(T_n - T)\| = 0$，进一步由定理 4.6.3 知 $\lim\limits_{n \to \infty} \|T_n^* - T^*\| = 0$，即 $\lim\limits_{n \to \infty} T_n^* = T^*$.

其次证明 T 为 H 上的正规算子. 因为

$$\begin{aligned}
\|TT^* - T^*T\| &\leqslant \|TT^* - T_n T_n^*\| + \|T_n^* T_n - T^*T\| \\
&\leqslant \|(T - T_n)(T^* - T_n^*) + (T - T_n)T_n^* + T_n(T^* - T_n^*)\| \\
&\quad + \|(T_n^* - T^*)(T - T_n) + (T_n^* - T^*)T_n + T_n^*(T_n - T)\| \\
&\leqslant \|T - T_n\| \|T^* - T_n^*\| + \|T - T_n\| \|T_n^*\| + \|T_n\| \|T^* - T_n^*\| \\
&\quad + \|T_n^* - T^*\| \|T - T_n\| + \|T_n^* - T^*\| \|T_n\| + \|T_n^*\| \|T_n - T\| \\
&\to 0, \quad n \to \infty,
\end{aligned}$$

所以 $TT^* = T^*T$，即 T 为正规算子. $\square$

性质 4.6.1 设 T 是复 Hilbert 空间 H 上的正规算子，$\lambda, \mu \in \mathbb{C}$ 且 $\lambda \neq \mu$，则

(1) $\ker(T - \lambda I) = \ker(T^* - \bar{\lambda}I)$.

(2) $\ker(T - \lambda I) \perp \ker(T - \mu I)$. $\square$

性质 4.6.1 的证明留作练习题.

定理 4.6.5 设 T 是复 Hilbert 空间 H 上的正规算子，则 $\sigma_a(T) = \sigma(T)$.

证明 依据性质 4.2.2 知 $\sigma_a(T) \subseteq \sigma(T)$，现只需证明 $\sigma(T) \subseteq \sigma_a(T)$. 设 $\lambda \in \sigma(T)$，依据定理 4.4.2，有

$$\lambda \in \sigma_a(T),$$

或者

$$\lambda \in \sigma_p(T^*)^*.$$

若此时 $\lambda \in \sigma_p(T^*)^*$，即 $\bar{\lambda} \in \sigma_p(T^*)$，则 $\ker(T^* - \bar{\lambda}I) \neq \phi$. 因为 T 是正规算子，依据性质 4.6.1 知 $\ker(T - \lambda I) \neq \phi$，即有 $\lambda \in \sigma_p(T)$. 由定理 4.2.5 知 $\sigma_p(T) \subseteq \sigma_a(T)$，因此 $\lambda \in \sigma_a(T)$. $\square$

推论 4.6.2 设 T 是复 Hilbert 空间 H 上的酉算子，则 $0 \notin \sigma(T)$. $\square$

推论 4.6.2 的证明留作练习.

性质 4.6.2 设 H 是 Hilbert 空间，$T \in B(H)$，则

(1) T 为酉算子当且仅当 T 为满射且 $\forall x, y \in H$，$(Tx, Ty) = (x, y)$.

(2) T 为酉算子当且仅当 T 为满射且 $\forall x \in H$，$\|Tx\| = \|x\|$.

证明 (1) 必要性. 若 T 为酉算子，则 T 是单射且 $T^* = T^{-1}$. 于是 $\forall x, y \in H$，有
$$(x, y) = (x, T^*Ty) = (Tx, Ty).$$
$\forall y \in H$，由于 $T(T^*y) = TT^{-1}y = y$，因此 T 为满射.

充分性. 由于 $\forall x, y \in H$，有
$$(x, y) = (Tx, Ty) = (x, T^*Ty),$$
所以 $T^*T = I$ 且 $\|Tx\|^2 = \|x\|^2$，即 T 为保范单射. 于是 T^{-1} 存在且
$$T^* = T^*TT^{-1} = IT^{-1} = T^{-1}.$$

性质 4.6.2(2) 的证明留作练习. $\square$

定理 4.6.6 设 T 是复 Hilbert 空间 H 上的酉算子，则

(1) $\omega(T) \subseteq \{\lambda \mid |\lambda| \leqslant 1\}$.

(2) $\sigma(T) \subseteq \{\lambda \mid |\lambda| = 1\}$.

证明 (1) 设 $\lambda \in \omega(T)$，则存在 $x \in H$ 以及 $\|x\| = 1$，使得 $\lambda = (Tx, x)$. 由于
$$\|Tx\|^2 = (Tx, Tx) = (x, T^*Tx) = (x, x) = 1,$$
所以
$$|\lambda| = |(Tx, x)| \leqslant \|Tx\| \|x\| = 1.$$

(2) 设 $\lambda \in \sigma(T)$，由性质 4.5.2 知 $\lambda \in \overline{\omega(T)}$，依据上述 (1) 的结论知 $|\lambda| \leqslant 1$. 由于 T 是酉算子，依据推论 4.6.2 知 $0 \notin \sigma(T)$，所以 $\lambda \neq 0$. 因为
$$T - \lambda I = T - \lambda TT^* = -\lambda T\left(T^* - \frac{1}{\lambda}I\right),$$

显然 $-\lambda T$ 可逆，所以 $T - \lambda I$ 可逆等价于 $T^* - \dfrac{1}{\lambda}I$ 可逆. 由于 $\lambda \in \sigma(T)$，所以 $T - \lambda I$ 不可逆，否则当 $T - \lambda I$ 可逆时，根据逆算子定理 3.7.2 知，$(T - \lambda I)^{-1} \in B(X)$，于是 $\lambda \in \rho(T)$，而这与 $\lambda \in \sigma(T)$ 相矛盾. 因此 $\dfrac{1}{\lambda} \in \sigma(T^*)$，依据性质 4.5.2 知 $\dfrac{1}{\lambda} \in \overline{\omega(T^*)}$.

因为 T^* 也是酉算子，所以由上述 (1) 的结论可得 $\omega(T^*) \subseteq \{\lambda \mid |\lambda| \leqslant 1\}$，于是 $\left|\dfrac{1}{\lambda}\right| \leqslant 1$，再结合前面的结论 $|\lambda| \leqslant 1$，故有 $|\lambda| = 1$. $\square$

由定理 4.6.6 知酉算子的谱值的模为 1；由定理 4.5.1 知自伴算子的谱值为实数.

定理 4.6.7 设 U 是复 Hilbert 空间 H 上的酉算子，$T \in B(H)$，则
$$\omega(T) = \omega(UTU^{-1}).$$

证明 记 $S = UTU^{-1}$，设 $\lambda \in \omega(T)$，则存在 $x \in H$ 以及 $\|x\| = 1$，使得 $\lambda = (Tx, x)$. 令 $y = Ux$，则 $Sy = UTU^{-1}y = UTx$. 于是有
$$(Sy, y) = (UTx, Ux) = (Tx, U^*Ux) = (Tx, x) = \lambda,$$

以及 $\|y\|=\|Ux\|=\|x\|=1$，所以 $\lambda\in\omega(S)$．由于 U^{-1} 也是酉算子，同理可证：若 $\lambda\in\omega(S)$，则 $\lambda\in\omega(U^{-1}SU)=\omega(T)$．故 $\omega(T)=\omega(UTU^{-1})$．$\square$

4.7 投影算子的谱分析

在 3.3 节中，简要讨论了 Hilbert 上的投影算子，本节则建立 Banach 空间上投影算子的概念，并讨论相应的谱，给出谱分解定理．

定义 4.7.1 算子的不变子空间(Invariant Subspace)

设 X 为 Banach 空间，$T\in B(X)$，M 是 X 闭子空间，如果 $T(M)\subset M$，则 M 是 T 的**不变子空间**．如果 X 是它的两个闭子空间 M 与 N 的直和，即 $X=M\oplus N$，且 M 与 N 均是 T 的不变子空间，则称 M、N 是 T 的**约化子空间**(Reduced Subspace)，称 X 有直和分解或拓扑直和分解．$\square$

若 M、N 是 T 的约化子空间，符号 $T|_M$、$T|_N$ 分别表示算子 T 在 M、N 上的限制．设 M 是 Hilbert 空间 H 的一个非空闭子空间，依据投影定理知 $H=M\oplus M^\perp$．令 P 为从 H 到 M 上的正交投影算子，设 $x=x_1+x_2$，$y=y_1+y_2$，其中 x_1，$y_1\in M$，x_2，$y_2\in M^\perp$，则

$$(Px,y)=(x_1,y_1+y_2)=(x_1,y_1),\quad(x,Py)=(x_1+x_2,y_1)=(x_1,y_1),$$

即 $(Px,y)=(x,Py)$，因此 Hilbert 空间上的正交投影算子是自伴算子．

定理 4.7.1 设 H 为 Hilbert 空间，$P\in B(H)$，则

（1）正交投影算子 P 为自伴算子．

（2）P 为正交投影算子当且仅当 $P=P^*P$．$\square$

定理 4.7.1 的证明留作练习题．

定义 4.7.2 投影算子(Projection Operator)

设 X 为 Banach 空间，$P\in B(X)$，如果 $P^2=P$，则称线性有界算子 P 为 X 上的**投影算子**．$\square$

由定理 3.3.3 和定理 3.3.4 知，Hilbert 空间上的正交投影算子 P 是线性有界算子，也是幂等算子．因此依据定义 4.7.2 知，Hilbert 空间诱导的 Banach 空间上的投影算子与其本身上的正交投影算子完全一致．

性质 4.7.1 设 P 是 Banach 空间 X 上的线性有界算子，则 P 是投影算子的充要条件是：若 $x\in R(P)$，则 $Px=x$．

证明 必要性．若 $x\in R(P)$，则存在 $x_0\in X$，使得 $x=Px_0$，于是有

$$Px=PPx_0=Px_0=x.$$

充分性．$\forall x\in X$，显然有 $Px\in R(P)$，由题设条件知 $P(Px)=Px$，即 $P^2=P$．$\square$

性质 4.7.2 设 P 是 Banach 空间 X 上的投影算子，则 $\ker(I-P)$、$\ker(P)$ 均是 X 的闭子空间，且 $X=(M=\ker(I-P))\oplus(N=\ker(P))$．$\square$

性质 4.7.2 的证明留作练习题．对于投影算子 P 而言，由 $x\in\ker(I-P)$ 可得 $Px\in\ker(I-P)$，所以性质 4.7.2 中的闭子空间 $M=\ker(I-P)$ 为投影算子 P 的不变子空间，而且 $\forall x\in M$，有 $x=Px$，因此也称 P 是从 X 到 M 上的投影算子．

若 P 为 X 上的非零投影算子，由 $\|P\|=\|PP\|\leqslant\|P\|^2$ 知 $\|P\|\geqslant 1$；$\forall x\in X$ 且 $\|x\|=1$，由性质 4.7.2 知 $x=x_1+x_2$，其中 $x_1\in\ker(I-P)$，$x_2\in\ker(P)$，于是有

$\|Px\|=\|x_1\|\leqslant\|x_1+x_2\|=\|x\|$，即 $\|P\|\leqslant1$. 因此 $\|P\|=1$.

推论 4.7.1 设 P 为 Banach 空间 X 上的非零投影算子，则 $\|P\|=1$. □

性质 4.7.3 设 X 是 Banach 空间，$T\in B(X)$，M 是 X 上的闭子空间. P 是从 X 到 M 上的投影算子，$N=\ker(P)$，那么

(1) M 是算子 T 的不变子空间当且仅当 $TP=PTP$.

(2) M、N 是 T 的约化子空间当且仅当 $TP=PT$.

证明 (1) $\forall x\in X$，由 P 是从 X 到 M 上的投影算子知，$Px\in M$. 于是，当 M 是算子 T 的不变子空间时，$TPx\in M$，进一步有 $TPx=PTPx$，即 $TP=PTP$.

若 $TP=PTP$，则 $\forall x\in M$，有 $Tx=TPx=PTPx\in M$，所以 M 是算子 T 的不变子空间.

(2) 依据性质 4.7.2 知 $M=\ker(I-P)$，$N=\ker(P)$. 当 M、N 是 T 的约化子空间时，$X=M\oplus N$，且 M 与 N 均是 T 的不变子空间. 于是 $\forall x\in M$，有 $x=Px$，所以
$$T(Px)=Tx=P(Tx);$$
$\forall x\in N$，有 $Px=\theta$，又由于 $Tx\in N$，所以
$$T(Px)=\theta=P(Tx).$$
因此 $TP=PT$.

当 $TP=PT$ 时，$\forall x\in M$，由 $x=Px$ 得
$$Tx=T(Px)=P(Tx)\in M;$$
$\forall x\in N$，由 $Px=\theta$ 得
$$Tx=T(Px)=\theta\in N.$$
因此 M、N 是 T 的约化子空间. □

定理 4.7.2 设非零算子 P 是复 Banach 空间 X 上的投影算子，则算子 P 的谱半径 $r_\sigma(P)=1$.

证明 因为 P 是投影算子，所以对于任意的正整数 $n\geqslant2$，有 $P^n=P$，即得 $\|P^n\|=\|P\|$. 依据定理 4.3.5，$r_\sigma(P)=\lim\limits_{n\to\infty}\|P^n\|^{\frac{1}{n}}=\lim\limits_{n\to\infty}\|P\|^{\frac{1}{n}}=1$. □

定理 4.7.3 设非零算子 P 是复 Banach 空间 X 上的投影算子，且 $P\neq I$，则算子 P 的谱 $\sigma(P)=\{0,1\}$.

证明 (1) 证明 $\{0,1\}\subset\sigma(P)$. 由于 P 是非零算子，故存在 $x\neq\theta$ 且 $Px\neq\theta$. 又因为 P 是投影算子，所以 $x=Px$，即 $\ker(P-I)\neq\{\theta\}$，再依据定义 4.2.1 得 $1\in\sigma_p(P)\subset\sigma(P)$.

由性质 4.7.2 知，$X=\ker(I-P)\oplus\ker(P)$，于是 $\ker(P)\neq\{\theta\}$，否则若 $\ker(P)=\{\theta\}$，则 $\forall x\in X$ 且 $x\neq\theta$，有 $x\in\ker(P-I)$，即 $x=Px$. 这与 $P\neq I$ 相矛盾，故 $\ker(P)\neq\{\theta\}$. 再依据定义 4.2.1 得 $0\in\sigma_p(P)\subset\sigma(P)$.

(2) 证明 $\sigma(P)\subset\{0,1\}$. 设 $\lambda\notin\{0,1\}$，下证 $\lambda\in\rho(P)$，即 $\lambda\notin\sigma(P)$.

若 $(P-\lambda I)x=\theta$，则 $Px=\lambda x$；又 $P^2=P$，所以 $\lambda x=Px=P(Px)=P(\lambda x)=\lambda Px$，则 $\lambda(Px-x)=\theta$，即 $|\lambda|\|Px-x\|=0$. 由于 $\lambda\notin\{0,1\}$，故 $Px=x$；加之 $Px=\lambda x$，所以有 $x=\lambda x$，则可得 $x=\theta$，因此 $\ker(P-\lambda I)=\{\theta\}$. 可见，$(P-\lambda I)$ 是单射.

$\forall x\in X$，存在 $x_1\in\ker(P-I)$ 与 $x_2\in\ker(P)$，使得 $x=x_1+x_2$，则 $Px=x_1$. 令
$$x'=\frac{1}{1-\lambda}x_1-\frac{1}{\lambda}x_2,$$

则有

$$(P-\lambda I)x' = (P-\lambda I)\left(\frac{1}{1-\lambda}x_1 - \frac{1}{\lambda}x_2\right) = \frac{1}{1-\lambda}x_1 - \frac{\lambda}{1-\lambda}x_1 + x_2 = x_1 + x_2 = x,$$

所以 $(P-\lambda I)$ 是满射. 可得 $P-\lambda I$ 为线性有界可逆算子，因此 $\lambda \in \rho(P)$. □

定理 4.7.4　（谱分解定理（Spectral Decomposition Theorem)）设 X 为复 Banach 空间，$T\in B(X)$，$\sigma(T) = \bigcup\limits_{i=1}^{n}\sigma_i$，$n\geqslant 2$，$\sigma_i$ 为互不相交的非空闭集，则存在 X 的拓扑直和分解

$$X = X_1 \oplus X_2 \oplus \cdots \oplus X_n,$$

使得每个 X_i 是 T 的不变子空间，且 $\sigma(T|_{X_i}) = \sigma_i$. □

定理 4.7.4 的证明可参见文献 [23][39]. 记 $T_i = T|_{X_i}$，$\forall x \in X$，当 $X = X_1 \oplus X_2 \oplus \cdots \oplus X_n$ 时，令 $x = x_1 + x_2 + \cdots + x_n$，其中 $x_i \in X_i$，则有

$$Tx = T_1 x_1 + T_2 x_2 + \cdots + T_n x_n,$$

此时记 $T = T_1 \oplus T_2 \oplus \cdots \oplus T_n$. 因此，定理 4.7.4 的意义在于将算子 T 的研究归结为算子 T_i 的研究.

4.8　紧算子的概念与性质

紧算子是有限维空间线性算子的推广，其谱结构与有限维空间线性算子的谱结构十分相似，紧算子有着非常广泛的应用.

定义 4.8.1　**紧算子**（**Compact Operator**）

设 X,Y 为线性赋范空间，如果线性算子 T 将 X 中的任何有界集映射为 Y 中的列紧集，则称算子 T 为从 X 到 Y 上的**紧算子**或者**全连续算子**（Completely Continuous Operator）；紧算子的集合记为 $K(X\to Y)$，特别地，记 $K(X\to X) = K(X)$. □

从定义 4.8.1 知，紧算子 T 将 X 中的有界集 A 映射为 Y 中的列紧集 $T(A)$. 由于列紧集是有界集，所以 $T(A)$ 当然是 Y 中的有界集. 可见，紧算子一定是线性有界算子.

定理 4.8.1　设 X,Y 为线性赋范空间，$T:X\to Y$ 为线性算子.

（1）若 T 为紧算子，则 T 为线性有界算子.

（2）T 为紧算子当且仅当将任何有界点列映射为含有收敛子列的点列.

（3）T 为紧算子当且仅当将 X 的闭单位球 $\overline{O}(\mathbf{0},1) = \{x \mid \|x\| \leqslant 1\}$ 映射为 Y 中的列紧集.

（4）若算子 $T \in B(X\to Y)$ 的值域为 Y 中的有限维子空间，则 T 为紧算子.

证明　根据紧算子及列紧集的定义易得（1）（2）成立，下面仅证明（3）和（4）.

（3）由于闭单位球是有界集，所以必要性显然成立.

充分性. 设 A 是 X 中的任一非空有界集，则存在大于零的数 M_0，使得

$$\frac{1}{M_0}A = \left\{\frac{1}{M_0}x \,\middle|\, x \in A\right\} \subset \overline{O}(\mathbf{0},1),$$

于是有

$$\frac{1}{M_0}T(A) = T\left(\frac{1}{M_0}A\right) \subset T(\overline{O}(\mathbf{0},1)).$$

由于列紧集的子集还是列紧集，所以 $T(A)$ 为 Y 中的列紧集.

（4）由于线性有界算子 T 将有界集映射为有界集，所以它将 X 的闭单位球 $\bar{O}(\mathbf{0}，1)$ 映射为有限维子空间 $T(Y)$ 的有界子集，而有限维子空间的有界子集为列紧集，因此 $T(\bar{O}(\mathbf{0}，1))$ 为列紧集，即 T 为紧算子. □

显然三个算子集具有包含关系，即 $K(X{\to}Y){\subset}B(X{\to}Y){\subset}L(X{\to}Y)$.

推论 4.8.1 设 X 是无限维线性赋范空间，则恒等映射 $I:X{\to}X$ 不是紧算子.

证明 假设恒等映射 I 是紧算子，则由定理 4.8.1 知 X 的闭单位球 $\bar{O}(\mathbf{0}，1)$ 为列紧集，从而知 $\bar{O}(\mathbf{0}，1)$ 为紧集，这与定理 2.4.3 的结论相矛盾，故 I 不是紧算子. □

定理 4.8.2 设 X,Y,Z 是线性赋范空间.

（1）若 $S,T{\in}K(X{\to}Y)$ 及 $\alpha,\beta{\in}\mathbb{C}$，则 $\alpha S+\beta T{\in}K(X{\to}Y)$，从而 $K(X{\to}Y)$ 是 $B(X{\to}Y)$ 的线性子空间.

（2）若 $S,T{\in}TB(X{\to}Y)$，且 S 与 T 中至少有一个算子是紧算子，则 $TS{\in}K(X{\to}Z)$.

证明 （1）设 $\{x_n\}$ 是 X 中的有界点列. 由于 $S{\in}K(X{\to}Y)$，所以存在 $\{x_n\}$ 的子列 $\{x_{n_k}\}$，使得 $\{Sx_{n_k}\}$ 为收敛列. 显然，作为有界点列的子列 $\{x_{n_k}\}$ 有界，由于 $T{\in}K(X{\to}Y)$，所以存在 $\{x_{n_k}\}$ 的子列 $\{x_{n_{k(r)}}\}$，使得 $\{Tx_{n_{k(r)}}\}$ 为收敛列. 于是得子列 $\{\alpha Sx_{n_{k(r)}}+\beta Tx_{n_{k(r)}}\}$ 为收敛列，因此 $\alpha S+\beta T$ 为紧算子，从而 $K(X{\to}Y)$ 是 $B(X{\to}Y)$ 的线性子空间.

（2）设 $\{x_n\}$ 是 X 中的有界点列. 如果 S 是紧算子，则存在 $\{x_n\}$ 的子列 $\{x_{n_k}\}$，使得 $\{Sx_{n_k}\}$ 为收敛列. 由于算子 T 线性有界，所以点列 $\{TSx_{n_k}\}$ 收敛，即 $TS{\in}K(X{\to}Z)$. 如果 S 是线性有界的而非紧算子，则点列 $\{Sx_n\}$ 有界. 由于 T 为紧算子，所以存在子列 $\{TSx_{n_k}\}$ 收敛，即 $TS{\in}K(X{\to}Z)$. □

推论 4.8.2 设 X 是无限维线性赋范空间，$T{\in}K(X)$. 若 T^{-1} 存在，则 $T^{-1}{\notin}B(X)$.

证明 如果 $T^{-1}{\in}B(X)$，由定理 4.8.2 知 $TT^{-1}=I{\in}K(X)$，这与推论 4.8.1 的结论 $I{\notin}K(X)$ 相矛盾，故 $T^{-1}{\notin}B(X)$. □

推论 4.8.3 设 X 是无限维 Banach 空间，$T{\in}K(X)$. 若 T 是单射，则 T 的值域 $R(T){\neq}X$.

证明 如果 $R(T)=X$，由逆算子定理 3.7.2 知 $T^{-1}{\in}B(X)$，这与推论 4.8.2 的结论 $T^{-1}{\notin}B(X)$ 相矛盾，故 $R(T){\neq}X$. □

定理 4.8.3 设 X 是线性赋范空间，Y 是 Banach 空间，$\{T_n\}{\in}K(X{\to}Y)$ 且 $\lim_{n\to\infty}\|T_n-T\|=0$，则 $T{\in}K(X{\to}Y)$. □

定理 4.8.3 的证明留作练习题. 由定理 3.3.2 知，当 Y 是 Banach 空间时，线性有界算子空间 $B(X{\to}Y)$ 是 Banach 空间. 上述定理告诉我们，此时紧算子空间 $K(X{\to}Y)$ 是其闭子空间，即是 Banach 空间.

性质 4.8.1 设 H 是 Hilbert 空间，$T{\in}B(H)$，则

（1）T 为紧算子当且仅当 T^*T 为紧算子.

（2）T 为紧算子当且仅当 T^* 为紧算子. □

性质 4.8.1 的证明留作练习题.

定义 4.8.2 有限秩算子(Finite Rank Operator)

设 X,Y 为线性赋范空间，如果线性有界算子 $T{\in}B(X{\to}Y)$ 的值域为 Y 中的有限维子空间，即 $\dim R(T)<+\infty$，则称算子 T 为从 X 到 Y 上的有限秩算子. □

从定理 4.8.1 知有限秩算子是紧算子，特别地，有限维空间 X 上的所有线性算子是紧算子.

定理 4.8.4 设 X 是有限维线性赋范空间，Y 是任意的线性赋范空间，$T: X \to Y$ 为线性算子，则 T 是紧算子.

证明 依据定理 3.1.4 知 T 是线性有界算子. 设 $\{e_1, e_2, \cdots, e_n\}$ 是有限维线性赋范空间 X 的一组基，那么 $\forall x \in X$，有 $x = \sum_{i=1}^{n} x_i e_i$，$Tx = \sum_{i=1}^{n} x_i Te_i$，所以 T 的值域为

$$R(T) = \Big\{ \sum_{i=1}^{n} x_i Te_i \Big| x_i \in \mathbb{C}, 1 \leqslant i \leqslant n \Big\},$$

可得 $\dim R(T) < +\infty$，故 T 是有限秩算子，进而知 T 是紧算子. $\square$

如果 Y 是有限维线性赋范空间，则由定理 4.8.1(4) 知线性算子 $T: X \to Y$ 也是紧算子. 所以只要线性赋范空间 X 和 Y 之一为有限维空间，线性算子 $T: X \to Y$ 就是紧算子.

例 4.8.1 在 l^2 上定义线性算子 $T: l^2 \to l^2$ 为

$$\forall x = (x_1, x_2, \cdots) \in l^2, \quad Tx = \Big(x_1, \frac{x_2}{2}, \frac{x_3}{3}, \cdots, \frac{x_n}{n}, \cdots \Big),$$

证明 T 是紧算子.

证明 设 $T_n: l^2 \to l^2$，

$$\forall x = (x_1, x_2, \cdots) \in l^2, \quad T_n x = \Big(x_1, \frac{x_2}{2}, \cdots, \frac{x_n}{n}, 0, \cdots, 0, \cdots \Big),$$

则 T_n 是有限秩算子. 依据定理 4.8.1 知 T_n 是紧算子. 因为

$$\| T_n x - Tx \| = \Big(\sum_{k=n+1}^{\infty} \frac{|x_k|^2}{k^2} \Big)^{\frac{1}{2}} \leqslant \Big(\sum_{k=n+1}^{\infty} \frac{|x_k|^2}{(n+1)^2} \Big)^{\frac{1}{2}}$$

$$\leqslant \frac{1}{n+1} \Big(\sum_{k=1}^{\infty} |x_k|^2 \Big)^{\frac{1}{2}} = \frac{1}{n+1} \| x \|,$$

所以由定理 4.8.4 知 T 是紧算子. $\square$

引理 4.8.1 设 X, Y 是线性赋范空间，$T \in K(X \to Y)$，则 T 的值域 $R(T)$ 是可分子空间.

证明 对于半径为 $r > 0$ 的开球 $O(\mathbf{0}, r) = \{x \mid \| x \| < r\}$，由紧算子的定义 4.8.1 知 $T(O(\mathbf{0}, r))$ 是列紧集. 依据定理 1.7.3 和定理 1.7.1 知 $T(O(\mathbf{0}, r))$ 是可分集，于是可列个可分集的并 $R(T) = \bigcup_{r=1}^{\infty} T(O(\mathbf{0}, r))$ 为可分集. $\square$

定理 4.8.5 设 X 是线性赋范空间，H 是 Hilbert 空间，$T \in K(X, H)$，则存在有限秩算子列 $\{T_n\} \subset B(X, H)$，使得 $\lim_{n \to \infty} T_n = T$.

证明 若 T 是有限秩算子，命题显然成立，因此假设 T 不是有限秩算子. 依据引理 4.8.1 知 T 的值域 $R(T)$ 可分，所以存在 $R(T)$ 的可列稠密子集 $A = \{x_1, x_2, \cdots, x_n, \cdots\}$，即 $R(T) \subset \overline{A}$. 依据定理 1.2.3 知

$$R(T) \subset \overline{R(T)} \subset \overline{A}.$$

又因为 H 是 Hilbert 空间，所以 $\overline{R(T)}$ 是可分的 Hilbert 子空间. 当 $\overline{R(T)}$ 是有限维子空间时，易证命题成立. 不妨设 $\overline{R(T)}$ 为无线维可分的 Hilbert 子空间. 由定理 2.10.2 知 $\overline{R(T)}$ 有完全标准正交系 $\{e_n\}$. 对于正整数 $k \geqslant 1$，设从 $\overline{R(T)}$ 到线性子空间 $M_k = \mathrm{span}\{e_1, e_2, \cdots, e_k\}$ 的正交投影算子为 P_k，记 $T_k = P_k T$，显然有 $R(T_k) \subset M_k$，即 T_k 是有限秩算子. 下面证明 $\lim_{k \to \infty} T_k = T$.

假设 $\lim\limits_{n\to\infty} T_k = T$ 不成立，则存在 $\varepsilon>0$，$\forall k\geqslant 1$，使得 $\parallel T_k-T\parallel>\varepsilon$（如有必要可取 T_k 的子列）．于是存在 X 的单位向量列 $x_k\in X$，使得 $\parallel(T_k-T)x_k\parallel\geqslant\dfrac{\varepsilon}{2}$．由于 T 是紧算子，可设 $Tx_k\to y$（如有必要可取 Tx_k 的子列）．显然有 $y\in\overline{R(T)}$，由定理 2.9.4 知 $y=\sum\limits_{n=1}^{\infty}(y,e_n)e_n$；由定理 2.8.1 知 $P_k y=\sum\limits_{n=1}^{k}(y,e_n)e_n$，所以有

$$(T_k-T)x_k=(P_k-I)Tx_k=(P_k-I)y+(P_k-I)(Tx_k-y)$$
$$=-\sum\limits_{n=k+1}^{\infty}(y,e_n)e_n+(P_k-I)(Tx_k-y).$$

两边取范数，注意到 $\parallel P_k\parallel=1$ 有

$$\frac{\varepsilon}{2}\leqslant\parallel(T_k-T)x_k\parallel\leqslant\Big\|\sum\limits_{n=k+1}^{\infty}(y,e_n)e_n\Big\|+\parallel(P_k-I)(Tx_k-y)\parallel$$
$$\leqslant\Big(\sum\limits_{n=k+1}^{\infty}(y,e_n)^2\Big)^{\frac{1}{2}}+2\parallel Tx_k-y\parallel,$$

上式的右边，当 $k\to\infty$ 时为零，产生矛盾．因此 $\lim\limits_{n\to\infty}T_k=T$ 成立．□

定理 4.8.6 设 H 是 Hilbert 空间，$T\in B(H)$，则 T 是紧算子当且仅当存在有限秩算子列 $\{T_n\}\subset B(H)$，使得 $\lim\limits_{n\to\infty}T_n=T$．

证明 依据定理 4.8.5 知必要性成立；由定理 4.8.1 和定理 4.8.3 知充分性成立．□

4.9　紧算子的谱分析

定理 4.9.1 设 X 是无限维线性赋范空间，$T\in K(X)$，则 $0\in\sigma(T)$．

证明 假设 $0\in\rho(T)$，则 T^{-1} 存在．由定理 4.8.2 知 $TT^{-1}=I\in K(X)$，这与推论 4.8.1 的结论 $I\notin K(x)$ 相矛盾，故 $0\notin\rho(T)$，即 $0\in\sigma(T)$．□

定理 4.9.2 设 X 是线性赋范空间，$T\in K(X)$，则 $\forall\alpha>0$，$\{\lambda\,|\,\lambda\in\sigma_p(T),\,|\lambda|>\alpha\}$ 是有限集．

证明 假设存在 $\alpha_0>0$，使得 $\{\lambda_n\}_{n=1}^{\infty}\subset\{\lambda\,|\,\lambda\in\sigma_p(T),\,|\lambda|>\alpha_0\}$ 且 $\{\lambda_n\}_{n=1}^{\infty}$ 中元素互不相同．记 x_n 是 λ_n 对应的一个特征向量，即 $Tx_n=\lambda_n x_n$，依据性质 4.1.1 知，不同特征值对应的特征向量线性无关．令 $X_n=\mathrm{span}\{x_1,x_2,\cdots,x_n\}$，则当 $x\in X_n$ 时，存在唯一的表达式 $x=\alpha_1 x_1+\alpha_2 x_2+\cdots+\alpha_n x_n$．于是有

$$(T-\lambda_n I)x=\alpha_1(\lambda_1-\lambda_n)x_1+\alpha_2(\lambda_2-\lambda_n)x_2+\cdots+\alpha_{n-1}(\lambda_{n-1}-\lambda_n)x_{n-1},$$

所以 $(T-\lambda_n I)x\in X_{n-1}$．由引理 2.4.1 知，存在 $y_n\in X_n$ 且 $\parallel y_n\parallel=1$，使得

$$d(y_n,X_{n-1})\geqslant\frac{1}{2}.$$

当 $m\leqslant n-1$ 时，同理存在 $y_m\in X_m\subset X_n$，使得 $\parallel y_m\parallel=1$，可验证 $(T-\lambda_m I)y_m\in X_{m-1}$，即 $Ty_m\in X_m\subset X_n$，所以 $\dfrac{1}{\lambda_n}[Ty_m-(T-\lambda_n I)y_n]\in X_{n-1}$．于是有

$$\parallel Ty_n-Ty_m\parallel=\parallel Ty_n+\lambda_n y_n-\lambda_n y_n-Ty_m\parallel=\parallel\lambda_n y_n-(Ty_m-Ty_n+\lambda_n y_n)\parallel$$

$$= |\lambda_n| \left\| y_n - \frac{1}{\lambda_n} [Ty_m - (T-\lambda_n I)y_n] \right\| \geqslant \frac{1}{2} |\lambda_n| > \frac{1}{2}\alpha_0.$$

显然点列 $\{y_n\}$ 有界，但 $\{Ty_n\}$ 却无收敛子列，这与 T 的紧性矛盾．故 $\forall \alpha > 0$，$\{\lambda \mid \lambda \in \sigma_p(T), |\lambda| > \alpha\}$ 是有限集．□

由上述定理可知，紧算子 $T \in K(X)$ 至多有可数个特征值，并且除了零以外，这些特征值没有聚点．

推论 4.9.1 设 X 是线性赋范空间，$T \in K(X)$，则 $\sigma_p(T)$ 最多是无限可数集．如果 $\{\lambda_n\}$ 是 T 的不同特征值组成的点列，则 $\lim\limits_{n\to\infty}\lambda_n = 0$．□

定理 4.9.3 设 X 是线性赋范空间，$T \in K(X)$，$\lambda \neq 0$，则零空间 $\ker(T-\lambda I)$ 是有限维的子空间．

证明 由性质 3.2.1 知，线性有界算子 $T-\lambda I$ 的零空间 $\ker(T-\lambda I)$ 是 X 的闭子空间．依据推论 4.8.1 知，只需证明 $\ker(T-\lambda I)$ 上的恒等映射 $I_{\ker}$ 是紧算子．设点列

$$\{x_n\} \subset \{x \mid \|x\| \leqslant 1, x \in \ker(T-\lambda I)\},$$

于是 $Tx_n = \lambda x_n$，即 $I_{\ker}x_n = \frac{1}{\lambda}Tx_n$．由于 $T \in K(X)$，所以 $\{\frac{1}{\lambda}Tx_n\}$ 有收敛子列，即 $\{I_{\ker}x_n\}$ 有收敛子列．由定理 4.8.1 知，$I_{\ker}$ 是紧算子．因此零空间 $\ker(T-\lambda I)$ 是有限维的．□

下面说明若 T 是 Hilbert 空间上的紧算子，则 $T-\lambda I$ 的值域 $R(T-\lambda I)$ 是闭集．

定理 4.9.4 设 H 是 Hilbert 空间，$T \in K(H)$，$\lambda \neq 0$，则 $R(T-\lambda I)$ 是闭集．

证明 由定理 4.9.3 知，零空间 $\ker(T-\lambda I)$ 是有限维的．记 $M = [\ker(T-\lambda I)]^{\perp}$，则由正交投影定理知 $H = \ker(T-\lambda I) \oplus M$．定义算子 $S: M \to H$ 为

$$\forall x \in M, \quad S(x) = (T-\lambda I)x.$$

显然，$S \in B(M \to H)$，S 是单射，以及 $R(S) = R(T-\lambda I)$．下面分两步证 $R(T-\lambda I)$ 是闭集．

（1）证明存在常数 $c > 0$，使得 $\forall x \in M$ 有 $\|Sx\| \geqslant c\|x\|$．如若不然，则存在点列 $\{x_n'\} \subset M$，使得 $\|Sx_n'\| < \frac{1}{n}\|x_n'\|$，即

$$\left\| S\left(\frac{x_n'}{\|x_n'\|}\right) \right\| < \frac{1}{n}\left\| \frac{x_n'}{\|x_n'\|} \right\|.$$

因此，存在点列 $\{x_n\} \subset M$ 且 $\|x_n\| = 1$，使得 $\|Sx_n\| < \frac{1}{n}\|x_n\|$ 成立．可见，$\lim\limits_{n\to\infty}\|Sx_n\| = 0$．因为 $T \in K(H)$，所以不妨设 $\lim\limits_{n\to\infty}Tx_n = y$，于是有

$$Sx_n = (T-\lambda I)x_n \to 0$$

所以 $\lambda x_n \to y$，$n \to \infty$，即 $y \in M$．由于

$$Sy = S(\lim_{n\to\infty}\lambda x_n) = \lambda(\lim_{n\to\infty}Sx_n) = 0,$$

以及 S 是单射，所以 $y = 0$，这与

$$\|y\| = \|\lim_{n\to\infty}\lambda x_n\| = |\lambda|\lim_{n\to\infty}\|x_n\| = |\lambda| > 0$$

矛盾，故 $\forall x \in M$ 有 $\|Sx\| \geqslant c\|x\|$．

（2）证 $R(T-\lambda I)$ 是闭集．设 $y \in \overline{R(T-\lambda I)}$，即 $y \in \overline{R(S)}$，则存在点列 $\{x_n\} \subset M$，使得

$$y_n = Sx_n = (T-\lambda I)x_n \to y, \quad n \to \infty.$$

由定理 3.7.3 以及上述（1）的结论知，$(T-\lambda I)^{-1}$ 存在且为线性有界算子．显然，收敛列 $\{y_n\}$ 是

有界列，于是 $x_n = (T - \lambda I)^{-1} y_n$ 为有界列. 因为 $T \in K(H)$，所以不妨设 $\{T x_n\}$ 为收敛列. 由于 $\lambda \neq 0$，以及 $\lambda x_n = T x_n - y_n$，可知 $\{x_n\}$ 为收敛列，即存在 $x_0 \in M$，使得 $\lim\limits_{n \to \infty} x_n = x_0$，于是有

$$y = \lim_{n \to \infty} y_n = \lim_{n \to \infty} (T - \lambda I) x_n = (T - \lambda I)(\lim_{n \to \infty} x_n) = (T - \lambda I) x_0,$$

即 $y \in R(T - \lambda I)$，因此 $R(T - \lambda I)$ 是闭集. $\square$

定理 4.9.5 设 H 是 Hilbert 空间，$T \in K(H)$，$\lambda \neq 0$，以及 $\ker(T - \lambda I) = \{0\}$，则 $R(T - \lambda I) = H$.

证明 由定理 4.9.4 知，$H_1 = (T - \lambda I) H = R(T - \lambda I)$ 是 H 的闭子空间. 于是有 H_1 是 Hilbert 空间，所以 $H_2 = (T - \lambda I) H_1 = R(T - \lambda I)^2$ 也是 H_1 的闭子空间，以此类推，$H_n = R(T - \lambda I)^n$ 是 H_{n-1} 的闭子空间. 记 $H_0 = H$，因此有

$$H_0 \supset H_1 \supset H_2 \supset \cdots \supset H_n \supset \cdots.$$

首先证明：若 $H_{n-1} \neq H_n$，则 $H_n \neq H_{n+1}$. 如若不然，即

$$H_n = H_{n+1} = (T - \lambda I) H_n,$$

于是 $\forall x \in H_{n-1}$，由 $(T - \lambda I) x \in H_n$ 知，$\exists y \in H_n = H_{n+1}$，使得

$$(T - \lambda I) x = (T - \lambda I) y.$$

因为 $\ker(T - \lambda I) = \{0\}$，所以 $x = y \in H_n$，而这与 $H_{n-1} \neq H_n$ 相矛盾.

其次证明：$R(T - \lambda I) = H$. 如若不然，即 $H_0 \neq H_1$，由上述结论知 $H_{n-1} \neq H_n$，$n = 2$，3，$\cdots$. 根据引理 2.4.1，存在 $x_n \in H_n$，使 $\| x_n \| = 1$，$d(x_n, H_{n+1}) \geqslant \frac{1}{2}$. 于是，对于 $x_n \in H_n$ 和 $x_m \in H_m (n > m)$ 有，

$$\| T x_n - T x_m \| = \| (T - \lambda I) x_n - (T - \lambda I) x_m + \lambda x_n - \lambda x_m \|$$

$$= |\lambda| \left\| x_m - \left[\frac{1}{\lambda}(T - \lambda I) x_n - \frac{1}{\lambda}(T - \lambda I) x_m + x_n \right] \right\|$$

$$= |\lambda| \| x_m - x' \| \geqslant |\lambda| d(x_m, H_{m+1}) \geqslant \frac{1}{2} |\lambda|,$$

其中 $x' = \frac{1}{\lambda}(T - \lambda I) x_n - \frac{1}{\lambda}(T - \lambda I) x_m + x_n \in H_{m+1}$. 可见，$\{T x_n\}$ 中不含收敛的子列，这与 $T \in K(H)$ 相矛盾，故 $R(T - \lambda I) = H$. $\square$

定理 4.9.6 设 H 是 Hilbert 空间，$T \in K(H)$，则

(1) $\sigma_c(T) - \{0\} = \phi$.

(2) $\sigma_r(T) - \{0\} = \phi$.

(3) $\sigma(T) - \{0\} = \sigma_p(T) - \{0\}$. $\square$

定理 4.9.6 的证明留作习题.

4.10 自伴紧算子的谱分析

若 T 既是自伴算子，又是紧算子，则称 T 为**自伴紧算子**(Self-adjoint Compact Operators).

性质 4.10.1 设 H 为 Hilbert 空间，$T \in B(H)$ 为自伴算子，M 是 H 的闭子空间，若 M 是 T 的不变子空间，则 $M^{\perp}$ 是 T 的不变子空间.

证明 因为 $T = T^*$、$T(M) \subset M$，所以 $\forall u \in M$，$v \in M^{\perp}$ 有

$$(Tv, u) = (v, Tu) = 0,$$

于是有 $T(M^{\perp})\subset M^{\perp}$. □

性质 4.10.2 设 H 为 Hilbert 空间，$T\in B(H)$ 为自伴算子，$e\in H$ 且 $\|e\|=1$，则
$$\|Te\|^2\leqslant\|T^2e\|,$$
等号成立当且仅当 e 是 T^2 的特征向量.

证明 根据 Cauchy 不等式，有
$$\|Te\|^2=(Te,Te)=(T^*Te,e)=(T^2e,e)\leqslant\|T^2e\|\|e\|=\|T^2e\|$$
由 Cauchy 不等式的证明知，$(T^2e,e)\leqslant\|T^2e\|\|e\|$ 中等号成立当且仅当 T^2e 与 e 线性相关，即 $T^2e=\lambda e$，其中
$$\|Te\|^2=(Te,Te)=(T^2e,e)=\lambda(e,e)=(\lambda e,e)=\lambda\|e\|^2=\lambda. □$$

定义 4.10.1 极大向量(Maximum Vector)

设 X 为内积空间，$T\in B(X)$，如果存在 $e\in X$ 且 $\|e\|=1$，使得 $\|Te\|=\|T\|$，则称 e 是 T 的**极大向量**. □

性质 4.10.3 设 H 为 Hilbert 空间，$T\in B(H)$ 为自伴紧算子，则存在 $e\in H$ 是 T 的极大向量.

证明 如果 T 为零算子，显然结论成立，所以不妨设 $T\neq 0$. 于是，存在点列 $\{x_n\}\subset H$，$\|x_n\|=1$，使得 $\lim\limits_{n\to\infty}\|Tx_n\|=\|T\|$. 因为 T 是紧算子，可将 H 中的有界集映射为列紧集，所以 $\{Tx_n\}$ 含有收敛子列 $\{Tx_{n_k}\}$，不妨设 $\lim\limits_{k\to\infty}Tx_{n_k}=x_0$. 于是 $\|x_0\|=\|T\|\neq 0$，令 $e=\dfrac{x_0}{\|x_0\|}$.

一方面，由于 $\left\|\dfrac{Tx_{n_k}}{\|T\|}\right\|\leqslant 1$，所以
$$\|Te\|=\left\|T\frac{x_0}{\|x_0\|}\right\|=\left\|\lim_{k\to\infty}T\frac{Tx_{n_k}}{\|T\|}\right\|\leqslant\|T\|;$$
另一方面，根据性质 4.10.2 得
$$\frac{1}{\|T\|}\|Tx_{n_k}\|^2\leqslant\frac{1}{\|T\|}\|T^2x_{n_k}\|=\left\|T\frac{Tx_{n_k}}{\|T\|}\right\|=\left\|T\frac{Tx_{n_k}}{\|x_0\|}\right\|,$$
$$\|T\|=\lim_{n\to\infty}\frac{1}{\|T\|}\|Tx_{n_k}\|^2,\ \lim_{n\to\infty}\left\|T\frac{Tx_{n_k}}{\|x_0\|}\right\|=\left\|T\frac{x_0}{\|x_0\|}\right\|=\|Te\|,$$
所以 $\|T\|\leqslant\|Te\|$. □

性质 4.10.4 设 H 为 Hilbert 空间，$T\in B(H)$ 为自伴算子，$e\in H$ 是 T 的极大向量，则 e 是 T^2 的特征向量，其特征值为 $\|T\|^2$. □

性质 4.10.4 的证明留作练习题.

定理 4.10.1 设 H 为 Hilbert 空间，$T\in B(H)$ 为自伴紧算子，则 $\|T\|$ 或 $-\|T\|$ 必有其一为的 T 特征值.

证明 由性质 4.10.3 知，存在 $e\in H$ 是 T 的极大向量，进而由性质 4.10.4 知，e 是 T^2 的特征向量，相应特征值为 $\|T\|^2$，即 $T^2e=\|T\|^2e$. 于是
$$(T-\|T\|I)(T+\|T\|I)e=0,$$
其中 I 表示恒等算子.

如果 $(T+\|T\|I)e\neq 0$，记其为 x_0，则 $Tx_0=\|T\|x_0$. 可见，$\|T\|$ 为 T 的特征值. 如果

$(T+\parallel T \parallel I)e=0$，则有 $Te=-\parallel T \parallel e$. 可见，$-\parallel T \parallel$ 为 T 的特征值. $\square$

由定理 4.10.1 知，Hilbert 空间上的自伴紧算子至少有一个特征值.

定义 4.10.2 特征子空间(Characteristic Subspace)

设 X 为内积空间，$T \in B(X)$，λ 是 T 特征值，则称所有以 λ 为特征值的特征向量张成的子空间

$$E(\lambda)=\operatorname{span}\{x \mid Tx=\lambda x, x \neq \theta\}$$

为对应于 λ 的特征子空间. $\square$

易验证 $E(\lambda)=\ker(T-\lambda I)$，由性质 3.2.1 知 $E(\lambda)$ 为闭子空间.

对于复 Hilbert 空间 H 上的自伴算子 T 的谱，可总结如下：

(1) T 的特征值全是实数. 由定理 4.5.1 和定理 4.5.2 知，自伴算子 T 的谱集 $\sigma(T)$ 由实数组成，它的剩余谱 $\sigma_r(T)$ 为空集.

(2) T 的非零特征值的相应特征向量彼此正交. 证明留作练习.

(3) T 的非零特征值至多为可数. 由定理 4.9.2 可知，紧算子 T 至多有可数个特征值，并且除了零以外，这些特征值没有聚点. 因此当自伴紧算子 T 有无限多个不同特征值时，我们可将这可数个实数特征值，按照绝对值的大小排成一列：$\lambda_1, \lambda_2, \lambda_3, \cdots, \lambda_n, \cdots$，使得 $\lim\limits_{n \to \infty} \lambda_n=0$.

(4) T 的每一个非零特征值 λ_i 的特征子空间 $E(\lambda_i)$ 是有限维子空间. 由定理 4.9.3 知，当 $T \in K(X)$，$\lambda \neq 0$ 时，零空间 $\ker(T-\lambda I)$ 是有限维子空间，于是存在 $E(\lambda_i)$ 的完全标准正交系 $e_{i1}, e_{i2}, \cdots, e_{ir_i}$，其中 r_i 表示 $E(\lambda_i)$ 的维数，即 $r_i=\dim E(\lambda_i)$.

(5) T 的非零特征值按照绝对值的大小排成一列，且出现的次数等于其特征子空间的维数，每一个特征值只对应 $E(\lambda_i)$ 的完全标准正交系中的一个元素. 于是有下列两个点列：

$$\lambda_1, \lambda_2, \lambda_3, \lambda_4, \lambda_5, \cdots, \lambda_n, \cdots,$$

$$e_1, e_2, e_3, e_4, e_5, \cdots, e_n, \cdots,$$

这里的 λ_i 可能相同，但 e_i 互不相同，且满足 $Te_i=\lambda_i e_i$. $\{e_1, e_2, \cdots, e_n, \cdots\}$ 是 H 的一个标准正交系，所以它张成的子空间为 T 的不变子空间，记为 $M(T)$.

定理 4.10.2 设 H 为 Hilbert 空间，$T \in B(H)$ 为自伴紧算子，$\{e_1, e_2, \cdots, e_n, \cdots\}$ 为 T 的所有非零特征值的特征子空间的完全标准正交系的并，则 $\forall x \in H$，有

$$x=\sum_{n=1}^{\infty} k_n e_n + x_0,$$

其中 $x_0 \in \ker T$，$k_n \in \mathbb{F}$.

证明 显然，$M=M(T)=\operatorname{span}\{e_1, e_2, \cdots, e_n, \cdots\}$ 是 H 的不变子空间. 由性质 4.10.1 知，$M^\perp$ 也是 T 的不变子空间. 根据投影定理 2.7.3，存在 $y \in M$ 及 $x_0 \in M^\perp$，使得 $x=y+x_0$. 因为 $\{e_n\}_{n=1}^{\infty}$ 是 Hilbert 子空间 M 的完全标准正交系，由定理 2.9.4 知 $y=\sum_{k=1}^{\infty}(y, e_k)e_k$. 下面证明 $x_0 \in \ker T$.

如果将 T 限制在不变子空间 $M^\perp$ 上，那么 $S=T|_{M^\perp}$ 是 Hilbert 子空间 $M^\perp$ 上的自伴紧算子. 由定理 4.10.1 知 $\parallel T|_{M^\perp} \parallel$ 或 $-\parallel T|_{M^\perp} \parallel$ 必有其一为 $T|_{M^\perp}$ 的特征值. 不妨设 $\parallel T|_{M^\perp} \parallel$ 为 $T|_{M^\perp}$ 的特征值，当 $-\parallel T|_{M^\perp} \parallel$ 为 $T|_{M^\perp}$ 的特征值时，同理也可得证. 于是存在单位向量 $e_0 \in M^\perp$，使得

$$Te_0 = T|_{M^\perp} e_0 = \|T|_{M^\perp}\| e_0,$$

可见 e_0 也是 T 的特征向量, 可以断言 $\|T|_{M^\perp}\| = 0$. 假设 $\|T|_{M^\perp}\| \neq 0$, 则有 $e_0 \in M$, 于是单位向量 $e_0 \in M \cap M^\perp$, 这便产生了矛盾, 故 $\|T|_{M^\perp}\| = 0$, 从而可知 $T|_{M^\perp} = 0$, 即 $\forall x_0 \in M^\perp$, 有 $Tx_0 = 0$. □

定理 4.10.3 设 H 为可分的 Hilbert 空间, $T \in B(H)$ 为自伴紧算子, 则存在 T 的特征向量组成 H 的完全标准正交系.

证明 设 $\{e_1, e_2, \cdots, e_n, \cdots\}$ 为 T 所有非零特征值的特征子空间的完全标准正交系的并, 记 $M = \text{span}\{e_1, e_2, \cdots, e_n, \cdots\}$. 由定理 4.10.2 的证明知 $M^\perp \subset \ker T$. 由于 H 是可分的 Hibert 空间, 所以 $M^\perp$ 也是可分的 Hilbert 子空间. 根据定理 2.10.2, 存在 $M^\perp$ 的完全标准正交系 $\{e_1', e_2', \cdots, e_n', \cdots\}$, e_n' 可看成是对应于特征值 0 的特征向量. 因此 T 的特征向量 $\{e_n\} \cup \{e_n'\}$ 组成 H 的完全标准正交系. □

定理 4.10.4 设 H 为 Hilbert 空间, $T \in B(H)$ 为自伴紧算子, 则 T 的非零谱点均是特征值. 如果 H 为无限维 Hilbert 空间, 则 $0 \in \sigma(T)$.

证明 由定理 4.5.1 知, 自伴算子 T 的谱 $\sigma(T) \subset \mathbb{R}$. 当 H 为有限维 Hilbert 空间时, 由性质 4.1.2 知 $\sigma_p(T) = \sigma(T)$. 当 H 为无限维 Hilbert 空间时, 由定理 4.9.1 知 $0 \in \sigma(T)$.

设 λ 不是 T 的特征值且 $\lambda \neq 0$, 下面证明 $\lambda \notin \sigma(T)$.

由定理 4.5.2 知, 自伴算子 T 的剩余谱 $\sigma_r(T)$ 为空集, 即 $\lambda \notin \sigma_r(T)$. 假设 $\lambda \notin \sigma_c(T)$, 则 $T - \lambda I$ 可逆. 因为 $T - \lambda I$ 是线性有界算子, 由逆算子定理 3.7.2 知, $(T - \lambda I)^{-1}$ 线性有界, 这与 $\lambda \in \sigma_c(T)$ 相矛盾, 故 T 的连续谱 $\sigma_c(T)$ 为空集, 即 $\lambda \notin \sigma_c(T)$. □

当 Hilbert 空间 H 为有限维, T 为自伴紧算子时, 0 可能是特征值或正则值. 当 H 为无限维 Hilbert 空间, T 为自伴紧算子时, 0 可能是特征值或连续谱, 但不可能是正则值.

本 章 小 结

本章首先引入了线性算子的谱定义、谱结构及性质、谱半径, 以及谱映射定理等基础知识; 其次探讨了常用线性算子的诸多性质, 例如伴随算子、自伴算子、正规算子、酉算子、紧算子、自伴紧算子等线性算子的性质, 这些算子的引入, 既丰富了第三章的线性算子理论, 又为相关算子谱分析准备了基础知识; 最后, 进一步分析了这些常用算子谱的构成, 刻画了相关算子的谱性质, 为深入理解这些算子提供了理论基础.

习 题 4

1. 设 X 为有限维线性赋范空间, $T: X \to X$ 是线性算子. 证明对于 X 的不同基, T 的表示矩阵具有相同的特征值.

2. 证明 Hilbert 空间 l^2 上的右移位算子 T_{right} 的点谱 $\sigma_p(T_{\text{right}}) = \phi$.

3. 设 T 是复连续函数空间 $C[0, 1]$ 上的算子: $(Tx)(t) = tx(t)$, 证明 $\sigma_r(T) = [0, 1]$.

4. 设 l_0 表示 l^1 中只有前有限个坐标不为零的元素全体, 即
$$l_0 = \{x = (x_1, x_2, \cdots, x_n, 0, \cdots 0, \cdots) \mid x \in l^1\},$$

l_0 上范数 $\|x\| = \sum\limits_{k=1}^{\infty} |x_i|$. 取 $x = (x_1, \cdots, x_n, 0, 0, \cdots) \in l_0$, 在 l_0 上定义算子

$$T(x_1, x_2, \cdots, x_n, 0, 0, \cdots) = \left(x_1, \frac{x_2}{2}, \cdots, \frac{x_n}{n}, 0, 0, \cdots\right),$$

证明 $0 \notin \sigma_p(T)$, $0 \notin \sigma_c(T)$.

5. 设复空间 $X = C[a, b]$, T 为 Volterra 积分算子

$$(Tx)(t) = \int_a^t x(s)\mathrm{d}s, \ x \in C[a, b],$$

证明 $\rho(T) = \mathbb{C} - \{0\}$, $\sigma(T) = \{0\}$.

6. 设 X 是数域 $\mathbb{R}$ 上的实 Banach 空间, 其中 $X = \mathbb{R}^2$, 算子 $T \in B(X)$ 由矩阵 A 确定, 其中

$$A = \begin{bmatrix} a & b \\ -b & a \end{bmatrix},$$

$a, b \in \mathbb{R}$, $b \neq 0$, $\forall x^{\mathrm{T}} = (x_1, x_2) \in \mathbb{R}^2$, $Tx = Ax$, 证明 $\sigma(T) = \phi$.

7. 设 X 是 Banach 空间, $T, S \in B(X)$, 证明 $\sigma(TS)$ 与 $\sigma(ST)$ 最多相差 $\{0\}$.

8. 设 X 是复线性赋范空间, $T \in B(X)$, 证明 $\sigma_a(T)$ 是 $\sigma(T)$ 中的非空闭子集.

9. 设 X 是线性赋范空间, 算子 $T \in B(X)$, 若存在正整数 m, 使得 $T^m = 0$, 则称算子 T 是幂零算子. 求复 Banach 空间 X 上幂零算子 T 的谱 $\sigma(T)$.

10. 设 X 是复 Banach 空间 $\mathbb{C}^2$, 算子 $S, T \in B(X)$ 分别由矩阵 A 与 B 表示,

$$A = \begin{bmatrix} 0 & 0 \\ 1 & 0 \end{bmatrix}, \quad B = \begin{bmatrix} 1 & 2 \\ 1 & 1 \end{bmatrix},$$

即 $\forall x^{\mathrm{T}} = (x_1, x_2) \in \mathbb{C}^2$, $S(x) = Ax$, $T(x) = Bx$, 证明 $r_\sigma(ST) > r_\sigma(S) r_\sigma(T)$.

11. 设 X 是复 Banach 空间, 算子 $S, T \in B(X)$ 且 $TS = ST$, 证明 $r_\sigma(ST) \leqslant r_\sigma(S) r_\sigma(T)$.

12. 证明 Hilbert 空间 l^2 上的右移位算子 T_{right} 的伴随算子为左移位算子 T_{left}, 即 $T_{\text{right}}^* = T_{\text{left}}$.

13. 设矩阵 $A = (a_{ij})_{n \times n}$, $a_{ij} \in \mathbb{C}$, A 是复内积空间 $\mathbb{C}^n$ 上的线性算子, $Ax = y$, 其中
$$x, y \in \mathbb{C}^n, x = (x_1, x_2, \cdots, x_n)^{\mathrm{T}}, y = (y_1, y_2, \cdots, y_n)^{\mathrm{T}},$$
证明 $A^* = \overline{A}^{\mathrm{T}}$, 其中 $\overline{A}^{\mathrm{T}}$ 表示 A 的共轭转置矩阵.

14. 设 X 和 Y 是数域 $\mathbb{F}$ 上的两个线性赋范空间, $T \in B(X \to Y)$, 证明 $\|T^*\| = \|T\|$.

15. 设 X, Y, Z 是数域 $\mathbb{F}$ 上的三个线性赋范空间, $T \in B(X \to Y)$, $S \in B(Y \to Z)$, 证明 $(ST)^* = T^* S^*$.

16. 设 X 和 Y 是数域 $\mathbb{F}$ 上的两个线性赋范空间, $T \in B(X \to Y)$, $T^{-1} \in B(Y \to X)$, 证明 $(T^*)^{-1} = (T^{-1})^*$.

17. 设 $K(t, s)$ 为定义在 $[a, b] \times [a, b]$ 上的二元平方可积函数, $L^2[a, b]$ 为 $[a, b]$ 上的平方可积函数空间, T 为 $L^2[a, b]$ 上的积分算子, 即 $Tx(t) = \int_a^b K(t, s)x(s)\mathrm{d}s$, 求 T^*.

18. 设 H 为复 Hilbert 空间, $T \in B(H)$, 证明
(1) $\sigma(T^*) = \sigma_p(T^*) \bigcup \sigma_a(T)^* = \sigma_a(T^*) \bigcup \sigma_p(T)^*$.
(2) $\sigma(T) = \sigma_p(T) \bigcup \sigma_a(T^*)^* = \sigma_a(T) \bigcup \sigma_p(T^*)^*$.

19. 设 $T \in B(H)$ 是 Hilbert 空间 H 上的自伴算子，证明 $\forall x, y \in H$ 有

$$(Tx, y) = \frac{1}{4}\left[(T(x+y), x+y) - (T(x-y), x-y)\right]$$

$$+ \frac{i}{4}\left[(T(x+iy), x+iy) - (T(x-iy), x-iy)\right].$$

20. 设 H 是复 Hilbert 空间，$T \in B(H)$，证明 T 为自伴算子当且仅当 $\forall x \in H$ 有 $(Tx, x) \in \mathbb{R}$.

21. 设 T 是复 Hilbert 空间 H 上的线性有界算子，证明 $\sigma(T) \subseteq \overline{\omega(T)}$.

22. 设 H 是 Hilbert 空间，$T, S \in B(H)$ 为自伴算子，证明

(1) $\ker(T) = R(T)^{\perp}$.

(2) $\forall x \in H, \lambda \in \mathbb{C}, \| (T-\lambda I)x \| = \| (T-\bar{\lambda}I)x \|$.

(3) TS 为自伴算子当且仅当 $TS = ST$.

23. 设 H 是复 Hilbert 空间，$T \in B(H)$，证明

(1) 若 x 是 T 相应于 λ 的特征向量，y 是 T^* 相应于 μ 的特征向量，$\lambda \neq \bar{\mu}$，则 $x \perp y$.

(2) 若 T 为自伴算子，x 和 y 分别是 T 相应于 λ 和 μ 的特征向量，$\lambda \neq \mu$，则 $x \perp y$.

24. 设 T 是复 Hilbert 空间 H 上的线性有界算子，证明 $T = -T^*$ 当且仅当 $\forall x \in H$ 有 $\mathrm{Re}(Tx, x) = 0$.

25. 设 T 是复 Hilbert 空间 H 上的线性有界算子，证明

(1) 算子 $T' = \frac{1}{2}(T+T^*)$ 及 $T'' = \frac{1}{2i}(T-T^*)$ 是自伴算子.

(2) $T = T' + iT''$ 成立且唯一.

(3) $T^* = T' - iT''$ 成立且唯一.

26. 设 $\{T_n\}$ 是复 Hilbert 空间 H 上的一列自伴算子，$T: H \to H$ 是定义在 H 上的算子，且满足 $\forall x, y \in H$ 有 $\lim\limits_{n \to \infty}(T_n x, y) = (Tx, y)$，证明 T 是自伴算子.

27. 设 H 是复 Hilbert 空间，$T \in B(H)$，证明 $T = 0$ 当且仅当 $\forall x \in H$ 有 $(Tx, x) = 0$. 举例说明当 H 是实 Hilbert 空间时，结论不成立.

28. 设 H 是 Hilbert 空间，$T \in B(H)$ 为 H 上的自伴算子，证明 $T = 0$ 当且仅当 $\forall x \in H$ 有 $(Tx, x) = 0$.

29. 设 H 是 Hilbert 空间，$T \in B(H)$ 为自伴算子，证明
$$r_\omega(T) = \sup\{ |(Tx, y)| \mid \| x \| = \| y \| = 1, x \in H, y \in H \}.$$

30. 设 H 是 Hilbert 空间，$T \in B(H)$. 证明若 $\alpha, \beta \in \mathbb{F}$ 且 $|\alpha| = |\beta|$，证明 $\alpha T + \beta T^*$ 是正规算子.

31. 设 H 是 Hilbert 空间，T 为 H 上的正规算子，证明 $\overline{R(T)} = \overline{R(T^*)}$.

32. 设 M 是复 Hilbert 空间 H 中的闭线性子空间，P_1, P_2 分别是 $M, M^{\perp}$ 上的正交投影算子，$\alpha, \beta \in \mathbb{F}$，则 $T = \alpha P_1 + \beta P_2$ 为 H 上的正规算子. 证明当 $\alpha, \beta \in \mathbb{R}$ 时，T 为 H 上的自伴算子.

33. 设 T 是复 Hilbert 空间 H 上的正规算子，$\lambda, \mu \in \mathbb{C}$ 且 $\lambda \neq \mu$，证明

(1) $\ker(T-\lambda I) = \ker(T^* - \bar{\lambda}I)$.

(2) $\ker(T-\lambda I) \perp \ker(T-\mu I)$.

34. 设 T 是复 Hilbert 空间 H 上的酉算子，证明 $0 \notin \sigma(T)$.

35. 设 H 是 Hilbert 空间，$T \in B(H)$，证明 T 为酉算子当且仅当 T 为满射且 $\forall x \in H$，有 $\| Tx \| = \| x \|$.

36. 设 H 为 Hilbert 空间，$P \in B(H)$，证明

(1) 正交投影算子 P 为自伴算子.

(2) P 为正交投影算子当且仅当 $P = P^* P$.

37. 设 P 是 Banach 空间 X 上的投影算子，证明算子 $I - P$ 与 P 的零空间 $\ker(I-P)$、$\ker(P)$ 均是 X 的闭子空间，且 $X = \ker(I-P) \oplus \ker(P)$.

38. 设 X 是线性赋范空间，Y 是 Banach 空间，$T_n \in K(X \to Y)$ 且 $\lim\limits_{n \to \infty} \| T_n - T \| = 0$，试证 $T \in K(X \to Y)$.

39. 设 H 是 Hilbert 空间，$T \in B(H)$，证明 T 为紧算子当且仅当 $T^* T$ 为紧算子.

40. 设 H 是 Hilbert 空间，$T \in B(H)$，证明 T 为紧算子当且仅当 T^* 为紧算子.

41. 设 H 是 Hilbert 空间，$\forall x \in H$，若自伴算子 $A, B \in B(H)$ 满足 $(Ax, x) \leqslant (Bx, x)$，则记为 $A \leqslant B$. 设 $S, T \in B(H)$，证明若 T 为紧算子且 $S^* S \leqslant T^* T$ 或者 $SS^* \leqslant TT^*$，则 S 为紧算子.

42. 设 H 是 Hilbert 空间，$T \in K(H)$，证明

(1) $\sigma_c(T) - \{0\} = \phi$.

(2) $\sigma_r(T) - \{0\} = \phi$.

(3) $\sigma(T) - \{0\} = \sigma_p(T) - \{0\}$.

43. 设 X, Y 是 Banach 空间，$T \in K(X \to Y)$ 以及点列 $\{x_n\} \subset X$ 弱收敛于 x_0，证明 $\lim\limits_{n \to \infty} \| Tx_n - Tx_0 \| = 0$.

44. 设 H 为 Hilbert 空间，$T \in B(H)$ 为自伴算子，$e \in H$ 是 T 的极大向量，证明 e 是 T^2 的特征向量，其特征值为 $\| T \|^2$.

45. 设 H 为 Hilbert 空间，$T \in B(H)$ 为自伴紧算子，证明存在 $x_0 \in H$ 且 $\| x_0 \| = 1$，使得 $(Tx_0, x_0) = r_\omega(T)$ 以及 $Tx_0 = |(Tx_0, x_0)| x_0$.

46. 设 H 为复 Hilbert 空间，$T \in B(H)$ 为正规紧算子，证明存在 $x_0 \in H$ 且 $\| x_0 \| = 1$，使得 $|(Tx_0, x_0)| = \| T \|$.

第五章 泛函分析应用选讲

泛函分析在微分方程、概率论、函数论、计算数学、控制论、最优化理论等学科中都有着重要应用,且已渗透到数学内部的各个分支,它也是研究连续介质力学、量子物理的重要工具之一. 本章主要涉及 Banach 不动点定理的应用、Hahn-Banach 延拓定理的应用、有限矩问题,以及凸集分离定理等内容.

5.1 Banach 不动点定理

巴拿赫不动点定理(Banach Fixed Point Theorem),是利用泛函分析方法处理有解的存在性和唯一性问题的一个重要定理. 许多方程求解问题往往可以转化为求某映射的不动点,而巴拿赫不动点定理描述了不动点的存在性和唯一性的充分条件,并提供了一个迭代程序,按此程序逐次逼近可求不动点的近似值和误差,这是代数方程、微分方程、积分方程、泛函方程以及计算数学中的一个很重要的方法.

定义 5.1.1 不动点(Fixed Point)

设 X 是一个非空集合,$A: X \to X$ 为一个映射,如果存在 $x^* \in X$ 满足 $A(x^*) = x^*$,则称 x^* 为映射 A 的**不动点**. □

例如,从 $\mathbb{R}$ 到 $\mathbb{R}$ 上的映射 $f: x \to x^2$ 有两个不动点,即 $x = 0$ 和 $x = 1$;从 $\mathbb{R}^2$ 到 $\mathbb{R}^2$ 上的映射 $f: (x, y) \to (y, x)$ 有无穷多个不动点,即直线 $y = x$ 上的所有点均是不动点.

设 f 是空间 $\mathbb{R}$ 到自身的映射,方程 $f(x) = 0$ 的求解可转化为求映射

$$T: x \to \alpha f(x) + x$$

的不动点,其中常数 $\alpha \neq 0$.

定义 5.1.2 压缩映射(Contraction Mapping)

设 X 是一个度量空间,$A: X \to X$ 为映射,如果存在常数 $\alpha \in (0, 1)$,对于任何 $x, y \in X$,有

$$d(Ax, Ay) \leqslant \alpha d(x, y),$$

则称 A 为 X 上的**压缩映射**,常数 α 为压缩系数. □

因为 $d(Ax_n, Ax_0) \leqslant \alpha d(x_n, x_0)$,所以压缩映射显然是连续映射. 下面的 Banach 不动点定理是由 Banach 于 1922 年给出的,也称为**压缩映射原理**(Contraction Mapping Principle)或者**压缩映射定理**.

定理 5.1.1 Banach 不动点定理(Banach Fixed-point Theorem)

设 X 是完备的度量空间,$A: X \to X$ 是压缩映射,则 A 在 X 中具有唯一的不动点,即存在唯一的 x^*,使得 $x^* = A(x^*)$.

证明 任取 $x_0 \in X$,构造点列 $\{x_n\}$:

$$x_1 = A(x_0), \ x_2 = A(x_1), \ x_3 = A(x_2), \ x_4 = A(x_3), \ \cdots, \ x_n = A(x_{n-1}), \ \cdots.$$

（1）证 $\{x_n\}$ 为基本列.

因为 A 是压缩映射，所以不妨设 $d(Ax, Ay) \leqslant \alpha d(x, y)$，其中 $\alpha \in (0, 1)$. 记 $d(x_0, x_1) = c_0$，于是有

$$d(x_1, x_2) = d(Ax_0, Ax_1) \leqslant \alpha d(x_0, x_1) \leqslant \alpha c_0;$$
$$d(x_2, x_3) = d(Ax_1, Ax_2) \leqslant \alpha d(x_1, x_2) \leqslant \alpha^2 c_0;$$
$$d(x_3, x_4) = d(Ax_2, Ax_3) \leqslant \alpha d(x_2, x_3) \leqslant \alpha^3 c_0;$$
$$\cdots$$
$$d(x_n, x_{n+1}) = d(Ax_{n-1}, Ax_n) \leqslant \alpha d(x_{n-1}, x_n) \leqslant \alpha^n c_0.$$

因此，对于正整数 k 有

$$d(x_n, x_{n+k}) \leqslant d(x_n, x_{n+1}) + d(x_{n+1}, x_{n+2}) + \cdots + d(x_{n+k-1}, x_{n+k})$$
$$\leqslant (\alpha^n + \alpha^{n+1} + \cdots + \alpha^{n+k-1}) c_0$$
$$= \frac{\alpha^n (1 - \alpha^k)}{1 - \alpha} c_0 \leqslant \frac{\alpha^n}{1 - \alpha} c_0 \to 0, \ n \to \infty,$$

故 $\{x_n\}$ 为基本列.

（2）证 $x_n \to x^*$，$x^* = A(x^*)$.

因为 X 是完备的度量空间，所以基本列 $\{x_n\}$ 收敛. 不妨设 $x_n \to x^*$，又知压缩映射是连续映射以及 $x_n = A(x_{n-1})$，于是有

$$x^* = \lim_{n \to \infty} x_n = \lim_{n \to \infty} A(x_{n-1}) = A(\lim_{n \to \infty} x_{n-1}) = Ax^*.$$

（3）证 x^* 的唯一性.

若存在 $x_1^* \in X$ 且 $x_1^* = A(x_1^*)$，那么

$$d(x_1^*, x^*) = d(Ax_1^*, Ax^*) \leqslant \alpha d(x_1^*, x^*).$$

于是有 $(1 - \alpha) d(x_1^*, x^*) \leqslant 0$，从而有 $d(x_1^*, x^*) \leqslant 0$，即 $x_1^* = x^*$. □

Banach 不动点定理给出了在完备的度量空间 X 中求解不动点的迭代法，即 $\forall x_0 \in X$，由 $x_n = Ax_{n-1}$，$n = 1, 2, 3, \cdots$，获得不动点 x^* 第 n 次迭代的结果 x_n. 第 n 次迭代后的近似解 x_n 与不动点 x^* 的误差估计，可令 $k \to \infty$，根据 $d(x_n, x_{n+k}) \leqslant \dfrac{\alpha^n}{1 - \alpha} c_0$ 来求解. 故得

$$d(x_n, x^*) \leqslant \frac{\alpha^n}{1 - \alpha} c_0 = \frac{\alpha^n}{1 - \alpha} d(x_1, x_0) = \frac{\alpha^n}{1 - \alpha} d(Ax_0, x_0),$$

因此 $d(x_n, x^*) \leqslant \dfrac{\alpha^n}{1 - \alpha} d(Ax_0, x_0)$.

Banach 不动点定理中的压缩性和空间的完备性都是十分重要的. 例如，当 $d(Ax, Ay) < d(x, y)$ 时，未必存在不动点.

设 $A : \mathbb{R} \to \mathbb{R}$，$A(x) = x + \dfrac{\pi}{2} - \arctan x$，那么 $\forall x, y \in \mathbb{R}$，这里不妨令 $x < y$，于是有

$$d(Ay, Ax) = |Ay - Ax|$$
$$= \left| \left(y + \frac{\pi}{2} - \arctan y \right) - \left(x + \frac{\pi}{2} - \arctan x \right) \right|$$
$$= |y - x - (\arctan y - \arctan x)|,$$

由 Lagrange 中值定理知存在 $\xi \in (x, y)$，使得 $\arctan y - \arctan x = \dfrac{y - x}{1 + \xi^2}$，所以

$$d(Ay, Ax) = \left| x - y - \left(\frac{x-y}{1+\xi^2} \right) \right| = \left| (x-y) \frac{\xi^2}{1+\xi^2} \right| < |x-y| = d(x, y).$$

但是，当 $Ax = x$，即 $x + \frac{\pi}{2} - \arctan x = x$ 时，由于方程 $\arctan x = \frac{\pi}{2}$ 无解，因此映射 A 在 $\mathbb{R}$ 中没有不动点. 应用 Banach 不动点定理时，切记应满足的充分条件是：映射为压缩映射、空间为完备的度量空间.

推论 5.1.1 设 X 是完备的度量空间，映射 $A: X \to X$ 是闭球 $\overline{O}(x_0, r)$ 上的压缩映射，并且 $d(Ax_0, x_0) \leqslant (1-\alpha)r$，其中 $\alpha \in (0, 1)$ 是压缩系数，那么 A 在 $\overline{O}(x_0, r)$ 中具有唯一的不动点.

证明 显然，$\overline{O}(x_0, r)$ 是完备的度量空间 X 的闭子集，所以 $\overline{O}(x_0, r)$ 是完备的度量空间. $\forall x \in \overline{O}(x_0, r)$，有 $d(x, x_0) \leqslant r$，于是得

$$d(Ax, x_0) \leqslant d(Ax, Ax_0) + d(Ax_0, x_0) \leqslant \alpha d(x, x_0) + (1-\alpha)r \leqslant \alpha r + (1-\alpha)r \leqslant r,$$

即 $Ax \in \overline{O}(x_0, r)$. 可见，$A$ 是完备的度量空间 $\overline{O}(x_0, r)$ 到 $\overline{O}(x_0, r)$ 上的压缩映射，因此 A 在 $\overline{O}(x_0, r)$ 中具有唯一的不动点. □

设映射 $A: X \to X$，记 $A^n = \overbrace{AAAA \cdots A}^{n}$，那么映射 $A^n: X \to X$.

推论 5.1.2 设 X 是完备的度量空间，映射 $A: X \to X$，如果存在常数 $\alpha \in (0, 1)$ 和正整数 n，使得 $\forall x, y \in X$ 有

$$d(A^n x, A^n y) \leqslant \alpha d(x, y),$$

那么 A 在 X 中存在唯一的不动点.

证明 显然 A^n 是压缩映射，所以 A^n 在 X 中存在唯一的不动点 x^*，即 $x^* = A^n x^*$. 于是，由

$$A^n(Ax^*) = A^{n+1} x^* = A(A^n x^*) = Ax^*,$$

可得，Ax^* 也是 A^n 的不动点. 由不动点的唯一性知 $Ax^* = x^*$. 同时易得 $A^2 x^* = x^*$，$A^3 x^* = x^*$，$\cdots$，$A^n x^* = x^*$.

下面证明 x^* 的唯一性. 设存在 $x_1^* \in X$ 且 $x_1^* = A(x_1^*)$，则可得 $A^2 x_1^* = x_1^*$，$A^3 x_1^* = x_1^*$，$\cdots$，$A^n x_1^* = x_1^*$，那么

$$d(x^*, x_1^*) = d(Ax^*, Ax_1^*) = \cdots = d(A^n x^*, A^n x_1^*) \leqslant \alpha d(x_1^*, x^*).$$

于是 $(1-\alpha) d(x^*, x_1^*) \leqslant 0$，从而 $d(x^*, x_1^*) \leqslant 0$，即 $x_1^* = x^*$. □

由推论 5.1.2 的证明知，若 A 是压缩映射，则 A^n 也是压缩映射. 但反之，却不一定成立. 例如，算子 $Tx(t) = \int_0^t x(u) \mathrm{d}u : C[0,1] \to C[0,1]$，$T^2$ 是压缩映射，但 T 却不是压缩映射，此证明留作练习题.

5.2 Banach 不动点定理的应用

Banach 不动点定理已被广泛应用于求解各种方程. 在完备的度量空间中，可通过构造压缩映射，再利用不动点定理求得方程的近似解或者证明解的存在性.

定理 5.2.1 设 $f: \mathbb{R} \to \mathbb{R}$ 是可微函数，且 $|f'(x)| \leqslant \alpha < 1$，则方程

$$f(x) = x$$

具有唯一解.

证明 根据 Lagrange 中值定理知存在 $\xi \in (x, y)$，使得

$$|f(x) - f(y)| = |f'(\xi)(x - y)| \leqslant \alpha |x - y|,$$

因此 f 是完备的度量空间 $\mathbb{R}$ 上的压缩映射. 于是由压缩映射原理知，$f(x) = x$ 具有唯一解.

例 5.2.1 求方程 $x^5 + x - 1 = 0$ 的近似实根(误差小于千分之一).

解 显然函数 $g(x) = x^5 + x - 1$ 的导函数为 $g'(x) = 5x^4 + 1 > 0$，即 g 单调递增，且 $g(\frac{1}{2}) = -\frac{15}{32} < 0$，$g(1) = 1$，所以原方程只有一个根而且在 $(0.5, 1)$ 内. 原方程可写为

$$1 - x^5 = x$$

由于 $|(1 - x^5)'| = |5x^4|$ 在 $(0.5, 1)$ 内并不小于 1，即 $1 - x^5$ 不是一个压缩映射，故将上式改造为 $\lambda(1 - x^5) = \lambda x$，即为

$$(1 - \lambda)x + \lambda(1 - x^5) = x.$$

于是当 $x \in (0.5, 1)$ 及 $\lambda \in (0, 1)$ 时，有

$$[(1 - \lambda)x + \lambda(1 - x^5)]' = 1 - \lambda - 5\lambda x^4 < 1 - \lambda.$$

令 $\lambda = \frac{1}{4}$，在 $(0.5, 1)$ 上 $f(x) = \frac{3}{4}x + \frac{1}{4}(1 - x^5)$ 满足 $|f'(x)| < \frac{3}{4} < 1$，于是得 $f(x)$ 是 $(0.5, 1)$ 上的压缩映射. 取 $x_0 = 0.75$，由迭代 $x_{n+1} = f(x_n)$ 可得

$$x_1 = 0.7521, x_2 = 0.7533, x_3 = 0.7540, x_4 = 0.7544,$$
$$x_5 = 0.7546, x_6 = 0.7547, x_7 = 0.7548, x_8 = 0.7548, \cdots.$$

若取 x_8 作为不动点 x^* 的近似解，其误差为

$$|x_8 - x^*| \leqslant \frac{0.75^8}{1 - 0.75}|0.7521 - 0.75| = 0.0008. \quad \square$$

由于多数方程不存在求根公式，因此求精确根非常困难，甚至不可能，从而寻找方程的近似根就显得特别重要. **牛顿迭代法**是牛顿在 17 世纪提出的，其最大优点是在方程的单根 $f(x^*) = 0$ 附近具有平方收敛. 该法还可以用来求方程的重根、复根，另外该方法还广泛用于计算机编程中.

定理 5.2.2 牛顿迭代法 (Newton Iterative Method)

设 $f(x)$ 是定义在 $[a, b]$ 上的二次连续可微的实值函数，x^* 是 $f(x)$ 在 (a, b) 内的单重零点，那么当初值 x_0 充分靠近 x^* 时，由关系式

$$x_{n+1} = g(x_n), \quad g(x_n) = x_n - \frac{f(x_n)}{f'(x_n)}$$

所定义的迭代序列收敛于 x^*.

证明 因为 $f(x^*) = 0$，依据中值定理可得

$$|f(x)| = |f(x) - f(x^*)| = |f'(\xi)||x - x^*| \leqslant k_1 |x - x^*|.$$

由于 x^* 是 f 的单重零点，所以存在 x^* 的某闭邻域 $U_1(x^*) \subset (a, b)$，使得对于任意的 $x \in U_1(x^*)$，$f(x) \neq 0$，而且 $f''(x)$ 连续. 于是，$\frac{f''(x)}{[f'(x)]^2}$ 的绝对值在 $U_1(x^*)$ 上有界(值为 k_2)，所以对于任意的 $x \in U_1(x^*)$，有

$$|g'(x)| = \left|1 - \frac{[f'(x)]^2 - f(x)f''(x)}{[f'(x)]^2}\right| = \left|\frac{f(x)f''(x)}{[f'(x)]^2}\right| \leqslant k_2|f(x)| \leqslant k_1 k_2 |x - x^*|.$$

显然，当 $|x-x^*|<\dfrac{1}{2k_1k_2}$ 时，$|g'(x)|<\dfrac{1}{2}$. 令 $U_2(x^*)=\{x\,|\,|x-x^*|<\dfrac{1}{2k_1k_2}\}$ 以及 $U(x^*)=U_1(x^*)\bigcap U_2(x^*)$，于是有 $g(x)$ 在邻域 $U(x^*)$ 内为压缩映射，根据压缩映射原理可知命题成立. $\square$

如图 5.2.1 所示，牛顿迭代法是通过切线逐步逼近的方法得到不动点的. 在 x^* 的某邻域内，函数 $f(x)$ 在点 $(x_n,f(x_n))$ 处的切线为 $y=f'(x_n)(x-x_n)+f(x_n)$，它与 x 轴交点的横坐标就是 $x_{n+1}=x_n-\dfrac{f(x_n)}{f'(x_n)}$；$f(x)$ 在点 $(x_{n+1},f(x_{n+1}))$ 处的切线与 x 轴交点的横坐标就是 x_{n+2}.

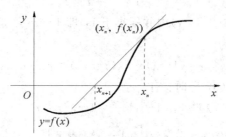

图 5.2.1　牛顿迭代法逐步逼近示意图

定理 5.2.3　设 $A=\begin{bmatrix} a_{11} & a_{12} & \cdots & a_{1n} \\ a_{21} & a_{22} & \cdots & a_{2n} \\ \vdots & \vdots & & \vdots \\ a_{n1} & a_{n2} & \cdots & a_{m} \end{bmatrix}$，$x=\begin{bmatrix} x_1 \\ x_2 \\ \vdots \\ x_n \end{bmatrix}\in\mathbb{R}^n$，$b=\begin{bmatrix} b_1 \\ b_2 \\ \vdots \\ b_n \end{bmatrix}\in\mathbb{R}^n$，若对每个 i，

其中 $1\leqslant i\leqslant n$，矩阵 A 满足 $\displaystyle\sum_{j=1}^{n}|a_{ij}|<1$，即 $\alpha=\max_{1\leqslant i\leqslant n}\displaystyle\sum_{j=1}^{n}|a_{ij}|<1$，则线性方程组 $Ax+b=x$ 具有唯一解 x^*.

证明　在 $\mathbb{R}^n$ 上定义距离 $d(x,y)=\max\{|x_i-y_i|\}$，其中 $x=(x_1,x_2,\cdots,x_n)^{\mathrm{T}}\in\mathbb{R}^n$，$y=(y_1,y_2,\cdots,y_n)^{\mathrm{T}}\in\mathbb{R}^n$，易证 $(\mathbb{R}^n,d)$ 是完备的度量空间. 令映射 $T:(\mathbb{R}^n,d)\to(\mathbb{R}^n,d)$ 为
$$Tx=Ax+b.$$

记 $Tx=u=(u_1,u_2,\cdots,u_n)^{\mathrm{T}}$，$Ty=v=(v_1,v_2,\cdots,v_n)^{\mathrm{T}}$，于是

$$u=\begin{bmatrix} u_1 \\ u_2 \\ \vdots \\ u_n \end{bmatrix}=\begin{bmatrix} \displaystyle\sum_{j=1}^{n}a_{1i}x_j+b_1 \\ \displaystyle\sum_{j=1}^{n}a_{2i}x_j+b_2 \\ \vdots \\ \displaystyle\sum_{j=1}^{n}a_{ni}x_j+b_n \end{bmatrix},\quad v=\begin{bmatrix} v_1 \\ v_2 \\ \vdots \\ v_n \end{bmatrix}=\begin{bmatrix} \displaystyle\sum_{j=1}^{n}a_{1i}y_j+b_1 \\ \displaystyle\sum_{j=1}^{n}a_{2i}y_j+b_2 \\ \vdots \\ \displaystyle\sum_{j=1}^{n}a_{ni}y_j+b_n \end{bmatrix}.$$

因此

$$d(Tx,Ty)=\max_{1\leqslant i\leqslant n}\{|u_i-v_i|\}=\max_{1\leqslant i\leqslant n}\left\{\left|\sum_{j=1}^{n}a_{ij}(x_j-y_j)\right|\right\}$$

$$\leqslant\max_{1\leqslant i\leqslant n}\left\{\sum_{j=1}^{n}|a_{ij}|\right\}\cdot\max_{1\leqslant i\leqslant n}\{|x_j-y_j|\}=\alpha d(x,y).$$

由 $\alpha = \max\limits_{1 \leqslant i \leqslant n} \sum\limits_{j=1}^{n} |a_{ij}| < 1$ 可知,T 是压缩映射,从而存在唯一的不动点 x^*,即线性方程组 $Ax + b = x$ 具有唯一解 x^*,且可根据迭代公式 $x_{n+1} = Ax_n + b$ 求得方程的近似解. □

定理 5.2.4 设二元函数 $F(x, y)$ 在区域 $\{(x, y) \mid a \leqslant x \leqslant b, -\infty < y < +\infty\}$ 上连续,关于 y 的偏导数存在,且满足条件 $0 < m \leqslant F'_y(x, y) \leqslant M$,其中 m, M 是正常数,则存在连续函数 $y = f(x)$,$x \in [a, b]$ 满足:$\forall x \in [a, b]$,$F(x, f(x)) = 0$. □

定理 5.2.4 的证明留作练习题.

定理 5.2.5 皮卡德(Picard)定理

设 $f(t, x)$ 在矩形区域 $D = \{(t, x) \mid |t - t_0| \leqslant a, |x - x_0| \leqslant b\}$ 连续,$\forall (t, x) \in D$ 有 $|f(t, x)| \leqslant M$. 假定 $f(t, x)$ 关于变量 x 满足李普希兹(Lipschitz)条件,即存在常数 K,$\forall (t, x_1), (t, x_2) \in D$ 有 $|f(t, x_1) - f(t, x_2)| \leqslant K|x_1 - x_2|$,那么微分方程

$$\begin{cases} \dfrac{\mathrm{d}x}{\mathrm{d}t} = f(t, x), \\ x(t_0) = x_0 \end{cases}$$

在区间 $[t_0 - \beta, t_0 + \beta]$ 上有唯一解,其中 $\beta = \min\{a, \dfrac{b}{M}, \dfrac{1}{2K}\}$.

证明 设 $J = [t_0 - \beta, t_0 + \beta]$,则 J 上的连续函数组成的空间 $C(J)$ 是完备的度量空间. 显然 $C(J)$ 的子集 $E = \{x \mid x \in C(J), |x(t) - x_0| \leqslant M\beta\}$ 是闭集,于是 E 也是完备的度量空间.

通过积分可将微分方程写成积分方程 $x(t) = x_0 + \int_{t_0}^{t} f(\tau, x(\tau)) \mathrm{d}\tau$.

$\forall x(t) \in E$ 定义 $(Tx)(t) = x_0 + \int_{t_0}^{t} f(\tau, x(\tau)) \mathrm{d}\tau$,下面验证 $Tx \in E$.

由于 $f(t, x)$ 在矩形区域 $D = \{(t, x) \mid |t - t_0| \leqslant a, |x - x_0| \leqslant b\}$ 上连续,所以 $(Tx)(t)$ 在 $J = [t_0 - \beta, t_0 + \beta]$ 上连续,$(Tx)(t_0) = x_0$,以及

$$|(Tx)(t) - x_0| = \left| \int_{t_0}^{t} f(\tau, x(\tau)) \mathrm{d}\tau \right| \leqslant \left| \int_{t_0}^{t} |f(\tau, x(\tau))| \mathrm{d}\tau \right| \leqslant M|t - t_0| \leqslant M\beta.$$

于是 $Tx \in E$,即 T 映射为 $T : E \to E$.

再证 T 是压缩映射. 根据李普希兹条件得

$$|(Tx_1)(t) - (Tx_2)(t)| = \left| \int_{t_0}^{t} f(\tau, x_1(\tau)) \mathrm{d}\tau - \int_{t_0}^{t} f(\tau, x_2(\tau)) \mathrm{d}\tau \right|$$
$$\leqslant |t - t_0| \max_{\tau \in J} K |x_1 - x_2| \leqslant \beta K d(x_1, x_2),$$

又由 β 的定义知 $\alpha = \beta K \leqslant \dfrac{1}{2}$,于是知 T 是压缩映射. 因此,T 在 E 中存在唯一的不动点 $x^*(t)$,即存在 $J = [t_0 - \beta, t_0 + \beta]$ 上的连续函数 $x^*(t)$,满足积分方程

$$x^*(t) = x_0 + \lambda \int_{t_0}^{t} f(\tau, x^*(\tau)) \mathrm{d}\tau,$$

两边微分可得 $x^*(t)$ 是微分方程的唯一解,并且 $x^*(t)$ 是迭代序列 $x_0, x_1, x_2, \cdots, x_n, \cdots$ 的极限,其中 $x_{n+1}(t) = x_0 + \int_{t_0}^{t} f(\tau, x_n(\tau)) \mathrm{d}\tau$. □

设 $K(t, \tau)$ 在矩形区域 $D = \{(t, \tau) \mid a \leqslant t, \tau \leqslant b\}$ 上连续,$f(x) \in C[a, b]$,且 $\forall t \in [a, b]$ 有

$$\int_a^b |K(t, \tau)| \mathrm{d}\tau \leqslant M < +\infty,$$

那么费雷德霍姆(Fredholm)积分方程为

$$x(t) = f(t) + \lambda \int_a^b K(t, \tau) x(\tau) \mathrm{d}\tau.$$

定理 5.2.6 对于任意的 $f(x) \in C[a, b]$，当 $|\lambda| < \dfrac{1}{M}$ 时，Fredholm 积分方程

$$x(t) = f(t) + \lambda \int_a^b K(t, \tau) x(\tau) \mathrm{d}\tau$$

有唯一连续解 $x^*(t)$，并且函数 $x^*(t)$ 是迭代序列 $x_0, x_1, x_2, \cdots, x_n, \cdots$ 的极限，其迭代过程为

$$x_{n+1}(t) = f(t) + \lambda \int_a^b K(t, \tau) x_n(\tau) \mathrm{d}\tau. \quad \square$$

定理 5.2.6 的证明留作练习题. 许多数学家为不动点理论的研究及应用作出了贡献，经过一个多世纪的发展，不动点理论非常丰富，其应用也涉及各个方面.

5.3　Hahn-Banach 延拓定理的应用

Hahn-Banach 延拓定理的发现与著名的经典矩问题(Moment Problem)密切相关. 本节首先利用 Hahn-Banach 延拓定理刻画了 $C[a, b]^*$ 空间，并在此基础上利用延拓定理证明了有限矩问题解存在的充要条件.

定义 5.3.1　有界变差函数(Function of Bounded Variation，BV Function)

设 f 为实值函数，$f:[a, b] \rightarrow \mathbb{R}$，对区间 $[a, b]$ 上的任一划分 $\pi: a = x_0 < x_1 < \cdots < x_n = b$，作和式

$$V_f(\pi) = \sum_{i=1}^n |f(x_i) - f(x_{i-1})|,$$

称 $V_f(\pi)$ 为 f 关于划分 π 的变差实值函数，称

$$V_a^b(f) = \sup\{V_f(\pi) | \pi \text{ 为}[a, b]\text{上的划分}\}$$

为 f 在 $[a, b]$ 上的全变差(Total Variation)或者总变差. 若全变差 $V_a^b(f) < \infty$ 为有限值，则称 f 为 $[a, b]$ 上的**有界变差函数**；$[a, b]$ 上的有界变差函数的全体记为 $V[a, b]$. $\square$

对于 $f \in V[a, b]$ 可定义范数：$\|f\| = |f(a)| + V_a^b(f)$，使得 $V[a, b]$ 为线性赋范空间.

区间 $[a, b]$ 上的单调函数是有界变差函数. 若 f 在 $[a, b]$ 上的满足 Lipschitz 条件，则

$$|f(x) - f(y)| \leqslant M|x - y|, \quad x, y \in [a, b],$$

其中 $M > 0$，可验证 $V_a^b(f) \leqslant M(b-a)$，即 $f \in V[a, b]$. 连续函数不一定是有界变差函数. 例如，$[0, 1]$ 区间上的连续函数

$$f(x) = \begin{cases} x\sin\dfrac{1}{x}, & 0 < x \leqslant 1, \\ 0, & x = 0 \end{cases}$$

不是有界变差函数，其证明留作练习题.

定理 5.3.1　(Jordan 分解定理) 设 f 是区间 $[a, b]$ 上的实值函数，则 $f \in V[a, b]$ 当且

仅当 $f=g-h$，其中 g 和 h 是区间$[a,b]$上单调增加的实值函数.

证明 充分性易证. 必要性证明如下:

设 f 是$[a,b]$上的有界变差函数，令

$$g(x)=\frac{1}{2}(V_a^x(f)+f(x)),\ h(x)=\frac{1}{2}(V_a^x(f)-f(x)),$$

显然，$f=g-h$. 当 $a\leqslant x_1<x_2\leqslant b$ 时，有

$$f(x_1)-f(x_2)\leqslant V_{x_1}^{x_2}(f)=V_a^{x_2}(f)-V_a^{x_1}(f),$$

于是有

$$V_a^{x_1}(f)+f(x_1)\leqslant V_a^{x_2}(f)+f(x_2),$$

即 $g(x_1)\leqslant g(x_2)$. 同理可证 h 单调增加. □

根据单调函数的性质可得定理 5.3.2.

定理 5.3.2 设 f 是区间$[a,b]$上的实值有界变差函数，则

(1) f 的不连续点的全体至多可数.

(2) f 在$[a,b]$上 Riemann 可积.

(3) f 在$[a,b]$上几乎处处可导且 f' 是 Lebesgue 可积的. □

定义 5.3.2 R-S 积分(Riemann-Stieltjes Integral)

设 $f\in C[a,b]$及 $w\in V[a,b]$，对区间$[a,b]$上的任一划分 $\pi_n:a=x_0<x_1<\cdots<x_n=b$，作和式

$$S(\pi_n)=\sum_{i=1}^n f(t_i)[w(x_i)-w(x_{i-1})],$$

记 $\lambda(\pi_n)=\max\{x_1-x_0,x_2-x_1,\cdots,x_n-x_{n-1}\}$，若存在 $A\in\mathbb{R}$，使得 $\forall\varepsilon>0$，存在 $\delta>0$，当 $\lambda(\pi_n)<\delta$ 时，有 $|S(\pi_n)-A|<\varepsilon$，则称 A 是函数 f 关于函数 w 的黎曼-斯蒂尔杰斯积分，简称为 R-S 积分，记为

$$A=\int_a^b f(x)\mathrm{d}w(x). \ \square$$

当函数 $w(x)$可导时，$\int_a^b f(x)\mathrm{d}w(x)=\int_a^b f(x)w'(x)\mathrm{d}x$. 当函数 $w(x)=x$ 时，R-S 积分就是我们熟悉的黎曼积分，即 R 积分. R-S 积分具有以下性质:

$$\int_a^b[\alpha f_1(x)+\beta f_2(x)]\mathrm{d}w(x)=\alpha\int_a^b f_1(x)\mathrm{d}w(x)+\beta\int_a^b f_2(x)\mathrm{d}w(x),$$

$$\int_a^b f(x)\mathrm{d}(\gamma w_1+\eta w_2)(x)=\gamma\int_a^b f(x)\mathrm{d}w_1(x)+\eta\int_a^b f(x)\mathrm{d}w_2(x),$$

$$\left|\int_a^b f(x)\mathrm{d}w(x)\right|\leqslant\max\{|f(x)|\,|\,x\in[a,b]\}\cdot V_a^b(w),$$

其中 $f_1,f_2\in C[a,b]$，$w_1,w_2\in V[a,b]$，$\alpha,\beta,\gamma,\eta\in\mathbb{F}$.

定理 5.3.3 设 $-\infty<a<b<\infty$，则 $F\in C[a,b]^*$ 当且仅当存在有界变差函数 $w\in V[a,b]$，使得 $\forall f\in C[a,b]$，有

$$F(f)=\int_a^b f(x)\mathrm{d}w(x),$$

而且 $\|F\|=V_a^b(w)$.

证明 充分性. 设 $F(f)=\int_a^b f(x)\,\mathrm{d}w(x):C[a,b]\to\mathbb{R}$，由于

$$|F(f)| = \left|\int_a^b f(x)\mathrm{d}w(x)\right| \leqslant \max\{|f(x)| \mid x\in[a,b]\} \cdot V_a^b(w) = \|f\| V_a^b(w),$$

所以 $F\in C[a,b]^*$.

必要性的证明留作练习题. $\square$

若随机变量 ξ 是连续型随机变量,且函数 $\rho(\xi)$ 是它的密度函数,则随机变量 ξ 的 k 阶原点矩(或有限矩)为

$$E(\xi^k) = \int_{-\infty}^{+\infty} \xi^k \rho(\xi)\mathrm{d}\xi.$$

有限矩问题(Finite Moment Problem):设 $-\infty<a<b<\infty$,$\mu_0, \mu_1, \mu_2, \cdots, \mu_{n_0} \in \mathbb{R}$,其中 $n_0 \in \mathbb{N}$,是否存在 $[a,b]$ 上的有界变差函数 $\rho(x):[a,b]\to\mathbb{R}$,使得对于 $k=0,1,2,\cdots,n_0$ 有

$$\mu_k = \int_a^b x^k \mathrm{d}\rho(x)?$$

从物理角度看,就是对于给定矩 $\mu_k(0\leqslant k\leqslant n_0)$,寻找电荷密度 $\rho(x)$,其中 μ_0 表示区间 $[a,b]$ 上的总电荷.

定理 5.3.4 (**有限矩问题的存在解**)设 $-\infty<a<b<\infty$,$\mu_0, \mu_1, \mu_2, \cdots, \mu_{n_0} \in \mathbb{R}$,$n_0 \in \mathbb{N}$,则存在 $[a,b]$ 上的有界变差函数 $\rho(x):[a,b]\to\mathbb{R}$,使得对于 $k=0,1,2,\cdots,n_0$ 有

$$\mu_k = \int_a^b x^k \mathrm{d}\rho(x).$$

证明 设 $M=\mathrm{span}\{1, x, x^2, \cdots, x^{n_0}\}$,则 M 是 $C[a,b]$ 的 (n_0+1) 维子空间. 若 $u\in M$,则

$$u(x) = a_0 + a_1 x + a_2 x^2 + \cdots + a_{n_0} x^{n_0}.$$

定义 $f:M\to\mathbb{R}$ 为

$$f(u) = f(a_0 + a_1 x + a_2 x^2 + \cdots + a_{n_0} x^{n_0}) = a_0 + a_1\mu_1 + a_2\mu_2 + \cdots + a_{n_0}\mu_{n_0}.$$

显然,f 是线性泛函. 设 $\{u_n\}\subset M$ 以及 $\lim\limits_{n\to\infty} u_n = u$,这意味着 $u_n(x)$ 一致收敛到 $u(x)$,应用拉格朗日插值公式得

$$u_n(x) = \sum_{j=0}^{n_0} u_n(x_j)\phi_j(x), \quad x\in[a,b],$$

其中给定划分 $\pi: a=x_0<x_1<\cdots<x_n=b$,$\phi_0, \phi_1, \phi_2, \cdots, \phi_{n_0}$ 是 n_0 阶多项式且 $\phi_j(x_i)=\delta_{ij}$. 于是

$$u(x) = \sum_{j=0}^{n_0} u(x_j)\phi_j(x), \quad x\in[a,b],$$

所以当 $n\to\infty$ 时,$u_n(x)$ 的系数趋向 $u(x)$ 的系数,即得

$$\lim_{n\to\infty} f(u_n) = f(u).$$

可见,$f:M\to\mathbb{R}$ 为线性连续泛函,于是存在常数 c_0,使得 $\forall u\in M$ 有

$$|f(u)| \leqslant c_0 \|u\|,$$

其中 $u(x)$ 的范数为 $\|u\| = \max\{u(x) \mid x\in[a,b]\}$.

根据 Hahn-Banach 延拓定理,存在 f 的线性连续泛函延拓 $F:C[a,b]\to\mathbb{R}$,即 $F\in C[a,b]^*$,使得 $\|F\| = \|f\|$. 由定理 5.3.3 知,存在 $[a,b]$ 上的有界变差函数 $\rho(x):[a,b]\to\mathbb{R}$,使得对于 $k=0,1,2,\cdots,n_0$ 有

$$F(u) = \int_a^b u(x) \, \mathrm{d}\rho(x), \quad \forall u(x) \in C[a, b]$$

且 $\| F \| = V_a^b(\rho)$. 于是可得

$$\int_a^b x^k \mathrm{d}\rho(x) = F(x^k) = f(x^k) = \mu_k. \quad \square$$

定理 5.3.5　矩问题解存在的充要条件

设 $-\infty < a < b < \infty$, 给定实数 $\mu_0, \mu_1, \mu_2, \cdots, \mu_n, \cdots$, 那么存在 $[a, b]$ 上的有界变差函数 $\rho(x) : [a, b] \to \mathbb{R}$, 使得对于 $k \in \mathbb{N}$, 满足 $\mu_k = \int_a^b x^k \mathrm{d}\rho(x)$ 的充要条件为: 存在常数 c, 使得对于 $N = 0, 1, 2, \cdots$, 以及任意实数 a_k 有

$$\left| \sum_{k=0}^N a_k \mu_k \right| \leqslant c \max_{a \leqslant x \leqslant b} \left\{ \left| \sum_{k=0}^N a_k x^k \right| \right\}.$$

证明　必要性. 如果存在 $[a, b]$ 上的有界变差函数 $\rho(x) : [a, b] \to \mathbb{R}$, 使得对于 $k \in \mathbb{N}$, 满足 $\mu_k = \int_a^b x^k \mathrm{d}\rho(x)$, 那么自然得到泛函

$$F(u) = \int_a^b u(x) \mathrm{d}\rho(x), \quad \forall u(x) \in C[a, b].$$

由 R-S 积分的性质以及定理 5.3.4 的证明过程知, F 是 $C[a, b]$ 上的线性连续泛函, 所以存在常数 c, 使得 $\forall u(x) \in C[a, b]$ 有

$$| F(u) | \leqslant c \| u \|.$$

利用 $\mu_k = \int_a^b x^k \mathrm{d}\rho(x) = F(x^k)$ 以及 $u(x) = a_0 + a_1 x + a_2 x^2 + \cdots + a_N x^N$ 得

$$\left| \sum_{k=0}^N a_k \mu_k \right| \leqslant c \max_{a \leqslant x \leqslant b} \left\{ \left| \sum_{k=0}^N a_k x^k \right| \right\}.$$

充分性. 设 $M = \mathrm{span}\{1, x, x^2, \cdots, x^N, \cdots\}$, 定义 $f : M \to \mathbb{R}$ 为

$$f(x^k) = \mu_k, \quad k = 0, 1, \cdots, n, \cdots.$$

显然, f 是线性泛函. 由 $\left| \sum_{k=0}^N a_k \mu_k \right| \leqslant c \max_{a \leqslant x \leqslant b} \left\{ \left| \sum_{k=0}^N a_k x^k \right| \right\}$ 得 $| f(u) | \leqslant c \| u \|$, 其中 $u(x) \in M$, 所以 f 是线性连续泛函. 根据 Hahn-Banach 延拓定理, 存在泛函 $F : C[a, b] \to \mathbb{R}$, 以及 $\| F \| = \| f \|$. 由定理 5.3.3 知, 存在 $[a, b]$ 上的有界变差函数 $\rho(x) : [a, b] \to \mathbb{R}$, 使得对于 $k \in \mathbb{N}$, 满足 $F(u) = \int_a^b u(x) \mathrm{d}\rho(x)$. 于是有

$$\int_a^b x^k \mathrm{d}\rho(x) = F(x^k) = f(x^k) = \mu_k. \quad \square$$

5.4　线　性　流　形

定义 5.4.1　线性流形 (Linear Maniford)

设 X 为数域 $\mathbb{F}$ 上的线性空间, $M \subset X$, 若存在元素 $x_0 \in X$ 以及子空间 $M_0 \subset X$, 使得 $M = x_0 + M_0 = \{x_0 + r \mid r \in M_0\}$, 则称 M 为 X 上的一个**线性流形**或者**仿射子空间 (Affine Subspace)**, 并把子空间 M_0 的维数称为线性流形 M 的维数. $\square$

设 A 是 $m \times n$ 的实矩阵, x 是 n 维列向量, b 是 m 维列向量, 则线性方程组 $Ax = b$ 的所

有解向量

$$M=\{x\in\mathbb{R}^n\,|\,Ax=b\}$$

就是一个线性流形,对应的齐次方程组 $Ax=0$ 的所有解向量

$$M_0=\{x\in\mathbb{R}^n\,|\,Ax=0\}$$

是一个线性子空间. 若设 $x_0\in\mathbb{R}^n$ 是线性方程组 $Ax=b$ 的一个特解,则线性流形 $M=x_0+M_0$.

显然,线性子空间是线性流形,线性流形不一定是线性子空间,它是线性子空间平移后得到的子集. 由线性子空间的闭性可知,线性流形也是闭集;由线性子空间包含零元素知,定义 5.4.1 中的 $x_0\in M$. 当 $x,y\in M$ 时,即 $x=x_0+r_1$,$y=x_0+r_2$,那么 $\forall\alpha\in\mathbb{F}$ 有

$$\alpha x+(1-\alpha)y=\alpha(x_0+r_1)+(1-\alpha)(x_0+r_2)=x_0+[\alpha r_1+(1-\alpha)r_2]\in x_0+M_0.$$

可见,线性流形 M 中任意两点所决定的直线依然属于 M. 同理可知,线性流形 M 中任意三个点所决定的平面依然属于 M. 依此易得下列结果.

性质 5.4.1 设线性流形 $M=x_0+M_0$,其中 $M_0\subset X$ 为子空间,$\forall x_1,x_2,\cdots,x_n\in M$ 以及 $\alpha_1,\alpha_2,\cdots,\alpha_n\in\mathbb{F}$,若 $\sum\limits_{i=1}^{n}\alpha_i=1$,则 $\sum\limits_{i=1}^{n}\alpha_i x_i\in M$.

证明 令 $y_1,y_2,\cdots,y_n\in M_0$,使得 $x_i=x_0+y_i$,$1\leqslant i\leqslant n$. 于是有

$$\sum_{i=1}^{n}\alpha_i x_i=(\sum_{i=1}^{n}\alpha_i)x_0+\sum_{i=1}^{n}\alpha_i y_i=x_0+\sum_{i=1}^{n}\alpha_i y_i\in M.\ \square$$

线性流形 M 中任意两点所决定的直线不仅属于 M,并且线性流形 M 就是直线张成的集合. 下述性质给出了线性流形 M 的一个等价定义.

性质 5.4.2 (线性流形等价定义) 设 X 为数域 $\mathbb{F}$ 上的线性空间,M 为 X 的非空子集,则 M 为线性流形当且仅当 $\forall x,y\in M$ 有 $\{\alpha x+\beta y\,|\,\alpha+\beta=1,\alpha,\beta\in\mathbb{F}\}\subset M$.

证明 (1) 由性质 5.4.1 知必要性显然成立.

(2) 充分性. 首先设 $x,y,z\in M$,$\alpha,\beta,\gamma\in\mathbb{F}$ 以及 $\alpha+\beta+\gamma=1$,证明 $\alpha x+\beta y+\gamma z\in M$. 由 $x,y,z\in M$ 知

$$\frac{\alpha}{2}x+\left(1-\frac{\alpha}{2}\right)y\in M,\ (2-\alpha-\beta)y+(\alpha+\beta-1)z\in M,$$

于是有

$$\alpha x+\beta y+\gamma z=2\left[\frac{\alpha}{2}x+(1-\frac{\alpha}{2})y\right]-[(2-\alpha-\beta)y+(\alpha+\beta-1)z]\in M.$$

其次证明:M 为线性流形. 令 $x_0\in M$,定义 $M_0=M-x_0=\{x-x_0\,|\,x\in M\}$. 下面只需验证 M_0 为 X 的线性子空间. 显然,M_0 中含有零元素. $\forall y_1,y_2\in M_0$ 以及 $k\in\mathbb{F}$,存在 $x_1,x_2\in M$,使得 $y_1=x_1-x_0$,$y_2=x_2-x_0$,所以 $x_1+x_2-x_0\in M$,$kx_1-kx_0+x_0\in M$. 于是有

$$y_1+y_2=(x_1+x_2-x_0)-x_0\in M_0,\ ky_1=(kx_1-kx_0+x_0)-x_0\in M_0.\ \square$$

上述线性流形 $M=x_0+M_0$ 的定义中 x_0 与 M_0 是否具有唯一性?下面的性质给出了回答.

性质 5.4.3 设子空间 $M_0\subset X$,线性流形 $M=x_0+M_0$,则 $\forall y_0\in M$ 有 $M=y_0+M_0$.

证明 由 $y_0\in M$ 知存在 $x\in M_0$,使得 $y_0=x_0+x$,于是有

$$y_0+M_0=x_0+(x+M_0)=x_0+M_0=M.\ \square$$

性质 5.4.4 设 M 为线性空间 X 的一个线性流形,则存在唯一的线性子空间 $M_0\subset X$,使得 $M=x_0+M_0$,其中 $x_0\in M$.

证明　(1) 令 $M_0 = M - x_0 = \{x - x_0 \mid x \in M\}$，验证 M_0 为线性子空间.

显然，集合 M_0 中含有零元素. $\forall y_1$, $y_2 \in M_0$ 以及 $k \in \mathbb{F}$，存在 x_1, $x_2 \in M$，使得 $y_1 = x_1 - x_0$，$y_2 = x_2 - x_0$. 由性质 5.4.1 知 $x_1 + x_2 - x_0 \in M$ 以及 $kx_1 - kx_0 + x_0 \in M$，于是有

$$y_1 + y_2 = (x_1 + x_2 - x_0) - x_0 \in M_0,$$
$$ky_1 = k(x_1 - x_0) = (kx_1 - kx_0 + x_0) - x_0 \in M_0.$$

(2) 证明 M_0 的唯一性.

设 $M = x_0 + M_0 = x_0' + M_0'$，其中 $x_0' \in M$，$M_0' \subset X$ 为线性子空间. 由 $x_0 \in x_0' + M_0'$ 知，存在 $y' \in M_0'$，使得 $x_0 = x_0' + y'$. $\forall y \in M_0$，有 $x_0 + y = x_0' + y' + y \in x_0' + M_0'$，可得 $y' + y \in M_0'$. 因为 $y' \in M_0'$ 以及 M_0' 为 X 的线性子空间，所以 $y \in M_0'$，即 $M_0 \subset M_0'$. 同理可证 $M_0' \subset M_0$，故 $M_0' = M_0$. □

上述性质表明线性流形定义中的元素 x_0 可以在线性流形中任取，但在线性子空间 M_0 中却具有唯一性，即对于给定的线性流形 M，存在唯一的子空间 M_0，任取 M 中元素 x_0，满足 $M = x_0 + M_0$. 这也说明线性流形 M 对应的唯一子空间 M_0 可沿不同的路径 x_0 平移形成流形 M. 下面证明线性流形的交、和也是线性流形.

性质 5.4.5　设 X 为数域 $\mathbb{F}$ 上的线性空间，M_1, M_2 为 X 的线性流形，则

(1) $M = M_1 \bigcap M_2$ 为 X 的线性流形.

(2) $M = M_1 + M_2 = \{m_1 + m_2 \mid m_1 \in M_1, m_2 \in M_2\}$ 为 X 的线性流形. □

性质 5.4.5 的证明留作练习题.

例 5.4.1　设 $A_{m \times n}$ 为数域 $\mathbb{F}$ 上的矩阵，其秩为 r，$x \in \mathbb{F}^n$，$b \in \mathbb{F}^m$，则线性方程组 $Ax = b$ 的解集 S 为向量空间 $\mathbb{F}^n$ 的 $n - r$ 维线性流形. 设 $M = x_0 + M_0$ 是向量空间 $\mathbb{F}^n$ 的 d 维线性流形，证明存在系数矩阵秩为 $n - d$ 的线性方程组，使得其解集为 M.

证明　设 x_0 是线性方程组 $Ax = b$ 的一个特解，方程 $Ax = 0$ 的基础解系为 ξ_1, ξ_2, $\cdots$, ξ_{n-r}. 基础解系张成的子空间 S_0 为 $n - r$ 维子空间，由方程组解的结构知，$Ax = b$ 的解集为 $S = x_0 + S_0$. 由线性流形的定义知，S 为向量空间 $\mathbb{F}^n$ 的 $n - r$ 维线性流形.

由于 M_0 是向量空间 $\mathbb{F}^n$ 的 d 维线性子空间，所以 M_0 存在一组基 α_1, α_2, $\cdots$, α_d. 以 α_1, α_2, $\cdots$, α_d 为行向量组成矩阵 $B_{d \times n}$，则方程 $Bx = 0$ 的解空间是 $r = n - d$ 维子空间. 取其一组基为 β_1, β_2, $\cdots$, β_r，以 β_1, β_2, $\cdots$, β_r 为行向量组成矩阵 $A_{r \times n}$，则齐次线性方程组 $Ax = 0$ 的解空间为 M_0. 记 $b = Ax_0$，则 $Ax = b$ 为所求的线性方程组. □

线性子空间是特殊的线性流形，线性流形成为子空间的等价条件如性质 5.4.6.

性质 5.4.6　设 X 为数域 $\mathbb{F}$ 上的线性空间，线性流形 $M = x_0 + M_0$，其中 M_0 为子空间，则下列命题等价:

(1) M 为 X 的子空间.

(2) $0 \in M$.

(3) $M \bigcap M_0 = M_0$. □

性质 5.4.6 的证明留作练习题.

5.5　凸集与最佳逼近

线性流形的等价定义表明，所谓的线性流形 M，就是其中任意两点 x，y，它们所在的

直线(记为 l_{xy})亦然属于子集 M,即 $l_{xy}=\{\alpha x+(1-\alpha)y \mid \alpha\in\mathbb{F}\}\subset M$. 定义 2.2.1 给出了凸集的概念,所谓凸集 C,就是其中任意两点 x,y 所确定的线段 $[x,y]=\{\alpha x+(1-\alpha)y \mid 0\leqslant\alpha\leqslant 1\}$ 依然属于 C.

线性空间 X 中的空子集、单点集约定成俗为凸集. 显然,线性空间 X、线性流形和线性了空间也是凸集,线性赋范空间中的单位球也是凸集. 线性流形和线性子空间是闭集,但凸集却不一定是闭集. 例如 $\mathbb{R}^2$ 中的凸集 $\{(x,y)\mid x^2+y^2<1\}$ 是开集.

性质 5.5.1 设 X 为线性空间,那么

(1) C 为线性空间 X 的凸集当且仅当 $\forall x_1,x_2,\cdots,x_n\in C$,以及 $\alpha_1,\alpha_2,\cdots,\alpha_n\in[0,1]$ 且 $\sum_{k=1}^{n}\alpha_k=1$,有 $\sum_{k=1}^{n}\alpha_k x_k\in C$.

(2) 若 $\{C_i\mid i\in I\}$ 为线性空间 X 的某些凸集的集合,其中 I 为指标集,则 $\bigcap_{i\in I}C_i$ 是凸集. □

性质 5.5.2 设 X,Y 为线性空间,$f:X\to Y$ 是线性映射,C 为线性空间 X 的凸集,那么 $f(C)$ 为线性空间 Y 的凸集. □

性质 5.5.2 的证明留作练习题.

例 5.5.1 设 $A_{m\times n}$ 为数域 $\mathbb{R}$ 上的矩阵,$x\in\mathbb{R}^n$,$b\in\mathbb{R}^m$,证明线性方程组 $Ax=b$ 的解集 S 中的非负向量组成一个凸集,即

$$S_+=\{x=(x_1,x_2,\cdots,x_n)\mid Ax=b, x_1\geqslant 0, x_2\geqslant 0,\cdots,x_n\geqslant 0\}$$

为凸集.

证明 设 $x,y\in S_+$,其中 $x=(x_1,x_2,\cdots,x_n)$,$y=(y_1,y_2,\cdots,y_n)$,那么 $\forall\alpha\in[0,1]$,有

$$\alpha x_i+(1-\alpha)y_i\geqslant 0, 1\leqslant i\leqslant n,$$
$$A[\alpha x+(1-\alpha)y]=\alpha Ax+(1-\alpha)Ay=\alpha b+(1-\alpha)b=b,$$

即 $\alpha x+(1-\alpha)y\in S_+$,因此 S_+ 为凸集. □

性质 5.5.3 设 X 为数域 $\mathbb{F}$ 上的线性空间,C_1,C_2 为 X 的凸集,$k\in\mathbb{F}$,则

(1) $kC_1=\{kx\mid x\in C_1\}$ 为凸集.

(2) $C_1+C_2=\{x+y\mid x\in C_1, y\in C_2\}$ 为凸集.

(3) $C_1\oplus C_2=\{(x,y)\mid x\in C_1, y\in C_2\}\subset X\times X$ 为凸集. □

性质 5.5.3 的证明留作练习题.

性质 5.5.4 设 C 为线性赋范空间 X 的凸集,那么

(1) C 的闭包 $\bar{C}$ 是凸集.

(2) 如果 $x\in\text{int}C$,$y\in\bar{C}$,则 $\{\alpha y+(1-\alpha)x\mid 0\leqslant\alpha<1\}\subset\text{int}C$.

证明 (1) 令 $x\in C$,$y\in\bar{C}$ 以及 $0\leqslant\alpha\leqslant 1$,于是存在点列 $\{y_n\}\subset C$,使得 $\lim_{x\to\infty}y_n=y$,那么

$$\alpha y_n+(1-\alpha)x\to\alpha y+(1-\alpha)x,$$

即当 $x\in C$,$y\in\bar{C}$ 时,有 $[x,y]\subset C$. 同理可证,当 $x,y\in\bar{C}$ 时,$[x,y]\subset\bar{C}$,因此 $\bar{C}$ 是凸集.

(2) 设 $0<\alpha<1$,固定 α,令 $z=\alpha y+(1-\alpha)x$,其中 $x\in\text{int}C$,$y\in\bar{C}$. 由 $x\in\text{int}C$ 知,存在开邻域 $O(x,\delta)\subset C$. 令 $V=O(x,\delta)-x$,可验证 V 为开集. 显然有 $0\in V$ 以及 $x+V\subset C$. 于是 $\forall d\in C$ 有

$$C \supset \alpha d + (1-\alpha)(x+V) = \alpha(d-y) + \alpha y + (1-\alpha)(x+V)$$
$$= [\alpha(d-y) + (1-\alpha)V] + \alpha y + (1-\alpha)x$$
$$= [\alpha(d-y) + (1-\alpha)V] + z.$$

因此,为了说明 $z \in \text{int} C$,下面只需证明开集 $U = \alpha(d-y) + (1-\alpha)V$ 中含有 0,即寻找合适的 $d \in C$,使得 $0 \in \alpha^{-1}(1-\alpha)V + (d-y)$ 或者 $d \in y - \alpha^{-1}(1-\alpha)V$. 由于 $0 \in -\alpha^{-1}(1-\alpha)V$ 以及 $-\alpha^{-1}(1-\alpha)V$ 是开集,所以存在 y 的一个邻域 $O(y, \varepsilon)$ 完全包含在开集 $y - \alpha^{-1}(1-\alpha)V$ 中. 又由于 $y \in \overline{C}$,因此满足条件 $d \in C$ 存在. □

定义 5.5.1 **严格凸空间** (Strictly Convex Space) 和 **一致凸空间** (Uniformly Convex Space)

设 X 为线性赋范空间,若 $\forall x, y \in X$ 且 $\|x\| = \|y\| = 1$,$x \neq y$,有 $\|x+y\| < 2$,则称 X 为严格凸线性赋范空间,简称**严格凸空间**. 若 $\forall x_n, y_n \in X$ 且 $\|x_n\| = \|y_n\| = 1$,$x_n \neq y_n$,当 $\lim\limits_{n \to \infty} \|x_n + y_n\| = 2$ 时,有 $\lim\limits_{n \to \infty} \|x_n - y_n\| = 0$,则称 X 为一致凸线性赋范空间,简称**一致凸空间**. □

严格凸空间的几何意义:在单位球面上任取两个不同的点 x 和 y,其中点 $\dfrac{x+y}{2}$ 在单位球内,即 $\left\| \dfrac{x+y}{2} \right\| < 1$. 一致凸空间的几何意义:在单位球面上任取两个不同的点 x_n 和 y_n,当点 $\dfrac{x_n+y_n}{2}$ 趋近单位球面上的点时,x_n 和 y_n 趋于相同. 依据定理 2.6.2 的平行四边形公式可证明 Hilbert 空间是严格凸空间和一致凸空间.

性质 5.5.5 设 X 为严格凸线性赋范空间,$f \in X^*$ 且 $f \neq 0$,则在 X 的单位球面上,存在唯一的点 x,使得 $\|f(x)\| = \|f\|$. □

性质 5.5.5 的证明留作练习题. Hahn-Banach 延拓定理 3.8.4 说明泛函的延拓不仅存在,而且存在最小延拓 F,但是得到的延拓却不唯一. 下面的定理 5.5.1 说明,当 X^* 为严格凸空间时,这种泛函延拓唯一存在.

定理 5.5.1 设 X^* 为严格凸线性赋范空间,M 是 X 的子空间,则 $\forall f \in M^*$,f 在 X 上存在唯一的保范延拓.

证明 假设 f 在 X 上存在两个保范延拓 F_1 和 F_2,即 $\forall x \in M$,有
$$f(x) = F_1(x) = F_2(x), \quad \|f\| = \|F_1\| = \|F_2\|.$$

显然,$\dfrac{F_1}{\|f\|}$ 与 $\dfrac{F_2}{\|f\|}$ 均为严格凸空间 X^* 球面上的点,所以 $\left\| \dfrac{F_1}{\|f\|} + \dfrac{F_2}{\|f\|} \right\| < 2$,即 $\|F_1 + F_2\| < 2\|f\|$. 根据泛函范数的定义知,

$$\|F_1 + F_2\| = \sup\{|F_1(x) + F_2(x)| \mid \|x\| = 1, x \in X\}$$
$$\geqslant \sup\{|F_1(x) + F_2(x)| \mid \|x\| = 1, x \in M\}$$
$$\geqslant \sup\{|f(x) + f(x)| \mid \|x\| = 1, x \in M\} = 2\|f\|,$$

因此产生矛盾,故 f 在 X 上存在唯一的保范延拓. □

定义 5.5.2 **光滑的空间** (Smooth Space)

设 X 是线性赋范空间,若 $\forall x \in X$ 且 $x \neq 0$,存在唯一的 $f \in X^*$,使得 $f(x) = \|x\|$ 以及 $\|f\| = 1$,则称 X 是**光滑的空间**. □

性质 5.5.6 Hilbert 空间 H 是光滑的空间.

证明 由于 Hilbert 空间是严格凸空间，依据推论 3.8.1、定理 5.5.1 和定义 5.5.2，知 H 是光滑的空间. □

性质 5.5.7 设 X 是线性赋范空间，则下列命题成立.

(1) 若 X^* 是严格凸 Banach 空间，则 X 是光滑的空间.

(2) 若 X^* 是光滑的 Banach 空间，则 X 是严格凸空间. □

性质 5.5.7 的证明留作练习题. 在第二章简要介绍过内积空间上的最佳逼近问题，下面讨论凸集在最佳逼近中的应用. 对于线性赋范空间 X 中的一点 x_0 及子集 Y 而言，若存在 $y_0 \in Y$，使得 $d(x_0, y_0) = d(x_0, Y)$，则称 y_0 是 x_0 关于 Y 的最佳逼近.

定理 5.5.2 设 Y 是线性赋范空间 X 的有限维子空间，则 $\forall x_0 \in X$，存在关于 Y 的最佳逼近 $y_0 \in Y$.

证明 令 $B = \{y \mid y \in Y, \|y\| \leqslant 2\|x_0\|\}$，显然 $0 \in B$ 及 $B \subset Y$. 由 $B \subset Y$ 知，$d(x_0, B) \geqslant d(x_0, Y)$. 由 $0 \in B$ 得

$$d(x_0, B) = \inf_{y \in B}\{\|x_0 - y\|\} \leqslant \|x_0 - 0\| = \|x_0\|.$$

当 $y \in Y$ 且 $y \notin B$ 时，$\|y\| > 2\|x_0\|$，所以

$$\|x_0 - y\| \geqslant \|y\| - \|x_0\| > \|x_0\| \geqslant d(x_0, B),$$

即 $d(x_0, B) = d(x_0, Y)$. 由于 B 是有限维子空间 Y(闭集)的有界闭子集，所以 B 是紧集. 定义域 B 的映射 $f(y) = \|x_0 - y\|$ 为连续映射. 于是实数域中的紧集 $f(B)$ 存在最小值，因此存在 $y_0 \in B \subset Y$，使得 $\|x_0 - y_0\| = d(x_0, B) = d(x_0, Y)$，即 y_0 是 x_0 关于 Y 的最佳逼近. □

定理 5.5.2 讨论了最佳逼近 y_0 的存在性，那么 y_0 具有唯一性吗? 此问题留作练习题. 通常称 x_0 关于 Y 的最佳逼近 y_0 的集合为最佳逼近集，下面的结论说明它是凸集.

定理 5.5.3 设 Y 是线性赋范空间 X 的子空间，$x_0 \in X$，那么 x_0 关于 Y 的最佳逼近集 Y_0 是凸集. □

定理 5.5.3 的证明留作练习题. 定理 5.5.3 说明只要最佳逼近不唯一，就有无穷多个最佳逼近.

定理 5.5.4 设 Y 是严格凸线性赋范空间 X 的有限维子空间，则 $\forall x_0 \in X$，关于 Y 的最佳逼近唯一存在. □

定理 5.5.4 的证明留作练习题.

定理 5.5.5 设 H 是 Hilbert 空间，$C \subset H$ 为非空闭凸集，则 $\forall x_0 \in H$，存在关于 C 的唯一最佳逼近 $y_0 \in C$，即 $d(x_0, C) = \|x_0 - y_0\|$.

证明 因为 H 是 Hilbert 空间，$d = d(x_0, C) = \inf_{y \in C}\|x_0 - y\|$，所以存在点列 $\{y_n\} \subset C$，使得

$$d = \lim_{n \to \infty} \|x_0 - y_n\|.$$

下面说明 $\{y_n\}$ 是 Cauchy 列. 由于点列 $\{y_n\} \subset C$ 及 C 是凸集，所以 $\{y_n\}$ 中的两点 y_m，y_n 的组合 $\dfrac{y_m + y_n}{2}$ 属于 C. 于是有

$$\left\| x_0 - \frac{y_m + y_n}{2} \right\| \geqslant d.$$

进而由平行四边形公式可得

$$0 \leqslant 2 \left\| \frac{y_m - y_n}{2} \right\|^2 = \| y_m - x_0 \|^2 + \| y_n - x_0 \|^2 - 2 \left\| \frac{y_m + y_n}{2} - x_0 \right\|^2$$
$$\leqslant \| y_m - x_0 \|^2 + \| y_n - x_0 \|^2 - 2d^2,$$

因为 $\lim\limits_{m \to \infty} \| y_m - x_0 \|^2 = \lim\limits_{n \to \infty} \| y_n - x_0 \|^2 = d^2$，所以当 m，$n \to \infty$ 时，$\lim\limits_{m, n \to \infty} \| y_m - y_n \| = 0$，即点列 $\{y_n\}$ 是 Cauchy 列.

在 Hilbert 空间 H 中，Cauchy 列 $\{y_n\}$ 存在唯一的收敛点 $y_0 \in C$，使得
$$\| x_0 - y_0 \| = \lim\limits_{n \to \infty} \| x_0 - y_n \| = \inf\limits_{y \in C} \| x_0 - y \| = d(x_0, C). \quad \square$$

最佳逼近定理中的"凸"性条件非常重要. 例如，在 $\mathbb{R}$ 中，$C = \{-1, 1\}$ 是非凸的闭集. 取 $x_0 = 0$，显然最佳逼近集为 $C = \{-1, 1\}$ 本身. 可见，失去"凸"性条件的最佳逼近可能不唯一.

5.6 超平面与闵可夫斯基泛函

定义 5.6.1　超平面(Hyperplane)

设 X 是实线性赋范空间，$f: X \to \mathbb{R}$ 为线性连续泛函，$\alpha \in \mathbb{R}$，则称
$$P = f^{-1}(\alpha) = \{x \mid x \in X, f(x) = \alpha\}$$
为线性赋范空间 X 中的超平面，这样的超平面也可记为 P_f^α. $\square$

可以验证 $P_f^\alpha = x_0 + P_f^0$，其中 $f(x_0) = \alpha$，$P_f^0 = f^{-1}(0) = \ker(f)$ 为 X 的线性子空间，因此超平面 P_f^α 为 X 的线性流形.

性质 5.6.1　设 X 是实线性赋范空间，$f: X \to \mathbb{R}$ 为线性连续泛函，$x_0 \in X - P_f^0$，则 $X = \text{span}\{x_0\} \oplus P_f^0$.

证明　显然，$\text{span}\{x_0\} \cap P_f^0$ 为空集. 由于 $f\left(x - \frac{f(x)}{f(x_0)} x_0\right) = 0$，所以令 $k = \frac{f(x)}{f(x_0)}$ 及 $y = x - \frac{f(x)}{f(x_0)} x_0$，于是存在 $k \in \mathbb{R}$ 及 $y \in P_f^0$，使得 $x = kx_0 + y$. $\square$

性质 5.6.2　设 Y 是实线性赋范空间 X 的真子空间，取 $x_0 \in X - Y$ 满足 $X = \text{span}\{x_0\} \oplus Y$，则存在线性泛函 $f: X \to \mathbb{R}$，使得 $f(x_0) \neq 0$，$f(Y) = 0$，即 $\ker(f) = Y$.

证明　由 $X = \text{span}\{x_0\} \oplus Y$ 知，$\forall x \in X$，存在 $k \in \mathbb{R}$ 及 $y \in Y$，使得 $x = kx_0 + y$. 令线性泛函 $f: X \to \mathbb{R}$ 为 $f(x) = f(kx_0 + y) = k \| x_0 \|$，由 $x_0 \in X - Y$ 知 $\| x_0 \| \neq 0$. 因此 $f(x_0) = \| x_0 \|$ 以及 $\forall y \in Y$，$f(Y) = 0$，即 f 满足条件
$$f(x_0) \neq 0, \quad f(Y) = 0. \quad \square$$

设 Y 是线性空间 X 的真子空间，若比 Y 大的子空间是线性空间 X 本身，则称 Y 是线性空间 X 的**极大子空间**. 性质 5.6.2 表明超平面是极大子空间.

定义 5.6.2　闵可夫斯基泛函(Minkowski Functional)

设 X 为线性赋范空间，M 是 X 的非空子集，映射 $p: X \to \mathbb{R}$ 为
$$p(x) = \inf\{\lambda \mid \lambda > 0, \lambda^{-1} x \in M\},$$
则称 $p(x)$ 为子集 M 的**闵可夫斯基泛函**. $\square$

性质 5.6.3　设 M 是线性赋范空间 X 的非空凸子集，且含有零元素 0(或者 θ)，则 M 的 Minkowski 泛函 $p(x)$：$X \to \mathbb{R}$ 具有以下性质.

(1) $\forall x \in X$, $p(x) \geqslant 0$ 且 $p(0)=0$.

(2) $\forall \alpha > 0$, $p(\alpha x)=\alpha p(x)$.

(3) $\forall x, y \in X$, $p(x+y) \leqslant p(x)+p(y)$.

证明 (1) 由定义 5.6.2 易得.

(2) 令 $\alpha > 0$, $\lambda > 0$, 则 $\lambda^{-1}x \in M$ 当且仅当 $(\alpha\lambda)^{-1}\alpha x \in M$. 因此根据 $p(x)$ 的定义知, $\forall \alpha > 0$, $p(\alpha x)=\alpha p(x)$.

(3) 令 $x, y \in X$, 对于给定的 $\varepsilon > 0$, 选取 α 和 β, 使得
$$p(x) < \alpha < p(x)+\varepsilon, \quad p(y) < \beta < p(y)+\varepsilon.$$
于是 $\alpha^{-1}x \in M$, $\beta^{-1}y \in M$. 令 $\gamma=\alpha+\beta$, 则
$$\gamma^{-1}\alpha+\gamma^{-1}\beta=1.$$
由于 M 是凸集, 所以
$$\gamma^{-1}(x+y)=\gamma^{-1}\alpha(\alpha^{-1}x)+\gamma^{-1}\beta(\beta^{-1}y) \in M.$$
根据 $p(x)$ 的定义知,
$$p(x+y) \leqslant \gamma=\alpha+\beta < p(x)+p(y)+2\varepsilon.$$
令 $\varepsilon \to 0$, 则有 $p(x+y) \leqslant p(x)+p(y)$. $\square$

性质 5.6.4 设 M 是线性赋范空间 X 的非空凸子集, $p(x): X \to \mathbb{R}$ 为 M 的 Minkowski 泛函.

(1) 若 M 是有界集, 零元素是 M 的内点, 则存在 $a, b > 0$, 使得 $\forall x \in X$ 有
$$a\|x\| \leqslant p(x) \leqslant b\|x\|.$$

(2) 若 M 是有界集, 则 $p(x)=0$ 当且仅当 $x=0$.

(3) 若 $0 \in \operatorname{int} M$, 则 $p(x)$ 是连续泛函.

(4) 若 M 是闭集及 $0 \in M$, 则 $M=\{x \mid x \in X, p(x) \leqslant 1\}$.

(5) 若 $0 \in M$, 则 $\{x \mid x \in X, p(x) < 1\} \subset M$.

证明 (1) 由于零元素是 M 的内点, 所以存在 $r > 0$, 使得当 $\|x\| \leqslant r$ 时, $x \in M$. 当 $p(0)=0$ 时, 不等式 $a\|x\| \leqslant p(x) \leqslant b\|x\|$ 显然成立, 故不妨设 $x \in X$ 且 $x \neq 0$.

令 $\lambda=r^{-1}\|x\|$, 则 $\|\lambda^{-1}x\|=r$, 即 $\lambda^{-1}x \in M$, 根据 $p(x)$ 的定义知
$$p(x) \leqslant \lambda = \leqslant r^{-1}\|x\|.$$
由于 M 是有界集, 所以存在 $m > 0$, 使得 $\forall x \in M$, $\|x\| \leqslant m$. 于是, 当 $\lambda^{-1}x \in M$ 时, $\|\lambda^{-1}x\| \leqslant m$, 即 $\lambda \geqslant m^{-1}\|x\|$. 根据 $p(x)$ 的定义知
$$p(x) \geqslant m^{-1}\|x\|.$$
因此可选取 $a=m^{-1}$, $b=r^{-1}$, 使得 $\forall x \in X$, $a\|x\| \leqslant p(x) \leqslant b\|x\|$.

(2) 依据性质 5.6.3, 只需证明当 $p(x)=0$ 时, $x=0$. 由于 M 是有界集, 所以存在 $r > 0$, 使得 $M \subset O(0, r)$. 于是 $\forall x \in X$ 且 $x \neq 0$, 有 $p(x) \geqslant \dfrac{\|x\|}{r}$. 如若不然, 假设 $p(x) < \dfrac{\|x\|}{r}$, 则存在 $0 < \lambda < \dfrac{\|x\|}{r}$, 使得 $\dfrac{1}{\lambda}x \in M$, 而 $\left\|\dfrac{1}{\lambda}x\right\| = \dfrac{\|x\|}{\lambda} > r$, 说明 $\dfrac{1}{\lambda}x \notin M$, 故产生矛盾, 则当 $x \neq 0$ 时, $p(x) \geqslant \dfrac{\|x\|}{r} > 0$. 可见, 当 $p(x)=0$ 时, $x=0$.

(3) 由性质 5.6.3 可得 $p(x)=p[y+(x-y)] \leqslant p(y)+p(x-y)$, 即 $p(x)-p(y) \leqslant p(x-y)$, 同理可得

$$p(y) - p(x) \leqslant p(y-x).$$

再利用(1)的结论可得

$$|p(x) - p(y)| \leqslant \max\{p(x-y), p(y-x)\} \leqslant b\|x-y\|,$$

因此 $p(x): X \to \mathbb{R}$ 是连续泛函.

(4)(5)的证明留作练习题. □

由性质 5.6.4 的证明过程可知, 结论 $a\|x\| \leqslant p(x) \leqslant b\|x\|$ 涉及两个常数, 其中条件 "M 有界" 保证了常数 a 的存在; 条件 "零元素是 M 的内点" 保证了常数 b 的存在. 因为只要通过适当平移, 总可以把任一点变为零点, 所以结论 "常数 b 的存在" 对于含有内点的凸集仍成立. 可见, 当凸集含有内点时, 其上的 Minkowski 泛函就是次连续泛函.

5.7 分 离 性 定 理

凸集分离定理也称为超平面分离定理, 形象地讲, 就是指超平面将两个凸集分离, 使两个凸集隔在超平面的两边, 其结果在最优化理论中具有重要的作用, 也是研究数据分类问题的基础. 本节通过半空间的概念引入分离之意, 半空间类似于平面将三维实空间 $\mathbb{R}^3$ 一分为二, 其中的任意一部分即为 "半空间".

定义 5.7.1 半空间(Half-space)与分离(Separate)

设 X 是实线性赋范空间, $f: X \to \mathbb{R}$ 为线性连续泛函, $\alpha \in \mathbb{R}$, 则称

$$P_{\leqslant} = \{x \,|\, x \in X, f(x) \leqslant \alpha\}, \quad P_{<} = \{x \,|\, x \in X, f(x) < \alpha\},$$
$$P_{\geqslant} = \{x \,|\, x \in X, f(x) \geqslant \alpha\}, \quad P_{>} = \{x \,|\, x \in X, f(x) > \alpha\},$$

均为线性赋范空间 X 中的半空间. 令 A, B 是实线性赋范空间 X 的两个子集, 称超平面 P_f^α 分离子集 A 和 B 当且仅当 $A \subset P_{\leqslant}$, $B \subset P_{\geqslant}$(或者 $A \subset P_{\geqslant}$, $B \subset P_{\leqslant}$); 称超平面 P_f^α 严格分离子集 A 和 B 当且仅当 $A \subset P_{<}$, $B \subset P_{>}$(或者 $A \subset P_{>}$, $B \subset P_{<}$). □

定理 5.7.1 设 X 是实线性赋范空间, C 为 X 的非空闭凸子集, $x_0 \in X \backslash C$, 那么存在 $f \in X^*$ 及 $\alpha \in \mathbb{R}$, 使得 P_f^α 严格分离 x_0 和 C.

证明 由 $x_0 \in X \backslash C$ 及 C 为闭集知, $d = d(x_0, C) > 0$. 令

$$C_d = \left\{ x \in X \,\Big|\, d(x, C) < \frac{d}{2} \right\},$$

当 $x, y \in C_d$ 时, 由 C_d 的定义知, 存在 $x', y' \in C$, 使得 $d(x, x') < \dfrac{d}{2}$ 以及 $d(y, y') < \dfrac{d}{2}$. $\forall \alpha \in [0, 1]$, 有

$$d(\alpha x + (1-\alpha)y, \alpha x' + (1-\alpha)y') \leqslant \alpha\|x-x'\| + (1-\alpha)\|y-y'\|] < \frac{d}{2},$$

所以 C_d 也是凸集. 由性质 5.5.4 知, 凸集 C_d 的闭包 $\overline{C_d}$ 也是凸集.

可验证 $\overline{C_d}$ 含有内点. 由于 C 为非空子集, 存在 $y_0 \in C$, 则 $d(x_0, y_0) \geqslant d$, 下证 y_0 是 $\overline{C_d}$ 的内点. 令 $\delta = \dfrac{d}{6}$, 则 $O(y_0, \delta) \subset \overline{C_d}$, 如若不然, 假设存在 $x \in O(y_0, \delta)$ 且 $x \notin \overline{C_d}$. 一方面, 由 $x \in O(y_0, \delta)$ 知 $\|x - y_0\| < \dfrac{d}{6}$; 另一方面, 由 $x \notin \overline{C_d}$ 知 $d(x, C) \geqslant \dfrac{d}{2}$. 因为 $y_0 \in C$, 所以 $\|x - y_0\| \geqslant \dfrac{d}{2}$, 故产生矛盾, 则 $O(y_0, \delta) \subset \overline{C_d}$, 即 y_0 是 $\overline{C_d}$ 的内点.

根据性质 5.6.4 知，存在 $\overline{C_d}$ 上的 Minkowski 泛函 p，使得 $\overline{C_d} = \{x \mid x \in X, p(x) \leqslant 1\}$，以及 $\forall x \in X$ 和常数 c 满足 $0 \leqslant p(x) \leqslant c \parallel x \parallel$.

构造映射 $F: \operatorname{span}(x_0) \to \mathbb{R}$ 为 $F(\lambda x_0) = \lambda p(x_0)$，其中 $\lambda \in \mathbb{R}$，那么 $\forall x \in \operatorname{span}(x_0)$，即 $x = \lambda x_0$，当 $\lambda \geqslant 0$ 时，$p(x) = \lambda p(x_0) = F(\lambda x_0) = F(x)$；当 $\lambda < 0$ 时，$F(\lambda x_0) = \lambda p(x_0) \leqslant 0$，而 $p(x) \geqslant 0$. 所以

$$\forall x \in \operatorname{span}(x_0), \quad F(x) \leqslant p(x).$$

根据 Hahn-Banach 延拓定理 3.8.4 知，存在 F 的线性连续泛函延拓 $f: X \to \mathbb{R}$，使得 $\forall x \in X$ 有 $f(x) \leqslant p(x) \leqslant c \parallel x \parallel$. 显然，$f$ 是 X 上的线性连续泛函.

当 $x \in C \subset \overline{C_d}$ 时，$f(x) \leqslant p(x) \leqslant 1$，而 $f(x_0) = F(x_0) = p(x_0) > 1$，因此存在 $f \in X^*$ 及 $\alpha \in \mathbb{R}$，使得 P_f^{α} 严格分离 x_0 和 C. □

从定理 5.7.1 的证明过程可知，只要 $x_0 \in X \backslash \overline{C}$，就有 $d = d(x_0, \overline{C}) > 0$，所以定理 5.7.1 中的条件可改变为"$C$ 为 X 的非空凸子集，$x_0 \in X \backslash \overline{C}$"，结论依然成立.

定理 5.7.2 （**Ascoli 定理**）设 X 是实线性赋范空间，C 为 X 的非空凸子集，$x_0 \in X \backslash \overline{C}$，那么存在 $f \in X^*$ 及 $\alpha \in \mathbb{R}$，使得 P_f^{α} 严格分离 x_0 和 C. □

性质 5.7.1 设 C 为实线性赋范空间 X 的非空凸子集，$p(x)$ 是凸集 C 的 Minkowski 泛函，且零元素 θ 为 C 的内点，那么

(1) $\overline{C} = \{x \mid x \in X, p(x) \leqslant 1\}$.

(2) $\operatorname{int} C = \{x \mid x \in X, p(x) < 1\}$.

证明 (1) 当 $x \in C$ 时，由 Minkowski 泛函定义知 $p(x) \leqslant 1$. 当 $\{x_n\} \subset C$ 以及 $\lim\limits_{n \to \infty} x_n = x$ 时，由性质 5.6.4 知 $p(x)$ 是连续泛函，所以 $p(x) = p(\lim\limits_{n \to \infty} x_n) = \lim\limits_{n \to \infty} p(x_n) \leqslant 1$. 因此 $\overline{C} \subset \{x \mid x \in X, p(x) \leqslant 1\}$.

设 $y \notin \overline{C}$，则 $y \neq \theta$ 且邻域 $O(y, \delta) \cap C = \phi$. 显然，$\left\| \left(y - \dfrac{\delta}{2 \parallel y \parallel} y\right) - y \right\| \leqslant \dfrac{\delta}{2}$，记

$$z = y - \frac{\delta}{2 \parallel y \parallel} y = \frac{2 \parallel y \parallel - \delta}{2 \parallel y \parallel} y,$$

则 $z \in O(y, \delta)$ 且 $z \notin C$. 可以断定 $p(y) \geqslant \dfrac{2 \parallel y \parallel}{2 \parallel y \parallel - \delta} > 1$；否则，若 $p(y) < \dfrac{2 \parallel y \parallel}{2 \parallel y \parallel - \delta}$，则存在 $0 < \lambda < \dfrac{2 \parallel y \parallel}{2 \parallel y \parallel - \delta}$，使得 $\dfrac{1}{\lambda} y \in C$，于是由定义 5.6.2 知 $p(\dfrac{1}{\lambda} y) \leqslant 1$，进而有

$$p\left(\frac{1}{\lambda} y\right) = \frac{1}{\lambda} p(y) > \frac{2 \parallel y \parallel - \delta}{2 \parallel y \parallel} p(y) = p\left(\frac{2 \parallel y \parallel - \delta}{2 \parallel y \parallel} y\right) = p(z).$$

可见，$p(z) < 1$. 于是由性质 5.6.4 知 $z \in C$，这与 $z \notin C$ 矛盾，故 $p(y) \geqslant \dfrac{2 \parallel y \parallel}{2 \parallel y \parallel - \delta} > 1$.

综上所述，得 $\{x \mid x \in X, p(x) \leqslant 1\} = \overline{C}$.

(2) 的证明留作练习题. □

定理 5.7.3 设 X 是实线性赋范空间，C 为 X 的非空凸子集，$x_0 \in X \backslash C$，零元素 θ 为 C 的内点，那么存在 $f \in X^*$ 及 $\alpha \in \mathbb{R}$，使得 P_f^{α} 分离 x_0 和 C.

证明 设 $p(x): X \to \mathbb{R}$ 是凸子集 C 的 Minkowski 泛函，由性质 5.6.4 知，$\forall x \in C$ 有 $p(x) \leqslant 1$. 因为零元素 θ 为 C 的内点，由性质 5.6.4 知，存在常数 c，$\forall x \in X$ 满足 $0 \leqslant p(x) \leqslant c \parallel x \parallel$.

构造映射 $F:\text{span}(x_0)\to\mathbb{R}$ 为 $F(\lambda x_0)=\lambda p(x_0)$，易验证 F 为 $\text{span}(x_0)$ 上的线性泛函，类似定理 5.7.1 后半部分的证明可得，$\forall x\in\text{span}(x_0)$，$F(x)\leqslant p(x)$，进而由 $p(x)$ 的连续性知，F 为连续泛函. 由于 $x_0\notin C$ 以及 $\theta\in\text{int}C$，根据性质 5.7.1 可得 $p(x_0)\geqslant 1$.

根据 Hahn-Banach 延拓定理 3.8.4，存在 F 的线性泛函延拓 $f:X\to\mathbb{R}$，使得 $\forall x\in X$ 有 $f(x)\leqslant p(x)\leqslant c\|x\|$，易知 f 是线性连续泛函. 当 $x\in C$ 时，$f(x)\leqslant p(x)\leqslant 1$，而

$$f(x_0)=F(x_0)=p(x_0)\geqslant 1,$$

因此存在 $f\in X^*$ 及 $\alpha\in\mathbb{R}$，使得 P_f^α 分离 x_0 和 C. □

推论 5.7.1 设 X 是实线性赋范空间，C 为 X 的非空凸子集，$\theta\in X\backslash C$，$\text{int}C\neq\phi$，则存在 $f\in X^*$ 及 $\alpha\in\mathbb{R}$，使得 P_f^α 分离 θ 和 C.

证明 不妨设 $x_0\in\text{int}C$，记 $F=C-x_0$. 于是由 $\theta\notin C$ 知，$-x_0\notin F$. 由定理 5.7.3 的证明过程可知，存在 $f\in X^*$ 及 $\beta\in\mathbb{R}$，使得

$$f(-x_0)\geqslant\beta,\ f(x)\leqslant\beta,\ \forall x\in F,$$

即

$$f(\theta)\geqslant f(x_0)+\beta,\ f(x)\leqslant\beta+f(x_0),\ \forall x\in C.$$

因此存在 $f\in X^*$ 及 $\alpha=f(x_0)+\beta\in\mathbb{R}$，使得 P_f^α 分离 θ 和 C. □

推论 5.7.2 设 X 是实线性赋范空间，E，F 为 X 的非空凸子集，$E\bigcap F=\phi$，$\text{int}E\neq\phi$，则存在 $f\in X^*$ 及 $\alpha\in\mathbb{R}$，使得 P_f^α 分离 E 和 F. □

推论 5.7.2 的证明留作练习题.

定理 5.7.4 (**Mazur 定理**) 设 X 是实线性赋范空间，E 为 X 的非空凸子集且 $\text{int}E\neq\phi$，F 为 X 上的一个线性流形，且 $E\bigcap F=\phi$，那么存在 $f\in X^*$ 及 $\alpha\in\mathbb{R}$，使得 $F\subset P_f^\alpha$，且对于任意的 $x\in E$，有 $f(x)\leqslant\alpha$.

证明 设 $F=x_0+F_0$，F_0 是 X 的线性子空间，由于线性流形 F 也是凸集，根据推论 5.7.2 知，存在 $f\in X^*$ 及 $\beta\in\mathbb{R}$，使得

$$\forall x\in E,\ y\in F,\ \text{有}\ f(x)\leqslant\beta\leqslant f(y).$$

记 $f(x_0)=\alpha$，设 $x\in F_0$，则有 $\beta\leqslant f(x_0+x)=\alpha+f(x)$，即 $f(x)\geqslant\beta-\alpha$. 于是对于 $t>0$，有

$$f(x)=\frac{1}{t}f(tx)\geqslant\frac{\beta-\alpha}{t}\to 0,\ t\to\infty,$$

即 $f(x)\geqslant 0$. 当然，$-x\in F_0$，于是有 $f(-x)\geqslant 0$，即 $f(x)\leqslant 0$，所以 $\forall x\in F_0$ 有 $f(x)=0$.

综上所得，存在 $f\in X^*$ 及 $\alpha\in\mathbb{R}$，使得 $\forall x\in E$，有 $f(x)\leqslant\alpha$；$\forall y\in F$，有 $f(y)=\alpha$. □

本 章 小 结

本章在建立 Banach 不动点定理的基础上，探讨了不动点定理的应用；同时，应用 Hahn-Banach 延拓定理确定了有限矩问题解的存在性；并在介绍和分析线性流形、凸集等相关知识的基础上，给出了最佳逼近的存在性和唯一性；然后，通过超平面与闵可夫斯基的基础知识的学习，给出了在优化方面应用广泛的分离性定理.

习 题 5

1. 设 (X,d) 为完备的度量空间，映射 $A:X\to X$ 满足：$\forall x,y\in X$ 且 $x\neq y$，有

$d(Ax, Ay) < d(x, y)$. 证明若 A 存在不动点,则此不动点唯一存在.

2. 设 M 是 $(\mathbb{R}^n, d)$ 中的有界闭子集,$\forall x, y \in M$ 且 $x \neq y$,映射 $A: M \to M$ 满足 $d(Ax, Ay) < d(x, y)$,证明 A 在 M 中存在唯一的不动点.

3. 设算子 $Tx(t) = \int_0^t x(u)\mathrm{d}u : C[0,1] \to C[0,1]$,其中 $t \in [0,1]$,$C[0,1]$ 上的度量为 $d(x, y) = \max\limits_{0 \leqslant t \leqslant 1}\{|x(t) - y(t)|\}$. 证明 T^2 是压缩映射,但 T 却不是压缩映射.

4. 求解方程 $x = \sqrt{2 + \sqrt{2 + \sqrt{2 + x}}}$ 的根.

5. 设二元函数 $F(x, y)$ 在区域 $\{(x, y) \mid a \leqslant x \leqslant b, -\infty < y < +\infty\}$ 上连续,关于 y 的偏导数存在,且满足条件 $0 < m \leqslant F'_y(x, y) \leqslant M$,其中 m, M 是正常数. 证明存在连续函数 $y = f(x), x \in [a, b]$ 满足:$\forall x \in [a, b]$,$F(x, f(x)) = 0$.

6. 证明对于任意的 $f(x) \in C[a, b]$,当 $|\lambda| < \dfrac{1}{M}$ 时,Fredholm 积分方程

$$x(t) = f(t) + \lambda \int_a^b K(t, \tau)x(\tau)\mathrm{d}\tau$$

有唯一的连续解 $x^*(t)$,并且函数 $x^*(t)$ 是迭代序列 $x_0, x_1, x_2, \cdots, x_n, \cdots$ 的极限,其迭代过程为

$$x_{n+1}(t) = f(t) + \lambda \int_a^b K(t, \tau)x_n(\tau)\mathrm{d}\tau.$$

7. 设 (X, d) 为度量空间,若存在常数 $\beta > 1$,使得映射 $A: X \to X$ 满足 $\forall x, y \in X$ 且 $x \neq y$ 有
$$d(Ax, Ay) \geqslant \beta d(x, y),$$
则称 A 为扩张映射. 证明:

(1) 设 (X, d) 为完备的度量空间,映射 $A: X \to X$ 是满的扩张映射,则 A 存在唯一的不动点.

(2) 举例说明非满的扩张映射未必存在不动点.

8. 定义在 $[0, 1]$ 上的连续函数 $f(x)$ 为

$$f(x)\begin{cases} x\sin\dfrac{\pi}{x}, & 0 < x \leqslant 1, \\ 0, & x = 0, \end{cases}$$

证明 $f(x)$ 不是有界变差函数.

10. 若 X 是光滑的,Y 是 X 的子空间,证明 Y 是光滑的.

11. 设 X 为数域 $\mathbb{F}$ 上的线性空间,M_1, M_2 为 X 的线性流形,证明

(1) $M = M_1 \bigcap M_2$ 为 X 的线性流形.

(2) $M = M_1 + M_2 = \{m_1 + m_2 \mid m_1 \in M_1, m_2 \in M_2\}$ 为 X 的线性流形.

12. 设 X 为数域 $\mathbb{F}$ 上的线性空间,线性流形 $M = x_0 + M_0$,其中 M_0 为子空间,证明下列命题等价:

(1) M 为 X 的子空间.

(2) $0 \in M$.

(3) $M \bigcap M_0 = M_0$.

13. 设 X, Y 为线性空间,$f: X \to Y$ 是线性映射,C 为线性空间 X 的凸集,证明 $f(C)$ 为线性空间 Y 的凸集.

14. 设 X 为数域 $\mathbb{F}$ 上的线性空间，C_1，C_2 为 X 的凸集，$k \in \mathbb{F}$，证明

(1) $kC_1 = \{kx \mid x \in C_1\}$ 为凸集.

(2) $C_1 + C_2 = \{x + y \mid x \in C_1, y \in C_2\}$ 为凸集.

(3) $C_1 \oplus C_2 = \{(x, y) \mid x \in C_1, y \in C_2\} \subset X \times X$ 为凸集.

15. 设 H 为 Hilbert 空间，证明 H 为严格凸空间和一致凸空间.

16. 设 X 为严格凸线性赋范空间，$f \in X^*$ 且 $f \neq 0$，证明在 X 的单位球面上，存在唯一的点 x，使得 $f(x) = \|f\|$.

17. 设 X 是线性赋范空间，证明下列命题成立.

(1) 若 X^* 是严格凸 Banach 空间，则 X 是光滑的空间.

(2) 若 X^* 是光滑的 Banach 空间，则 X 是严格凸空间.

18. 设 Y 是线性赋范空间 X 的子空间，$x_0 \in X$，证明 x_0 关于 Y 的最佳逼近集 Y_0 是凸集.

19. 设线性赋范空间 $(\mathbb{R}^2, \|\ \|_1)$ 上的范数的定义为 $\|(x_1, x_2)\|_1 = |x_1| + |x_2|$，其中 $(x_1, x_2) \in \mathbb{R}^2$，证明若 $x_0 = (1, -1)$，$Y = \{(\eta, \eta) \mid \eta \in \mathbb{R}\} \subset \mathbb{R}^2$，则 x_0 关于 Y 的最佳逼近 y_0 不唯一.

20. 设 C 是实线性赋范空间 X 的非空凸子集，$p(x)$ 是 C 的 Minkowski 泛函，且 $\theta \in \mathrm{int}C$，证明 $\mathrm{int}C = \{x \mid x \in X, p(x) < 1\}$.

21. 设 Y 是严格凸线性赋范空间 X 的有限维子空间，证明 $\forall x_0 \in X$，关于 Y 的最佳逼近唯一存在.

22. 设 M 是线性赋范空间 X 的非空闭凸子集，且 $0 \in M$，$p(x): X \rightarrow \mathbb{R}$ 为 M 的 Minkowski 泛函，试证 $M = \{x \mid x \in X, p(x) \leqslant 1\}$.

23. 设 M 是线性赋范空间 X 的非空凸子集，$0 \in M$，$p(x): X \rightarrow \mathbb{R}$ 为 M 的 Minkowski 泛函，试证 $\{x \mid x \in X, p(x) < 1\} \subset M$.

24. 设 T 是拓扑空间 X 到 Y 上的双射（既单射又满射），且 T 与 T^{-1} 均连续，则称 T 为同胚映射. 设 E 是 $\mathbb{R}^n$ 中的紧凸集且含有内点，证明必存在一个同胚映射 $T: \mathbb{R}^n \rightarrow \mathbb{R}^n$，使得 E 同胚于 $\mathbb{R}^n$ 中的闭单位球.

25. 设 X 是实线性赋范空间，E，F 为 X 的非空凸子集，$E \cap F = \phi$，$\mathrm{int}E \neq \phi$，证明存在 $f \in X^*$ 及 $\alpha \in \mathbb{R}$，使得 P_f^α 分离 E 和 F.

附 录　基 础 知 识

本附录主要介绍集合论的基本知识、实数域 $\mathbb{R}$ 上的点集性质、实数的完备性结论、函数的一致连续性，以及测度论、Lebesgue 积分的基本概念和性质，这些内容是学习泛函分析的基础知识．建议需要补充或回顾这部分知识的读者提前阅读本附录内容，为学习泛函分析做好准备．

附录 A　集合与实数上的点集

定义 A.1　设 A，B 是两个集合，如果存在 A 到 B 上的一一映射，则称集合 A 与 B **对等**，或 A 与 B 一一对应，记作 $A \sim B$. □

对等关系满足下列性质：（1）**自反性**：$A \sim A$；（2）**对称性**：若 $A \sim B$，则 $B \sim A$；（3）**传递性**：若 $A \sim B$，$B \sim C$，则 $A \sim C$. 可见，集合之间的对等关系是一种等价关系．利用对等关系，可将一切集合分类，凡彼此对等的集合属于同一类，不对等的集合属于不同的类，每一类给予一个标志，称之为**势**（或基数或浓度）．

例 A.1　设 $A = \{2, 4, 6, \cdots, 2n, \cdots\}$ 及 $B = \{0, 1, -1, \cdots, n, -n, \cdots\}$，证明 $\mathbb{N}^+ = \{1, 2, 3, \cdots, n, \cdots\}$，$A$，$B$ 三个集合对等．

解　记 A 中的元素为 a_n，B 中的元素为 b_n，则对 $\mathbb{N}^+$ 中任何元素 n，显然有 $a_n = 2n$，即存在从 $\mathbb{N}^+$ 到 A 上一个一一映射，于是 $\mathbb{N}^+ \sim A$. 令 $[x]$ 表示 x 的整数部分值（取整函数），那么 $b_n = (-1)^n \left[\dfrac{n}{2}\right]$ 给出了 $\mathbb{N}^+$ 到 B 上一个一一映射，所以 $\mathbb{N}^+ \sim B$. 因此 $\mathbb{N}^+ \sim A \sim B$. □

可以证明：**任何一个无限集必与其某个真子集等势，反之也成立**．这正是无限集与有限集的本质区别．

定义 A.2　凡与自然数集 $\mathbb{N}$ 对等的集合均称为**可列集合**（亦称**可数集**）．可列集的势记作 $\aleph_0$（读作阿列夫零）．凡与实数集 $\mathbb{R}$ 对等的集均称为具有**连续势**（或连续统基数）的集合，连续统基数势记作 $\aleph_1$. 不是可列集的无限集称为**不可列集合**（亦称**不可数集**）．□

定义 A.3　**幂集**（power Set）

设 A 是一集合，由 A 的所有子集（包括空集及集合 A 本身）所构成的集，称为集合 A 的**幂集**，记作 2^A. □

如 $A = \{a, b, c\}$，则 $2^A = \{\phi, \{a\}, \{b\}, \{c\}, \{a, b\}, \{a, c\}, \{b, c\}, A\}$. 本书中"$M \subset A$"表示 M 是 A 的子集，但并不区分是否是真子集，如果需要强调 $M \neq A$，则会指出 M 是 A 的真子集．

定理 A.1　（1）可列集的任何子集是可列集；可列个可列集的并集是可列集．

（2）有限个可列集的笛卡尔积是可列集；无限个可列集的笛卡尔积是不可列集．

(3) 若 A 是无限集合，则其幂集 2^A 是不可列集. 可列集的幂集与实数集等势，即可列集的幂集是不可列集. □

可以证明区间 $[0, 1]$ 中的全体实数是不可列集.

定理 A.2 （**Cantor 定理**）对任意集合 M，总有 $|2^M| = 2^{|M|} > |M|$，即 2^M 与 M 不对等. □

关于无穷集的可能大小，康托尔提出了一个猜想，即**连续统假设**：不存在一个基数绝对大于可列集而绝对小于实数集的集合.

利用邻域的概念可以讨论实直线 $\mathbb{R}$ 上各种类型点集的性质以及点与集合之间的关系.

定义 A.4 （**邻域、内点和开集**）设 $x \in \mathbb{R}$，$\delta > 0$，则称开区间 $(x - \delta, x + \delta)$ 为点 x 的 δ **邻域**，记为 $U(x, \delta)$. 设 $E \subset \mathbb{R}$，$x \in E$，如果存在 x 的 δ 邻域 $U(x, \delta)$，使得 $U(x, \delta) \subset E$，则称 x 是 E 的**内点**. 如果 E 中的每一点都是它的内点，则称 E 为**开集**，称 E 的所有内点组成的集合 $\overset{\circ}{E}$（或者 $\mathrm{int} E$）为 E 的**内部**. □

性质 A.1 （**开集的性质**）(1) 任意多个开集的并是开集.

(2) 有限个开集的交是开集. □

无穷多个开集的交不一定是开集. 例如，$\{(-\frac{1}{n}, \frac{1}{n})\}$ 是开集族，但 $\bigcap\limits_{n=1}^{\infty}(-\frac{1}{n}, \frac{1}{n}) = \{0\}$ 不是开集.

定义 A.5 （**聚点、闭集和导集**）设 $E \subset \mathbb{R}$，如果 $E^c = \mathbb{R} - E$ 是开集，则称 E 为**闭集**. 对于 $x \in E$，如果 x 的任何 δ 邻域 $U(x, \delta)$ 都含有 E 中异于 x 的点，则称 x 为 E 的**聚点**（或**极限点**），由 E 的所有聚点组成的集合 E' 称为 E 的**导集**. 集合 E 与其导集 E' 的并记为 $\overline{E}$（或者 $\mathrm{cl} E$），称 $\overline{E}$ 为 E 的**闭包**. □

显然，$\mathbb{R}$、空集 ϕ 既是开集，又是闭集. 任意开区间 (a, b) 是开集，闭区间 $[a, b]$ 是闭集.

性质 A.2 （**闭集的性质**）(1) 任意多个闭集的交是闭集.

(2) 有限个闭集的并是闭集. □

无穷多个闭集的并不一定是闭集. 例如 $\{[\frac{1}{n}, 1 - \frac{1}{n}]\}$ 是闭集族，但 $\bigcup\limits_{n=2}^{\infty}[\frac{1}{n}, 1 - \frac{1}{n}] = (0, 1)$ 不是闭集. 从上述定义易得 (1) 一个集合的内点一定属于这个集合；(2) 一个集合的聚点不一定属于这个集合；(3) 一个集合的内点一定是这个集合的聚点；(4) 一个集合的聚点不一定是这个集合的内点. 对于开集而言，由定义易得 E **为开集当且仅当** $\overset{\circ}{E} = E$. 对于闭集则有下面的特性.

性质 A.3 （**闭集的特性**）E 为闭集当且仅当 $\overline{E} = E$.

证明 因为 $\overline{E} = E \cup E'$，所以 $\overline{E} = E$ 等价于 $E' \subset E$，故只需证明：E 为闭集当且仅当 $E' \subset E$.

必要性. 用反证法. 设 E 为闭集，$\forall x \in E'$，假设 $x \notin E$，则 $x \in E^c$. 由于 E^c 为开集，存在 x 的邻域 $(x - \delta, x + \delta) \subset E^c$，因此 $x \notin E'$，这与假设矛盾. 故 $x \in E$，即 $E' \subset E$.

充分性. 设 $E' \subset E$，要证 E 为闭集，只需证明 E^c 为开集. $\forall x \in E^c$，因为 $E^c \subset (E')^c$，所以 $x \notin E'$，于是存在 x 的邻域 $(x - \delta, x + \delta)$，使得 $(x - \delta, x + \delta)$ 无 E 中的点，即 $(x - \delta, x + \delta) \subset E^c$. 可见，$x$ 是 E^c 的内点，从而 E^c 为开集. □

性质 A.4　点 x_0 是点集 E 的聚点当且仅当存在 $\{x_n\}\subset E$，使得 $x_n\neq x_0$ 且 $\lim\limits_{n\to\infty}x_n=x_0$.　□

定义 A.6　**边界点、孤立点和边界**

设 $E\subset\mathbb{R}$，$x_0\in\mathbb{R}$，若 x_0 的任意邻域内既有属于 E 的点，也有不属于 E 的点，则称 x_0 为 E 的**边界点**. E 中不是聚点的点称为**孤立点**. E 的全体边界点所成的集合，称为 E 的**边界**，记为 ∂E.　□

定理 A.3　**开集的构造**

实直线 $\mathbb{R}$ 上的任意非空开集 G 都可以表示为至多可列个互不相交的开区间（称为开集的构成区间）的并，即 $G=\bigcup\limits_{i\in I}(\alpha_i,\beta_i)I$. 这里的 I 是有限或至多可列的指标集. 当 $i\neq j$ 时，有 $(\alpha_i,\beta_i)\bigcap(\alpha_j,\beta_j)=\phi$.　□

笛卡尔积 $A\times A$ 上的子集 R 称为集合 A 的二元关系，若 R 满足下列条件：

(1) 自反性：对任意的 $a\in A$，$(a,a)\in R$；

(2) 反对称性：若 $(a,b)\in R$ 且 $(b,a)\in R$，则 $a=b$；

(3) 传递性：若 $(a,b)\in R$，$(b,c)\in R$，则 $(a,c)\in R$，

则称 R 是 A 上的一个偏序关系. 若 R 是 A 上的一个偏序关系，则可用 $a\prec b$ 来表示 $(a,b)\in R$. 带偏序关系的集合 A 称为偏序集或半序集，简记为 $(A,\prec)$. 若 R 是集合 A 上的偏序关系，且对每个 $a,b\in A$，一定有 $(a,b)\in R$ 或者 $(b,a)\in R$，则称 R 是集合 A 的全序关系，简记为 $(A,\prec)$. 例如集合的包含关系是一个偏序关系，实数的大小关系却是全序关系.

假设 $(A,\prec)$ 是一个偏序集，M 是 A 的子集，如果对于任意的 $s,t\in M$，$s\prec t$ 或 $t\prec s$ 二者中有且仅有一个成立，则称 M 是 A 的全序子集. 如果 A 中存在一个元素 u，使得 $\forall t\in M$，有 $t\prec u$，则 u 是 M 的一个上界. 设 $m\in M$，如果 $x\in M$ 且 $m\prec x$，必然有 $x=m$，则称 m 为 M 的极大元素.

佐恩引理（Zorn's Lemma）以数学家佐恩（Max Zorn）的名字命名，也被称为库那图斯克–佐恩（Kuratowski-Zorn）引理，它是集合论中一个重要的定理.

定理 A.4　**佐恩引理（Zorn's Lemma）**

在任何一个非空的偏序集中，如果任何一个全序子集都有上界，那么这个偏序集必然存在一个极大元素.　□

附录 B　实数的完备性与函数的一致连续性

设有数集 A 及数 M，如果对任何的 $x\in A$，都有 $x\leqslant M$，则称数 M 是数集 A 的上界，同理可定义下界，若数集 A 同时有上界与下界，则称 A 有界.

定义 B.1　设 $A\subset\mathbb{R}$，$M\in\mathbb{R}$，如果 M 与数集 A 之间满足以下条件：

(1) 对任意的 $x\in A$，都有 $x\leqslant M$；

(2) 对任意给定的 $\varepsilon>0$，总存在 $x_0\in A$，使得 $x_0>M-\varepsilon$，

则称数 M 是数集 A 的**上确界**，记为 $M=\sup A$.　□

数集 A 的最大下界称为 A 的**下确界**，记作 $\inf A$. 类似地，可以给出下确界的等价定义.

根据上确界的定义知，若 M 是 A 的一个上界，则 M 是 A 的上确界的充要条件是存在

A 中序列 $\{a_n\}$，使得 $\lim\limits_{n\to\infty} a_n = M$. 对于下确界的情形，可以给出类似结论.

定义 B.2 设 $E \subset \mathbb{R}$，$G = \{A_\alpha \mid \alpha \in I\}$ 是一族开区间（指标集 I 为有限集或无限集）. 如果 $\forall x \in E$，存在 $A_\alpha \in G$，使得 $x \in A_\alpha$，则称 G 为 E 的一个**开覆盖**. 如果 G 是有限集，则称 G 为 E 的一个**有限开覆盖**. □

定义 B.3 设数列为 $\{x_n\}$，如果 $\forall \varepsilon > 0$，$\exists N \in \mathbb{N}$，使得当 $m,n > N$ 时，总有 $|x_m - x_n| < \varepsilon$，则称 $\{x_n\}$ 是**基本列**或 **Cauchy 列**. □

刻画实数的完备性的六个等价定理如下：

定理 B.1 （确界存在原理）任何非空有上（下）界的实数集必有上（下）确界. □

定理 B.2 （单调有界定理）单调有界的实数列必有极限. □

定理 B.3 （区间套定理）设 $\{[a_n, b_n]\}$ 是一列闭区间，$a_n < b_n$，如果 $\lim\limits_{n\to\infty}(b_n - a_n) = 0$ 以及 $[a_1, b_1] \supset [a_2, b_2] \supset \cdots \supset [a_n, b_n] \supset \cdots$，其中 $n = 1, 2, \cdots$，则存在唯一的 $x_0 \in \mathbb{R}$，使得 $x_0 \in \bigcap\limits_{n=1}^{\infty}[a_n, b_n]$，并且有 $\lim\limits_{n\to\infty} a_n = \lim\limits_{n\to\infty} b_n = x_0$. □

定理 B.4 （有限覆盖定理）设 G 是闭区间 $[a, b]$ 的一个开覆盖，则从 G 中可选出有限个开区间来覆盖 $[a, b]$. □

定理 B.5 （致密性定理）有界数列必有收敛子列. □

定理 B.6 （柯西收敛准则）数列 $\{x_n\}$ 是收敛列当且仅当 $\{x_n\}$ 是基本列. □

可以把区间上连续函数的概念推广到 $\mathbb{R}$ 的一般子集 E 上.

定义 B.4 设 E 是 $\mathbb{R}$ 上的点集，$f(x)$ 是定义在 E 上的函数. $x_0 \in E$，若对任意 $\varepsilon > 0$，都存在 $\delta > 0$，当 $x \in E$，且 $|x - x_0| < \delta$ 时，有 $|f(x) - f(x_0)| < \varepsilon$ 成立，则称 $f(x)$ 在点 x_0 处连续. 若 $f(x)$ 在 E 中的每点都连续，那么称 $f(x)$ 在 E 上连续. □

定理 B.7 设 E 是 $\mathbb{R}$ 上的有界闭集，$f(x)$ 是定义在 E 上的实值连续函数，则 $f(x)$ 在 E 上有界，且能取到最大值与最小值.

证明 略. □

定义 B.5 设 $f: E \to \mathbb{R}$，若对任意 $\varepsilon > 0$，都存在 $\delta > 0$，使得对 E 上的任意两点 x'，x''，只要 $|x' - x''| < \delta$，就有 $|f(x') - f(x'')| < \varepsilon$ 成立，则称函数 $f(x)$ 在 E 上**一致连续**. □

例 B.1 证明函数 $f(x) = \dfrac{1}{x}$ 在区间 $(0, 1)$ 内不一致连续.

证明 取 $\varepsilon_0 = 1$，$\forall \delta < 1$，取 $x' = \min\{\delta, \dfrac{1}{2}\}$ 与 $x'' = \dfrac{x'}{2}$，便有 $|x' - x''| = \dfrac{x'}{2} \leqslant \dfrac{\delta}{2} < \delta$. 但 $\left|\dfrac{1}{x'} - \dfrac{1}{x''}\right| = \left|\dfrac{1}{x'} - \dfrac{2}{x'}\right| = \dfrac{1}{x'} \geqslant 2 > 1 = \varepsilon_0$. 故函数在区间 $(0, 1)$ 内不一致连续. □

定理 B.8 设函数 $f(x)$ 在有界闭集 $E \subset \mathbb{R}$ 上连续，则 $f(x)$ 在 E 上一致连续.

证明 假定连续函数 $f(x)$ 在 E 上不一致连续，那么 $\exists \varepsilon_0 > 0$，对于任何 $\delta > 0$，都存在 x'，$x'' \in E$，当 $|x' - x''| < \delta$ 时，有 $|f(x') - f(x'')| \geqslant \varepsilon_0$.

取 $\delta_n = \dfrac{1}{n}$，其中 $n = 1, 2, 3, \cdots$，存在 x'_n，$x''_n \in E$，当 $|x'_n - x''_n| < \delta_n = \dfrac{1}{n}$ 时，有 $|f(x'_n) - f(x''_n)| \geqslant \varepsilon_0$. 于是得到两个点列 $\{x'_n\}$，$\{x''_n\} \subset E$，且 $|x'_n - x''_n| < \dfrac{1}{n} \to 0$，$n \to \infty$. 由于 E 是有界闭集，故 $\{x'_n\}$ 存在收敛子列 $\{x'_{n_k}\}$，$x'_{n_k} \to x_0$，$k \to \infty$，对应的取 $\{x''_n\}$ 的子列

$\{x''_{n_k}\}$，那么由

$$|x'_{n_k}-x''_{n_k}|<\frac{1}{n_k}\to 0,\quad k\to\infty,$$

可得

$$|x''_{n_k}-x_0|\leqslant |x''_{n_k}-x'_{n_k}|+|x'_{n_k}-x_0|\to 0,\quad k\to\infty,$$

故 $x''_{n_k}\to x_0$, $k\to\infty$. 由 $f(x)$ 在 E 上连续知 $\lim\limits_{k\to\infty}f(x'_{n_k})=f(x_0)$ 和 $\lim\limits_{k\to\infty}f(x''_{n_k})=f(x_0)$，从而 $\lim\limits_{k\to\infty}[f(x'_{n_k})-f(x''_{n_k})]=0$，这与前面的 $|f(x'_n)-f(x''_n)|\geqslant \varepsilon_0$ 相矛盾，故 $f(x)$ 在 E 上一致连续. □

设 $f_n(x)$ 为定义在点集 E 上的函数列，对于 E 中每一个固定的点 x，$f_n(x)$ 为一数列. 若它是收敛的数列，即收敛于一个数，则此极限值依赖于 x，记为 $f(x)$. 若对 E 中的每个点，数列 $f_n(x)$ 都收敛，则在 E 上定义了一个函数 $f(x)$，称 $f_n(x)$ 在 E 上处处收敛于 $f(x)$，并称 $f(x)$ 是函数列 $f_n(x)$ 的**极限函数**，记作 $\lim\limits_{n\to\infty}f_n(x)=f(x)$.

定义 B.6　设 $f_n(x)$ 为定义在点集 E 上的一个函数列，若存在 E 上的一个函数 $f(x)$，对任意 $\varepsilon>0$，都存在自然数 N，当 $n>N$ 时，不等式 $|f_n(x)-f(x)|<\varepsilon$ 对一切 $x\in E$ 成立，则称函数列 $f_n(x)$ 在点集 E 上**一致收敛于** $f(x)$，$f(x)$ 称为函数列 $f_n(x)$ 的**一致收敛极限**，记作 $f_n(x)\Rightarrow f(x)$, $n\to\infty$, $x\in E$. □

由定义可知，若函数列 $f_n(x)$ 在点集 E 上一致收敛于 $f(x)$，则在点集 E 上收敛于 $f(x)$.

定理 B.9　设 $f_n(x)$ 是 E 上的连续函数列，且在点集 E 上一致收敛于 $f(x)$，则极限函数 $f(x)$ 也在 E 上连续. □

定理 B.10　设 $f_n(x)$ 是 $[a,b]$ 上的连续函数列，若 $f_n(x)$ 在 $[a,b]$ 上一致收敛于 $f(x)$，则

$$\int_a^b f(x)\mathrm{d}x=\lim\limits_{n\to\infty}\int_a^b f_n(x)\mathrm{d}x \text{ 或 } \int_a^b[\lim\limits_{n\to\infty}f_n(x)]\mathrm{d}x=\lim\limits_{n\to\infty}\int_a^b f_n(x)\mathrm{d}x. \quad □$$

定理 B.11　函数列一致收敛的柯西准则

函数列 $\{f_n(x)\}$ 在定义域内一致收敛当且仅当 $\forall \varepsilon>0$, $\exists N\in\mathbb{N}^+$, 当 $m,n>N$ 时，对于定义域内的任意一点 x 有，$|f_m(x)-f_n(x)|<\varepsilon$. □

定理 B.12　Weierstrass 逼近定理 (Weierstrass Approximation Theorem)

设函数 $f(x)$ 在 $[a,b]$ 上连续，则必存在多项式序列 $\{P_n(x)\}$，使 $\{P_n(x)\}$ 在 $[a,b]$ 上一致收敛于 $f(x)$，即 $\lim\limits_{n\to\infty}\max\limits_{x\in[a,b]}|f(x)-p_n(x)|=0$. □

附录 C　可测集与可测函数

实变函数所研究的主要内容是集合的测度与积分理论，而实轴上点集的 Lesbesgue 测度与 Lebesgue 积分理论是其中最基本、最重要的，它们是泛函分析的基础，而且在近代数学的各个分支与科技中有着广泛的应用. 测度概念是长度、面积及体积的推广. 本节介绍实轴上点集的 Lesbesgue 测度及其性质. 我们将有限开区间 (a,b) 的长度 $b-a$ 称为它的测度，记作 $m(a,b)$.

定义 C.1　有界开集的测度

设 $G\subset\mathbb{R}$, G 是有界开集. 定义 G 的测度为它的一切构成区间（见定理 A.3）的长度之和，即

$$m(G) = \sum_k m(\alpha_k, \beta_k).$$

其中 $G = \bigcup_k (\alpha_k, \beta_k)$，$(\alpha_k, \beta_k)$ 为 G 的构成区间．□

由于 G 的构成区间最多可数个，所以上式右边为有限项或者为无穷级数．由于 G 为有界开集，故存在开区间 (a, b) 包含 G，有 $\bigcup_{k=1}^n (\alpha_k, \beta_k) \subset (a, b)$，从而有 $\sum_{k=1}^n m(\alpha_k, \beta_k) \leqslant b - a$．

令 $n \to \infty$，得 $m(G) = \sum_{k=1}^{\infty} m(\alpha_k, \beta_k) \leqslant b - a < \infty$．这表明无穷级数收敛，定义 C.1 有意义．

定义 C.2　**（有界闭集的测度）**设 $F \subset \mathbb{R}$，F 是有界闭集，(a, b) 是包含 F 的有界开区间．定义 F 的测度为 $m(F) = (b - a) - m[(a, b) - F]$．□

性质 C.1　有限点集的测度为零．□

性质 C.2　设 F_1、F_2 都是 $\mathbb{R}$ 中的有界闭集（或开集），如果 $F_1 \subset F_2$，则有 $m(F_1) \leqslant m(F_2)$．□

定义 C.3　**（有界集的内、外测度）**设 $E \subset \mathbb{R}$ 为有界集，记

$m^*(E) = \inf\{m(G) \mid E \subset G, G \text{ 为开集}\}$，$m_*(E) = \sup\{m(F) \mid F \subset E, F \text{ 为闭集}\}$，则称 $m^*(E)$、$m_*(E)$ 分别为 E 的外测度和内测度．□

定义 C.4　**（勒贝格测度）**设 $E \subset \mathbb{R}$ 为有界点集，若 $m_*(E) = m^*(E)$，则称 E 为**勒贝格可测集**，简称 **L 可测集（或可测集）**．定义 $m^*(E)$ 或 $m_*(E)$ 为 E 的**勒贝格测度**，或称为 E 的 L 测度，记作 $m(E)$．若 $m_*(E) < m^*(E)$，则称 E 是**不可测集**．□

根据定义有 $m(\phi) = 0$，以及若 E 为可测集，则 $m(E) \geqslant 0$．

定理 C.1　**（有界集可测的充要条件）**设 $E \subset \mathbb{R}$ 为有界点集，则 E 为可测集的充要条件是：$\forall \varepsilon > 0$，存在满足 $F \subset E \subset G$ 的开集 G 和闭集 F，使得 $m(G - F) < \varepsilon$．□

定理 C.2　设 E_1，E_2 是 $\mathbb{R}$ 中的有界可测集，$X = (A, B)$（有界）是一开区间，那么有

（1）**关于四种运算封闭**：关于 X 补集 $E_{1X}^C = X - E_1$、$E_{2X}^c = X - E_2$，它们的并集 $E_1 \bigcup E_2$、交集 $E_1 \bigcap E_2$、差集 $E_1 - E_2$ 均可测．

（2）**单调性**：若 $E_1 \subset E_2$，则 $m(E_1) < m(E_2)$．

（3）**次可加性**：若 $E_1 \bigcap E_2 = \phi$，则有 $m(E_1 \bigcup E_2) = m(E_1) + m(E_2)$；一般而言，

$$m(E_1 \bigcup E_2) \leqslant m(E_1) + m(E_2).$$

（4）**有限可加性**：设 E_i 是可测集，$i = 1, 2, \cdots, n$，且 $E_i \bigcap E_j = \phi$，$i \neq j$，则 $\bigcup_{i=1}^n E_i$ 是可测集，且 $m(\bigcup_{i=1}^n E_i) = \sum_{i=1}^n m(E_i)$．□

定理 C.3　设 E_i 是一列有界可测集，$i = 1, 2, \cdots$，那么

（1）它们全部的交集与并集 $\bigcap_{i=1}^{\infty} E_i$、$\bigcup_{i=1}^{\infty} E_i$ 也是可测集．

（2）若 $E_i \subset E_{i+1}$，$i = 1, 2, \cdots$，则 $m(\bigcup_{i=1}^{\infty} E_i) = \lim_{n \to \infty} m(E_n)$．

（3）若 $E_i \supset E_{i+1}$，$i = 1, 2, \cdots$，则 $m(\bigcap_{i=1}^{\infty} E_i) = \lim_{n \to \infty} m(E_n)$．□

定义 C.5　无界集的测度

设 $E \subset \mathbb{R}$ 为无界点集，如果对于任何的 $x > 0$，有界集 $(-x, x) \bigcap E$ 是可测集，则称 E 为**可测集**，并且称下列极限为它的测度，记作 $m(E)$，即

$$m(E) = \lim_{x \to \infty} m[(-x, x) \bigcap E]. \quad \square$$

定义 C.6　波雷尔集(Borel Set)

从开集、闭集出发，经过并、交、差、可列并、可列交运算后的集合称为**波雷尔集**. $\square$

由定理 C.2 及定理 C.3 知，凡波雷尔集都是 L 可测. 可见，可测集是一类非常庞大、十分复杂的集合类. 由于开集、闭集、可列集均可测，它们经过至多可列个交、并后仍然可测，所以举出一个不可测的集合很困难，但是实直线 $\mathbb{R}$ 上的确存在不可测集.

定义 C.7　可测函数

设 $f(x)$ 是定义在可测集 E 上的实值函数，如果 $\forall \sigma \in \mathbb{R}$，$E$ 的子集

$$E(\sigma) = \{x \mid f(x) > \sigma, x \in E\}$$

是可测集，则称 $f(x)$ 是 E 上的**勒贝格可测函数**，简称**可测函数**，或者称 $f(x)$ **在 E 上可测**. 常记集合 $E(\sigma)$ 为 $E(x \mid f(x) > \sigma)$. $\square$

可以证明定义 $\mathbb{R}$ 上的连续函数是可测函数，区间 $[0, 1]$ 上的狄利克雷函数是可测函数，以及可测集 A 上的特征函数是可测函数. 可验证定义在零测集 E 上的任何函数 $f(x)$ 都是可测的，这是因为 E 的任何子集都是可测集. 定义在 E 上的常值函数 $f(x)$ 是可测函数，事实上，若 $f(x) = c$，则 $\forall \sigma \in \mathbb{R}$，可知 $E(f > \sigma)$ 是可测集，其中

$$E(f > \sigma) = \begin{cases} \varphi, & c \leqslant \sigma, \\ E, & c > \sigma. \end{cases}$$

定理 C.4　可测集的运算

设 $f(x)$ 是定义在可测集 E 上的可测函数，则 $\forall \sigma \in \mathbb{R}$，下列点集均是可测集.

(1) $E(x \mid f(x) \geqslant \sigma)$.

(2) $E(x \mid f(x) \leqslant \sigma)$.

(3) $E(x \mid f(x) = \sigma)$.

(4) $E(x \mid a \leqslant f(x) \leqslant b)$，其中 $a, b(a < b)$ 是有限实数. $\square$

推论 C.1　设 $f(x)$ 是可测集 E 上的可测函数，则 $\forall \sigma \in \mathbb{R}$，$E(f = \sigma)$ 总是可测集. $\square$

定理 C.5　(可测函数的运算)设 $f(x)$(可简写为 f)、$g(x)$(可简写为 g)都是可测集 E 上的可测函数，$k, \alpha \in \mathbb{R}$，则下列函数都是 E 上的可测函数：

$$kf, \ f \pm g, \ |f|^\alpha (\alpha < 0 \text{ 时 } f \neq 0), \ f/g(g \neq 0), \ \max(f, g), \ \min(f, g).$$

证明　证 $|f|^\alpha$ 是 E 上的可测函数. 由于

$$E(x \mid |f(x)| > \sigma^{\frac{1}{\alpha}}) = E(x \mid f(x) > \sigma^{\frac{1}{\alpha}}) \bigcup E(x \mid f(x) < -\sigma^{\frac{1}{\alpha}})$$

$$= E(x \mid f(x) > \sigma^{\frac{1}{\alpha}}) \bigcup (E - E(x \mid f(x) \geqslant -\sigma^{\frac{1}{\alpha}}))$$

为可测集，所以根据

$$E(x \mid |f(x)|^\alpha > \sigma) = \begin{cases} E & , \sigma \leqslant 0, \\ E(x \mid |f(x)| > \sigma^{\frac{1}{\alpha}}), & \sigma > 0, \end{cases}$$

可得 $|f|^\alpha$ 是 E 上的可测函数.

证 $f + g$ 是 E 上的可测函数. 设 $r_1, r_2, \cdots, r_n, \cdots$ 是全体有理数，则对任何实数 σ，有

$E(f+g>\sigma)=\bigcup\limits_{i=1}^{\infty}[E(f>r_i)\bigcap E(g>\sigma-r_i)]$. 事实上，设 $x\in E(f+g>\sigma)$，则 $f(x)+g(x)>\sigma$，即 $f(x)>\sigma-g(x)$. 由有理数的稠密性知，存在有理数 r_i，使得 $f(x)>r_i>\sigma-g(x)$，因此 $x\in E(f>r_i)\bigcap E(g>a-r_i)$，从而有

$$E(f+g>\sigma)\subset\bigcup\limits_{i=1}^{\infty}[E(f>r_i)\bigcap E(g>\sigma-r_i)].$$

类似地，可证相反的包含关系也成立.

由于 $f(x)$，$g(x)$ 在 E 上的可测，故 $E(f>r_i)$ 与 $E(g>\sigma-r_i)$ 是可测集，它们的交的可数并集 $E(f+g>\sigma)$ 是可测集，从而 $f+g$ 是 E 上的可测函数. 其余的证明留作练习题. □

定义 C.8 (**几乎处处**)设 $P(x)$ 是一个与 x 有关的数学命题，如果它在点集 E 上不成立的点的全体是一个零测度集，就称命题 $P(x)$ 在 E 上**几乎处处成立**，常用 $a.e$ 表示.

例如，Dirichlet 函数 $D(x)$ 在 $E=[0,1]$ 上几乎处处为零，即记作 $D(x)=0$，$a.e$ 于 E. 若 $E(f\neq g)=\{x\,|\,f(x)\neq g(x),x\in E\}$ 是零测集，则称 $f(x)$ 与 $g(x)$ 在点集 E 上**几乎处处相等**，记作 $f(x)=g(x)$，$a.e$ 于 E. 又如若 $E(f=\pm\infty)=\{x\,|\,f(x)=\pm\infty,x\in E\}$ 是零测集，则称 $f(x)$ 在 E 上**几乎处处有限**. □

定理 C.6 设 $f(x)$ 是可测集 E 上的可测函数，且 $f(x)=g(x)$，$a.e$ 于 E，则 $g(x)$ 也是 E 上的可测函数. □

定义 C.9 函数列的收敛

(1) 函数列 $\{f_n(x)\}$ 在 E 上逐点收敛于 $f(x)$：$f_n(x)\to f(x)$.

$\forall\varepsilon>0$，$x\in E$，$\exists N\in\mathbb{N}$（N 与 ε、x 都有关），当 $n>N$ 时，有 $|f_n(x)-f(x)|<\varepsilon$.

(2) 函数列 $\{f_n(x)\}$ 在 E 上一致收敛于 $f(x)$：$f_n(x)\overrightarrow{\to}f(x)$.

$\forall\varepsilon>0$，$\exists N\in\mathbb{N}$（N 与 ε 有关，与 x 无关），当 $n>N$ 时，对每一个 $x\in E$，都有 $|f_n(x)-f(x)|<\varepsilon$.

(3) 函数列 $\{f_n(x)\}$ 在 E 上几乎处处收敛于 $f(x)$：$f_n(x)\to f(x)$，$a.e$ 于 E.

$\exists E_0\subset E$，$m(E_0)=0$，在 $E-E_0$ 上函数列 $\{f_n(x)\}$ 逐点收敛于 $f(x)$. □

定义 C.10 (**函数列依测度收敛**)设 $\{f_n(x)\}$ 是可测集 E 上的一列可测函数，如果存在函数 $f(x)$，满足：$\forall\varepsilon>0$，

$$\lim_{n\to\infty}m(E(x\,|\,|f_n(x)-f(x)|>\varepsilon))=0,$$

则称函数列 $\{f_n(x)\}$ 依测度收敛于 $f(x)$，记为 $f_n(x)\overset{m}{\Rightarrow}f(x)$. □

依测度收敛的意思是：若事先给定一个表示偏差的正数 ε，则不论 ε 多么小，也不管 E 中满足 $|f_n(x)-f(x)|\geq\varepsilon$ 的点 x 的数目，这些点 x 的全体测度都将随 n 无限增大而趋于零.

定理 C.7 设 $m(E)<+\infty$，$f(x)$ 和 $f_n(x)$ 是 E 上几乎处处有限的可测函数，$n=1,2$，$\cdots$，如果 $\lim\limits_{n\to\infty}f_n(x)=f(x)(a.e.)$，则在 E 上 $f_n(x)$ 依测度收敛于 $f(x)$. □

定理 C.8 设 $f(x)$、$\{f_n(x)\}$ 是可测集 E 上的函数及可测函数列，若 $\{f_n(x)\}$ 在 E 上逐点（或几乎处处，或依测度）收敛于 $f(x)$，那么 $f(x)$ 是可测函数. □

可测函数不仅对四则运算封闭，而且对极限运算也封闭，但是连续函数对四则运算封闭，对极限运算却不封闭.

定理 C.9 如果 $\{f_n(x)\}$ 在可测集 E 上依测度收敛于 $f(x)$，则存在子列 $\{f_{n_k}(x)\}$ 几乎

处处收敛于 $f(x)$. $\square$

定理 C.10 **(函数可测的充要条件)** $f(x)$ 是可测集 E 上的可测函数当且仅当 $f(x)$ 可表示为阶梯函数的极限. $\square$

定理 C.11 **卢津定理**（Лузин Theorem）

设 $f(x)$ 是闭区间 $[a, b]$ 上的可测函数，则对任意的 $\varepsilon > 0$，存在 $[a, b]$ 上的连续函数 $g(x)$，使得 $m[E(x \mid f(x) \neq g(x))] < \varepsilon$. $\square$

可测函数与连续函数的"差别"非常小. 可测函数 $f(x)$ 除在 $[a, b]$ 的测度很小的子集上不连续外，在其他点均连续.

附录 D　勒贝格积分

法国数学家柯西（Cauchy）只对连续函数定义了积分，德国数学家黎曼（Riemann）将积分扩张成"数学分析"上大家所见到的关于有界函数的积分，从而扩大了积分的应用范围，故称之为黎曼积分（R 积分）. 随着科学技术的不断发展，它的局限性越来越明显，主要有：

(1) R 积分对被积函数的要求过于严格，即要求函数几乎处处连续时，R 积分才存在. 试问：Dirichlet 函数 $D(x)$ 在 $[0, 1]$ 上 R 可积吗？根据定义可知 $D(x)$ 不可积.

(2) R 积分在理论上的缺陷，即可积函数列的极限未必可积，极限运算与积分运算只有在很强的条件下才能交换顺序. 函数列一致收敛时，才有 $\int_a^b \lim_{n \to \infty} f_n(x) \mathrm{d}x = \lim_{n \to \infty} \int_a^b f_n(x) \mathrm{d}x$.

法国数学家波莱尔（Emile Borel）于 1898 年出版了《函数论讲义》一书，引入了"测度"的概念. 法国数学家勒贝格（Henri Léon Lebesgue）于 1902 年的博士论文"积分，长度与面积"中建立了测度论和积分论，使一些原先在黎曼积分下不可积的函数按勒贝格的意义变得可积，并且重建了微积分的基本定理，从而逐步形成"实变函数论". 人们常把勒贝格以前的分析学称为经典分析，而把以由勒贝格积分引出的实变函数论为基础而开拓出来的分析学称为现代分析.

定义 D.1 设 E 是 L 的可测集，$m(E) < +\infty$，$f(x)$ 是 E 上的有界可测函数，即存在实数 A，B，使 $f(x) \in [A, B]$. 在 $[A, B]$ 中任取一分割 $\Delta: A = y_0 < y_1 < \cdots < y_n = B$. 记 $\lambda(\Delta) = \max_{1 \leqslant i \leqslant n}(y_i - y_{i-1})$，$E_i = E(x \mid y_{i-1} \leqslant f(x) < y_i)$，$i = 1, 2, \cdots, n$. 任取 $\xi_i \in [y_{i-1}, y_i]$，作和式

$$\sigma(\Delta) = \sum_{i=1}^n \xi_i m(E_i),$$

如果当 $\lambda(\Delta) \to 0$ 时，$\sigma(\Delta)$ 的极限存在，且极限值与 $[A, B]$ 的分割及 ξ_i 的选取无关，则称 f 在 E 上 **L 可积**，并称此极限值是 f 在 E 上的**勒贝格积分**，简称为 L 积分，记作 $(L) \int_E f(x) \mathrm{d}x$，即

$$(L) \int_E f(x) \mathrm{d}x = \lim_{\lambda(\Delta) \to 0} \sum_{i=1}^n \xi_i m(E_i).$$

有时也简记为 $\int_E f \mathrm{d}x$，当 $E = [a, b]$ 时，又可写成 $(L) \int_a^b f \mathrm{d}x$. 为了区别，有时将黎曼积分

记为 $(R) \int_a^b f \mathrm{d}x.$ □

为了讨论勒贝格积分的存在性，介绍上、下积分的概念. 设 $f(x)$ 是可测集 E 上的有界可测函数，有关符号同定义 D.1，定义小和、大和分别为

$$s(\Delta) = \sum_{i=1}^n y_{i-1} m(E_i), \; S(\Delta) = \sum_{i=1}^n y_i m(E_i).$$

因为 $\xi_i \in [y_{i-1}, y_i]$，所以 $s(\Delta) \leqslant \sigma(\Delta) \leqslant S(\Delta)$. 对于两个分割 Δ 和 Δ'，若 Δ' 是 Δ 增加分点后形成的分割，那么 $s(\Delta) \leqslant s(\Delta') \leqslant \sigma(\Delta') \leqslant S(\Delta') \leqslant S(\Delta)$，即分割加细、大和不增、小和不减，从而可定义相应的下积分、上积分为

下积分为 $\underline{\int_E} f(x)\mathrm{d}x = \sup\{s(\Delta)\}$，上积分为 $\overline{\int_E} f(x)\mathrm{d}x = \inf\{S(\Delta)\}$

定理 D.1 （勒贝格积分的存在性定理） 设 $m(E) < +\infty$，$f(x)$ 是定义在 E 上的有界可测函数，那么 $f(x)$ 在 E 上 L 可积.

证明 设 $\forall x \in E$，有 $A \leqslant f(x) \leqslant B$，对 $[A, B]$ 的任一分割 $\Delta: A = y_0 < y_1 < \cdots < y_n = B$，恒有

$$s(\Delta) \leqslant \underline{\int_E} f(x)\mathrm{d}x \leqslant \overline{\int_E} f(x)\mathrm{d}x \leqslant S(\Delta) \; 及 \; s(\Delta) \leqslant \sigma(\Delta) \leqslant S(\Delta).$$

因为 $\lambda(\Delta) = \max_{1 \leqslant i \leqslant n}(y_i - y_{i-1})$，所以

$$0 \leqslant S(\Delta) - s(\Delta) = \sum_{i=1}^n (y_i - y_{i-1}) m(E_i) \leqslant \sum_{i=1}^n \lambda(\Delta) m(E_i)$$
$$= \lambda(\Delta) \sum_{i=1}^n m(E_i) = \lambda(\Delta) m(E).$$

于是当 $\lambda(\Delta) \to 0$ 时，下积分和上积分存在，记为 I，即

$$I = \underline{\int_E} f(x)\mathrm{d}x = \overline{\int_E} f(x)\mathrm{d}x.$$

由于 $|\sigma(\Delta) - I| \leqslant S(\Delta) - s(\Delta) \leqslant \lambda(\Delta) m(E)$，因此可得 $\sigma(\Delta)$ 的极限存在，且为

$$\lim_{\lambda(\Delta) \to \infty} \sigma(\Delta) = I = \underline{\int_E} f(x)\mathrm{d}x = \overline{\int_E} f(x)\mathrm{d}x. \; \square$$

由定理 D.1 知，不是 R 可积的 Dirichlet 函数 $D(x)$ 在 $[0, 1]$ 上是 L 可积的.

推论 D.1 如果 $f(x)$ 在 $E = [a, b]$ 上 R 可积，则 $f(x)$ 在 $[a, b]$ 上必 L 可积，并有

$$(L) \int_E f(x)\mathrm{d}x = (R) \int_a^b f(x)\mathrm{d}x. \; \square$$

定理 D.2 设 $m(E) < +\infty$，f, g 是 E 上的有界可测函数，a, b 为常数，则

(1) 若在 E 上 $f \equiv a$，则 $\int_E f \mathrm{d}x = a \cdot m(E)$.

(2) **线性性**：$\int_E (af + bg)\mathrm{d}x = a \int_E f \mathrm{d}x + b \int_E g \mathrm{d}x$.

(3) **单调性**：若在 E 上 $f \leqslant g$，则 $\int_E f \mathrm{d}x \leqslant \int_E g \mathrm{d}x$.

(4) **对积分区域的有限可加性**：如果 E 可分解为有限个互不相交的可测集 $E_1, E_2, \cdots, E_n$，

$E = \bigcup_{k=1}^n E_k$，则 $\int_E f \mathrm{d}x = \int_{E_1} f \mathrm{d}x + \int_{E_2} f \mathrm{d}x + \cdots + \int_{E_n} f \mathrm{d}x = \sum_{k=1}^n \int_{E_k} f \mathrm{d}x$.

(5) $\left|\int_E f \, \mathrm{d}x\right| \leqslant \int_E |f| \, \mathrm{d}x.$

(6) 若在 E 上 $f \geqslant 0 (\leqslant 0)$，则 $\int_E f \, \mathrm{d}x \geqslant 0 (\leqslant 0).$

(7) 若在 E 上 $a \leqslant f \leqslant b$，则 $a \cdot m(E) \leqslant \int_E f \, \mathrm{d}x \leqslant b \cdot m(E).$ □

我们知道，若 $f_n(x)$ 一致收敛于 $f(x)$，则 R 积分与极限可交换，即

$$\int_a^b \lim_{n \to \infty} f_n(x) \, \mathrm{d}x = \lim_{n \to \infty} \int_a^b f_n(x) \, \mathrm{d}x.$$

下面的定理将告诉我们，L 积分比极限可交换的条件弱得多，可见 L 积分的适应范围更广.

定理 D.3 （控制收敛定理）设 $m(E) < +\infty$，$\{f_n(x)\}$ 是可测集 E 上的一列可测函数，满足：(1) $\lim_{n \to \infty} f_n(x) = f(x)$，$a.e$ 于 E；(2) 存在 E 上的 L 可积函数 $F(x)$，在 E 上有 $|f_n(x)| \leqslant F(x)$，$a.e$ 于 E，那么 $f(x)$ 在 E 上 L 可积，并且

$$(L) \int_E f(x) \, \mathrm{d}x = \lim_{n \to \infty} (L) \int_E f_n(x) \, \mathrm{d}x.$$ □

定理 D.4 （Fatou 引理）设 $\{f_n(x)\}$ 是可测集 E 上的一列非负可测函数，且 $\lim_{n \to \infty} f_n(x) = f(x)$，$a.e$ 于 E，则有

$$(L) \int_E f(x) \, \mathrm{d}x \leqslant \sup_{n \geqslant 1} \left\{ (L) \int_E f_n(x) \, \mathrm{d}x \right\}.$$ □

定理 D.5 （Levi 引理）设 $f_1(x) \leqslant f_2(x) \leqslant \cdots \leqslant f_n(x)$ 是定义在可测集 E 上的一列非负可测函数，且 $\lim_{n \to \infty} f_n(x) = f(x)$，$a.e$ 于 E，那么

$$(L) \int_E f(x) \, \mathrm{d}x = \lim_{n \to \infty} (L) \int_E f_n(x) \, \mathrm{d}x \text{ 或者 } (L) \int_E \left[\lim_{n \to \infty} f_n(x) \right] \mathrm{d}x = \lim_{n \to \infty} (L) \int_E f_n(x) \, \mathrm{d}x.$$ □

推论 D.2 设 E 是可测集，若 $f(x) = \sum_{n=1}^{\infty} U_n(x)$，$a.e$ 于 E，且 $U_n(x)$ 在 E 上非负可测，则逐项积分公式成立，即

$$(L) \int_E f(x) \, \mathrm{d}x = (L) \int_E \left[\sum_{n=1}^{\infty} U_n(x) \right] \mathrm{d}x = \sum_{n=1}^{\infty} (L) \int_E U_n(x) \, \mathrm{d}x.$$ □

黎曼积分与勒贝格积分这两种积分既有联系又有区别，其共同之处是在形式上都采用了"分割、作乘积、求和、取极限"这四个步骤，表 D.1 给出了这两种积分的比较.

表 D.1 黎曼积分与勒贝格积分的比较

黎曼积分	勒贝格积分
$f(x)$ 是定义在有限区间 $[a, b]$ 上的有界函数	$f(x)$ 是定义在可测集 E 上的有界可测函数，且 $m(E) < +\infty$.
在 $[a, b]$ 中任取分点组 $$T: a = x_0, x_1, \cdots, x_n = b,$$ 记 $\lambda(T) = \max\limits_{1 \leqslant k \leqslant n} (x_k - x_{k-1})$	设 $f(E) \subset [A, B]$，在 $[A, B]$ 中任取一分割 $$\Delta: A = y_0 < y_1 < \cdots < y_n = B,$$ 记 $\lambda(\Delta) = \max\limits_{1 \leqslant k \leqslant n} (y_k - y_{k-1})$
任取 $\xi_k \in [x_{k-1}, x_k]$，作乘积 $f(\xi_k) \Delta x_k$	任取 $\xi_i \in [y_{k-1}, y_k]$，作乘积 $\xi_i m(E_i)$

黎曼积分	勒贝格积分
作和式 $S(T) = \sum\limits_{k=1}^{n} f(\xi_k)\Delta x_k$	作和式 $\sigma(\Delta) = \sum\limits_{i=1}^{n} \xi_i m(E_i)$
取极限 $\lim\limits_{\lambda(T)\to 0} S(T) = \int_a^b f(x)\mathrm{d}x$，这里假定极限存在，且与分法 T 及取法 ξ_k 无关	取极限 $\lim\limits_{\lambda(\Delta)\to 0} \sigma(D) = (L)\int_E f(x)\mathrm{d}x$，这里极限一定存在，且与分法 Δ 及取法 ξ_i 无关

定理 D.6 （**绝对可积性**）设 $f(x)$ 是可测集 E 上的可测函数，则 $f(x)$ 在 E 上 L 可积的充要条件是 $|f(x)|$ 在 E 上 L 可积，且有 $\left|\int_E f(x)\mathrm{d}x\right| \leqslant \int_E |f(x)|\mathrm{d}x$. □

定理 D.7 （**绝对连续性**）设 $f(x)$ 在可测集 E 上 L 可积，则 $\forall \varepsilon > 0$，必存在 $\delta > 0$，使对 E 的任何子集 e，只要 $m(e) < \delta$，就有 $\left|\int_e f(x)\mathrm{d}x\right| < \varepsilon$. □

定理 D.8 （**可列可加性**）设 $f(x)$ 在可测集 E 上 L 可积，$E = \bigcup\limits_{k=1}^{\infty} E_k$，$E_k$ 为互不相交的可测集，则 $\int_E f(x)\mathrm{d}x = \sum\limits_{k=1}^{\infty} \int_{E_k} f(x)\mathrm{d}x$. □

定理 D.9 设 E 是 L 可测集，$f(x)$ 在 E 上 L 可积，则对任意的 $\varepsilon > 0$，存在 E 上的连续函数 $\varphi(x)$，使 $\int_E |f(x) - \varphi(x)|\mathrm{d}x < \varepsilon$. □

参 考 文 献

［1］ John B. Conway. A Course in functional analysis. 2nd edition. Springer，1990.

［2］ Angue E. Taylor，David C. Lay. Introduction to functional analysis. 2nd edition. John Wiley & Sons, 1980.

［3］ Eberhard Zeidler. Applied Functional Analysis：Applications to Mathematical physics. Springer，1995.

［4］ Erwin Kreyszig. Functional analysis with applications. John Wiley & Sons，1978.

［5］ Karen Saxe. Beginning functional analysis. Springer，2001.

［6］ Bryan P. Rynne，Martin A. Youngson. Linear functional analysis. Springer，2008.

［7］ Walter Rudin. Introductory functional analysis. 2nd edition McGraw-Hill Science/Engineering/Math，1991.

［8］ 童裕孙. 泛函分析教程[M]. 上海：复旦大学出版社，2001.

［9］ 张恭庆，林源渠. 泛函分析讲义[M]. 北京：北京大学出版社，2006.

［10］ 汪林. 泛函分析中的反例[M]. 北京：高等教育出版社. 2014.

［11］ 李广民，刘三阳. 应用泛函分析原理[M]. 西安：西安电子科技大学出版社. 2003.

［12］ 姚泽清，苏晓冰，郑琴，等. 应用泛函分析[M]. 北京：科学出版社. 2007.

［13］ 孙炯，王万义，赫建文. 泛函分析[M]. 北京：高等教育出版社. 2010.

［14］ 步尚全. 泛函分析基础[M]. 北京：清华大学出版社. 2011.

［15］ 孙永生，王昆扬. 泛函分析讲义[M]. 北京：北京师范大学出版社，2007.

［16］ 夏道行，严绍宗，舒五昌，等. 泛函分析第二教程[M]. 2版. 北京：高等教育出版社，2008.

［17］ 黎永锦. 泛函分析讲义[M]. 北京：科学出版社. 2011.

［18］ 江泽坚，孙善利. 泛函分析[M]. 2版. 北京：高等教育出版社，2005.

［19］ 关肇直，张恭庆，冯德兴. 线性泛函分析入门[M]. 上海：上海科学技术出版社，1978.

［20］ Eberhard Zeidler. Applied Functional Analysis：Main Principles and Their Applications. Springer，1995.

［21］ 定光桂，王芝. 泛函分析选讲[M]. 天津：南开大学出版社，1992.

［22］ 林源渠. 泛函分析学习指南[M]. 北京：北京大学出版社，2009.

［23］ 肖建中，李刚. 抽象分析基础[M]. 北京：清华大学出版社，2009.

［24］ 王声望，郑维行. 实变函数与泛函分析[M]. 3版. 北京：高等教育出版社，2005.

［25］ 吕和祥，王天明. 实用泛函分析[M]. 大连：大连理工大学出版社，2011.

［26］ 孙清华，侯谦民，孙昊. 泛函分析内容、方法与技巧[M]. 武汉：华中科技大学出版社，2005.

［27］ 王日爽，泛函分析与最优化理论[M]. 北京：北京航空航天大学出版社，2003.

［28］ A. V. Balakrishnan. Applied Functional Analysis. 2nd Edition. Springer，1981.

［29］ Richard B. Holmes. Geometric Functional Analysis and its Applications. Springer，1975.

［30］ J. 迪斯米埃. 谱理论讲义［M］. 姚一隽，译. 北京：高等教育出版社，2009.

［31］ Carlos S. Kubrusly. Spectral Theory of Operators on Hilbert Spaces. Birkhäuser，2012.

［32］ 徐景实，林诗游. 泛函分析引论［M］. 北京：机械工业出版社，2014.

［33］ 寒人宜. 应用数学中的泛函分析［M］. 北京：科学出版社. 2016.

［34］ 定光桂，泛函分析新讲［M］. 北京：科学出版社，2007.

［35］ 熊金城. 点集拓扑讲义［M］. 4 版. 北京：高等教育出版社，2011.

［36］ Heinz H. Bauschke，Patrick L. Combettes. Convex Analysis and Monotone Operator Theory in Hilbert Spaces. Springer，2011.

［37］ Andrzej Granas，James Dugundji. Fixed Point Theory. Springer，2002.

［38］ 肖建中，朱杏花. 实分析与泛函分析习题详解［M］. 北京：清华大学出版社，2011.

［39］ 胡适耕. 应用泛函分析［M］. 北京：科学出版社. 2003.

符 号 表

$\mathbb{R}$ 实数

$\mathbb{C}$ 复数

$\mathbb{N}^+$ 正整数

$\mathbb{N}$ 自然数

$\mathbb{K}$ 实数或者复数数域

$\mathrm{Re}z$ z 的实部

$\mathrm{Im}z$ z 的虚部

(X, d) 度量空间

$\mathbb{R}^n$ n 维欧氏空间

(X, d_0) 离散度量空间

$C[a, b]$ 连续函数空间

l^∞ 有界数列空间

l^p p 次幂可和的数列空间

$L^p[a, b]$ p 次幂可积的函数空间

$O(x_0, \delta)$ x_0 的 δ 邻域

$\overline{O}(x_0, \delta)$ x_0 为中心、δ 为半径的闭球

$\mathrm{int}G$ 或 $\mathring{G}$ 集合 G 的内部

$X \backslash F$ 集合 F 的补集

ϕ 空集

A' 集合 A 的导集

$\overline{A}$ 或 $\mathrm{cl}A$ 集合 A 的闭包

$\mathrm{dia}A$ 集合 A 的直径

$X \cong Y$ X 与 Y 同构

$\hat{X}$ X 的一个完备化空间

$\square$ 证毕、述毕

$\|x\|$ x 的范数

$\subset, \subseteq$ 包含于

$\sum\limits_{n=1}^{\infty} x_n$ 级数

$\overline{B}(0, 1)$ 闭单位球，等于 $\overline{O}(0, 1)$

$\mathrm{span}E$ E 的线性张

$\overline{\mathrm{span}E}$ E 的闭线性张

X/V X 关于 V 的商空间

$[x]$ 商空间中的元素

(x, y) x 与 y 的内积

H Hilbert 空间

$x \perp y$ x 与 y 正交或垂直

$M^\perp$ 子集 M 的正交补

$M+N$ M 与 N 的和

$M \oplus N$ M 与 N 的直和

$\Rightarrow$ 蕴含

$D(T)$ 算子 T 的定义域

$R(T)$ 算子 T 的值域

I_X 或 I 恒等算子

$\mathbf{0}$ 或 0 零算子

θ 或 $\mathbf{0}$ 或 0 零元素

$\ker(T)$ 算子 T 的零空间或核

$C^{(1)}[a, b]$ $[a, b]$ 上一阶导到函数连续空间

$L(X \rightarrow Y)$ 线性算子组成的线性空间

$B(X \rightarrow Y)$ X 到 Y 上的线性有界算子空间

$B(X)$ X 上的线性有界算子空间

$\|T\|$ 算子 T 的范数

P_M M 上的投影算子

X^* X 的对偶空间

δ_{ij} 克罗内克 δ 函数

T^{-1} T 的逆算子

$F|_M$ F 在 M 上的限制

X^{**} X 的二次对偶空间

$G(T)$ 算子 T 的图像

$X \times Y$ X 和 Y 的乘积空间

$s - \lim\limits_{n \to \infty} x_n = x$ $\{x_n\}$ 强收敛到 x

$w - \lim\limits_{n \to \infty} x_n = x$ $\{x_n\}$ 弱收敛到 x

$w^* - \lim\limits_{n \to \infty} f_n = f$ 泛函 $\{f_n\}$ 弱 $*$ 收敛于 f

$w - \lim\limits_{n \to \infty} T_n = T$ 算子列 $\{T_n\}$ 弱收敛于 T

$\sigma_p(T)$ T 的全体特征值或 T 的点谱

$\rho(T)$ T 的预解集或正则集

$R_\lambda(T) = (T - \lambda I)^{-1}$ T 的预解算子

$\sigma(T)$ T 的谱集或谱

$\sigma_p(T)$ T 的点谱

$\sigma_r(T)$ T 的剩余谱

$\sigma_c(T)$ T 的连续谱

$\sigma_a(T)$ T 的近似点谱

$r_\sigma(T)$ T 的谱半径

T^* T 的伴随算子

T^{**} T^* 的伴随算子

A^{T} 矩阵 A 的转置矩阵

$\overline{A}$ 矩阵 A 的共轭矩阵

$\omega(T)$ 算子 T 的数值域

$r_\omega(T)$ 算子 T 的数值半径

$K(X \rightarrow Y)$ X 到 Y 上的紧算子空间

$K(X)$ X 上的紧算子空间

$E(\lambda)$ 对应于特征值 λ 特征子空间

$V_a^b(f)$ f 在 $[a,b]$ 上的全变差

$V[a,b]$ $[a,b]$ 上的有界变差函数集合

$[x,y]$ 两点 x,y 所确定的线段

l_{xy} 两点 x,y 所确定的直线

P_f^α 泛函 f 和实数 α 确定的超平面

$p(x)$ 闵可夫斯基泛函

$P_\leqslant, P_\geqslant, P_<, P_>$ 半空间

$\mathscr{A}$ A 在状态 φ 时的均值

$(\Delta\mathscr{A})^2$ A 在状态 φ 时的离差

名 词 索 引

度量空间（Metric Spaces） 1

Baire 纲定理（Baire Category Theorem） 79

Banach 不动点定理（Banach Fixed-point Theorem） 138

Banach 代数（Banach Algebra） 75

Hahn-Banach 延拓定理（Hahn-Banach Extension Theorem） 86

Hausdorff 空间（Hausdorff Space） 7

Riesz 表示定理（Riesz Representation Theorem） 74

R-S 积分（Riemann-Stieltjes Integral） 145

巴拿赫空间（Banach Space） 31

半空间（Half-space） 155

伴随算子（Adjoint Operator） 115，117

贝塞尔不等式（Bessel Inequality） 55

闭集（Closed Set） 5，7

闭算子（Closed Operator） 90

闭图像定理（Closed Graph Theorem） 90

闭线性算子（Closed Linear Operator） 90

闭线性张（Closed Linear Span） 34

标准正交基（Orthonormal Basis） 51

不变子空间（Invariant Subspace） 124

不动点（Fixed Points） 138

超平面（Hyperplane） 153

乘积空间（Product Space） 89

稠密（Dense） 11

次线性泛函（Sublinear Functional） 84

代数（Algebra） 75

单位元（Identity Element） 75

等价的范数（Equivalent Norm） 38

第二纲集（second Category） 78

第一纲集（First Category） 78

点列的极限（Limit of Sequence） 8

点谱（Point Spectrum） 110

对偶空间（Dual Space） 72

对偶算子（Dual Operator） 115

范数（Norm） 31

仿射子空间（Affine Subspace） 147

分离（Separate） 155

赋范代数（Normed Algebra） 75

傅立叶级数（Fourier Series） 54

共轭空间（Conjugate Space） 72

共轭算子（Conjugate Operator） 115

勾股定理（Pythagoras Theorem） 49

孤立点（Isolated Point） 78

光滑的空间（Smooth Space） 151

核（Kernel） 66

基本列（Fundamental Sequence） 14

级数（Series） 32

极大向量（Maximum Vector） 132

极化恒等式（Polarization Identity） 45

集合的直径（Diameter of a Set） 8

解析函数（Analytic Function） 110

紧集（Compact Set） 20

紧空间（Compact Space） 20

紧算子（Compact Operator） 126

近似点谱（Approximate Point Spectrum） 111

聚点（Accumulation Point） 6

闭包（Closure） 6

开覆盖（Open Cover） 25

开集（Open Set） 4

开映射（Open Map） 79

开映射定理（Open Mapping Theorem） 81

可分的度量空间（Separable Metric Space） 11

可交换代数（Commutative Algebra） 75

可逆算子（Invertible Operator） 76

可微（Differentiable） 109

离散拓扑空间（Discrete Topological Space） 7

连续（Continuous） 9

连续谱（Continuous Spectrum） 111

连续算子（Continuous Operator） 63

列紧集（Relatively Compact Set） 20

邻域（Neighborhood） 4，7

零空间（Null-space） 66

闵可夫斯基泛函（Minkowski Functional） 153

内点（Interior Point） 4

内积（Inner Product）43

内积空间（Inner Product spaces）43

逆算子（Inverse Operator）76

逆算子定理（Inverse Operator Theorem）81

牛顿迭代法（Newton Iterative Method）141

帕塞瓦尔公式（Parseval Equality）56

谱半径（Spectral Radius）113

谱半径公式（Gelfand's Spectral Radius Formula）114

谱点（Spectral Point）107

谱分解定理（Spectral Decomposition Theorem）126

谱集（Spectral Set）107

谱结构（Spectral Structure）110

谱映射定理（Spectral Mapping Theorem）112

谱值（Spectral Value）107

强收敛（Strong Convergence）100

全连续算子（Completely Continuous Operator）126

全有界集（Totally Bounded Set）22

弱 * 收敛（Weak * Convergence）100

弱收敛（Weak Convergence）96，100

商空间（Quotient Space）35

剩余谱（Residual Spectrum）111

数值半径（Numerical Radius）119

数值域（Numerical Range）119

算子（Operator）63

算子值函数（Operator-valued Function）109

特征向量（Eigenvector）106

特征值（Eigenvalue）106

特征子空间（Characteristic Subspace）133

同构空间（Isometric Spaces）18

同构映射（Isometric Mapping）18

投影定理（Projection Theorem）50

投影算子（Projection Operator）124

凸集（Convex Set）33

图像（Graph）90

完备的度量空间（Complete Metric Space）15

完全标准正交基（Complete Orthonormal Basis）56

ε 网（ε-net）22

希尔伯特空间（Hilbert Space）44

稀疏集（Sparse Set）78

线性等距同构（Linear Isometry） 37，58
线性赋范空间（Normed Linear Spaces） 30
线性流形（Linear Maniford） 147
线性算子（Linear Operator） 63
线性有界算子（Bounded Linear Operator） 63
线性有界算子空间（Spaces of Bounded Linear Operators） 69
线性张（Linear Span） 34
线性子空间的直和（Direct Sum of Linear Subspaces） 50
压缩映射（Contraction Mapping） 138
压缩映射原理（Contraction Mapping Principle） 138
严格凸空间（Strictly Convex Space） 151
一致连续（Uniformly Continuous） 9
一致收敛（Uniform Convergence） 100
一致凸空间（Uniformly Convex Space） 151
一致有界（Uniform Boundedness） 92
一致有界定理（Uniform Boundedness Theorem） 92
一致有界原理（Uniform Boundedness Principle） 92
依范数收敛（Convergence in Norm） 31
有界变差函数（Function of Bounded Variation） 144
有限矩问题（Finite Moment Problem） 146
有限秩算子（Finite Rank Operator） 127
酉算子（Unitary Operator） 121
右移位算子（Right Shift Operator） 107
预解集（Resolvent Set） 107
预解算子（Resolvent Operator） 107
约化子空间（Reduced Subspace） 124
正规算子（Normal Operator） 121
正交（Orthogonality） 48
正交补（Orthogonal Complement） 49
正交分解（Orthogonal Decomposition） 49
正交投影算子（Orthographic Projection Operator） 71
子空间（Subspace） 8，34
自伴紧算子（Self-adjoint Compact Operators） 131
自伴算子（Self-adjoint Operator） 118
自反空间（Reflexive Space） 88
自然映射（Natural Map） 35
最佳逼近定理（Best Approximation Theorem） 55